Oldenbourgs

Technische Handbibliothek

Band X:

H. Will, Anleitung zur biologischen Untersuchung
und Begutachtung von Bierwürze, Bierhefe, Bier
und Brauwasser, zur Betriebskontrolle sowie zur
Hefenreinzucht

München und **Berlin**
Druck und Verlag von R. Oldenbourg
1909

ANLEITUNG

zur

Biologischen Untersuchung und Begutachtung von Bierwürze, Bierhefe, Bier und Brauwasser, zur Betriebskontrolle sowie zur Hefenreinzucht

Für
Brauerei-Betriebschemiker, Betriebskontrolleure,
Brauer und Nahrungsmittelchemiker

von

Prof. Dr. H. Will

Vorsteher des physiologischen Laboratoriums der Wissenschaftlichen
Station für Brauerei in München.

———

Mit 84 Abbildungen im Text und 3 Tafeln.

München und **Berlin.**
Druck und Verlag von R. Oldenbourg.
1909

Vorwort.

Als ich im Jahre 1884 meine Tätigkeit an der Wissenschaftlichen Station für Brauerei in München begann, wünschte ich mir einen Leitfaden, mit dessen Hilfe ich mich über die Grundlagen der biologischen Analyse und über diese selbst unterrichten konnte. Damals war jenes Gebiet noch klein. Die biologische Analyse, welche sich auf der neuen Lehre von Emil Chr. Hansen über die durch wilde Hefen verursachten Bierkrankheiten aufbaute, war eben erst erschlossen worden. Trotzdem kostete es viel Mühe und Zeit, sich ohne irgendwelche Anleitung in diese Gebiete einzuarbeiten. Die Literatur war zerstreut, Erfahrungen hinsichtlich der biologischen Analyse und Betriebskontrolle lagen noch nicht vor.

Die jüngere Generation hat es leichter. Allerdings nahm infolge der neuen Wege, welche durch die Reinzucht gebahnt worden waren, die Literatur über Hefe und die für die Brauerei bedeutungsvollen Kleinlebewesen so an Umfang zu, daß es oft schwer wurde, ihr zu folgen. Durch diese Forschungen und die sich häufenden Erfahrungen wurde aber die biologische Analyse weiter ausgebaut und auf eine viel sicherere Grundlage gestellt. Sie hat den Höhepunkt zwar noch nicht erreicht, gleichwohl ist ein gewisser Abschluß unverkennbar. Die biologische Analyse ist schon aus dem Grund nicht unveränderlich, weil sie sich dem jeweiligen Stand unserer Kenntnis anpassen muß.

Die inzwischen erschienenen Bücher von P. Lindner, Alb. Klöcker und das unter Mitwirkung von Fachgenossen von Franz Lafar herausgegebene Handbuch der technischen

I*

Mykologie sind ganz vorzüglich zur Einführung in die Kenntnis der für die Brauerei, für die Gärungsgewerbe überhaupt
wichtigen Kleinlebewesen geeignet. Bei der umfassenden Aufgabe, welche diese Werke verfolgen, mußte jedoch naturgemäß
die biologische Analyse und die Betriebskontrolle verhältnismäßig kurz behandelt werden. Ferner kommt hinzu, daß
P. Lindner und Alb. Klöcker als Vertreter verschiedener
Schulen die von ihnen selbst gehandhabten Arbeitsverfahren
in den Vordergrund stellen.

Durch eine engere Begrenzung der Aufgabe konnte diese
gründlicher behandelt werden. Bei der Zusammenfassung der
im Laufe der Zeit bekannt gewordenen Arbeitsverfahren habe
ich diese nicht bloß nebeneinander gestellt, sondern ich habe
vor allem versucht, soweit ich jene durch Vergleichung abzuschätzen gelernt habe, kritisch zu sichten, und ich habe außerdem die Bedenken, welche gegen jene erhoben werden können,
geltend gemacht; auch suchte ich zum weiteren Ausbau der
Arbeitsverfahren anzuregen. Gegen meine Ausführungen wird
sich mancher Widerspruch erheben. Es ist jedoch viele Arbeit,
deren Ergebnisse bis jetzt nicht in die Öffentlichkeit gekommen
sind, aufgewendet worden, um zu einem möglichst klaren und
objektiven Urteil zu gelangen. Mein Bestreben war aber auch,
zur Klärung von Fragen beizutragen, welche bis jetzt kaum
erörtert worden sind.

Ein Hauptgewicht wurde auf die Begründung und die
eingehende Darlegung der Technik der Untersuchungsverfahren
gelegt. Außerdem sind Fingerzeige gegeben, wie einzelne sich
darbietende Schwierigkeiten überwunden werden können,
kleine erprobte Kunstgriffe verzeichnet, welche das Arbeiten
erleichtern, kurz, es sind im Laufe der Zeit gesammelte Erfahrungen mitgeteilt. Ferner wurde besondere Aufmerksamkeit den aus den Ergebnissen der Untersuchung zu ziehenden
Schlußfolgerungen, der Begutachtung des Untersuchungs-
objektes zugewendet.

Der im Brauereibetrieb tätige Biologe soll nicht bloß auf
bestimmte Verfahren eingearbeitet sein, die es ihm ermöglichen,
nach einem gegebenen Schema die Untersuchungen auszuführen, sondern er soll das ganze Gebiet soweit als möglich

kritisch durchdrungen und dabei seine Beobachtung geschärft
haben. Wenn dies aber der Fall ist, dann werden auch nicht
mehr so oft schiefe, auf Unkenntnis gewöhnlicher biologischer
Erscheinungen beruhende Urteile abgegeben werden. Mein
Bestreben ging daher auch dahin, die Beobachtung anzuregen.

Die Fälle, welche in der Praxis vorkommen, sind sehr
verschieden gelagert; sie können nicht alle vorhergesehen und
berücksichtigt werden. Der Biologe wird öfters in die Lage
versetzt, Abänderungen der ihm bekannten und geläufigen
Untersuchungsverfahren vorzunehmen, verschiedene Verfahren
miteinander zu verbinden, gegebenenfalls selbst neue ausfindig zu machen, die sich den örtlichen Verhältnissen anpassen. Für jedes neue Arbeitsverfahren muß jedoch erst
die Grenze seiner Anwendbarkeit bestimmt werden. So selbstverständlich diese Forderung erscheint, so ist sie doch nicht
immer erfüllt worden. Es können also nur im allgemeinen
die Mittel und Wege gezeigt werden, wie eine Untersuchung
zweckmäßig auszuführen ist und wie die gestellten **Fragen**
nach Möglichkeit gelöst werden.

Eine wesentliche Vereinfachung und damit eine Abkürzung
ist dann ermöglicht, wenn der Biologe den ihm anvertrauten
Betrieb gründlich kennen gelernt hat und so tüchtig geschult
ist, daß er schon aus dem mikroskopischen Bild zu lesen
versteht.

Im I. Abschnitt, welcher die allgemeinen Grundlagen für
die biologische Analyse und die Betriebskontrolle behandelt,
geht, wie bei den Riesenkolonien, der Sporenkeimung und
anderen, die Darstellung wiederholt über den für jenen Zweck
allein enger gesteckten Rahmen hinaus. Ich suchte damit
den Anforderungen derjenigen gerecht zu werden, welche sich
aus rein wissenschaftlichem Interesse in die Hefenkunde ein-
arbeiten wollen. Deshalb wurden auch die für die botanische
Untersuchung der Hefe und der übrigen Sproßpilze wichtigsten
Gesichtspunkte berücksichtigt. Das gleiche gilt teilweise auch
für die Hefenreinzucht, soweit es sich um die verschiedenen
Verfahren zur Herstellung von Reinzuchten handelt. Ich er-
achte es übrigens durchaus nicht für überflüssig, wenn der
angehende Biologe sich auch mit der Sporenkultur beschäftigt

und die Sporenbildung von Kultur- und wilder Hefe genau kennen lernt, obgleich Sporenkulturen im Betriebslaboratorium meist nicht mehr ausgeführt werden.

Die allgemeinen Grundsätze für mikrobiologische Untersuchungen sind als bekannt vorausgesetzt.

Die ersten Anfänge der vorliegenden Zusammenfassung, durch welche ich den früher von mir gehegten Wunsch für meine Schüler der Erfüllung nahe bringen wollte, reichen bis auf das Jahr 1886 zurück, als ich Kurse für gut vorgebildete Brauer und Chemiker, darunter Nahrungsmittelchemiker, einrichtete, welche diese in die mikroskopische Untersuchung von Hefe und Bier, vor allem aber in die Hefenreinzucht einführen sollten. Zuerst waren es Bemerkungen, welche ich zu schematischen Zeichnungen machte, und auf lose Blätter geschriebene Übersichten. Diese Aufzeichnungen sind später von einem meiner Mitarbeiter gesammelt worden und bildeten neben den eigenen Aufschreibungen der Schüler, welche sie während des Unterrichtes gemacht hatten, die Grundlage zu ihren Ausarbeitungen.

Der Unterricht regte mich zu eigenen Untersuchungen, wie diejenigen über die Glutinkörperchen, die »braunen Klümpchen« und andere, an. In erweitertem Umfang sind jene schon zum Teil veröffentlicht. Sie führten dazu, den im Kursus behandelten Stoff immer weiter auszudehnen und abzurunden. Dem Unterricht am Mikroskop reihten sich Vorträge und Diktate von zusammenfassenden Übersichten an, welche ebenfalls teilweise schon veröffentlicht und in der vorliegenden Schrift wieder benutzt wurden.

Dem mir in meiner Berufstätigkeit zugewiesenen Arbeitskreis entsprechend, berücksichtigte ich nur die untergärige Brauerei, mit deren Bedürfnissen und Schmerzen ich im Laufe der Zeit mehr und mehr vertraut wurde.

Die tierischen Schädlinge in die Betriebskontrolle einzubeziehen, beabsichtigte ich nicht.

Obwohl ich der Anschauung bin, daß es unter Umständen wohl möglich ist sich an der Hand eines Leitfadens in unser Gebiet ohne weitere Hilfe einzuarbeiten, so möchte ich doch für alle Fälle einen Kursus in einem biologischen Laboratorium

nicht als überflüssig erachten. Gelegenheit zu solchen Kursen
ist jetzt genügend gegeben. Es wäre durchaus unrichtig, anzunehmen, daß die Kenntnis der Untersuchungsverfahren,
welche bei der biologischen Analyse und der Betriebskontrolle
zur Anwendung kommen, allein schon zur Vornahme jener
befähigen. Neben Beobachtungsgabe ist eine tüchtige Schulung
und eine umfassende Erfahrung notwendig, um die wechsel-
vollen Erscheinungen, welche sich im Brauereibetrieb darbieten, deuten und nach den Untersuchungsergebnissen die
für die Praxis notwendigen Maßnahmen treffen zu können.
Jedenfalls wird das erstrebte Ziel unter sachkundiger und er-
fahrener Leitung rascher erreicht. Der Leitfaden mag dann
neben den eigenen während des Unterrichtes gemachten Aufschreibungen ein Berater sein.

Bei der Darlegung der Hefenreinzucht stütze ich mich in
erster Linie auf die erprobten Mitteilungen von Emil Chr.
Hansen.

Herzlichsten Dank schulde ich den Kollegen, welche, seit
langen Jahren inmitten der Praxis stehend, mir ihre Erfahrungen
jederzeit zur Verfügung gestellt haben. Ich verdanke ihnen
wertvolle Anregungen und bereitwilligste tätige Unterstützung.
Die Analyse und Begutachtung von Betriebshefe ist in ihrer
jetzigen Gestaltung teilweise durch eine gemeinsame Be-
sprechung mit Kollegen zustande gekommen.

Ein Teil der Originalzeichnungen wurde von meinem
Mitarbeiter Herrn O. Schimon angefertigt. Er sei auch
hier meines wärmsten Dankes versichert.

München, Ostern 1909.

H. Will.

Seite

Die verschiedenen Arten der Trübung des Bieres   133
Trübungen durch organische Körper 133
     1. Harz- oder Pechtrübung, Harzöltrübung 133
     2. Stärke- oder Dextrintrübung 135
     3. Eiweißtrübung 135
     4. Trübung durch oxalsauren Kalk 138
Trübungen durch Organismen 138
     1. Bakterientrübung 138
     2. Hefentrübung 139

II. Abschnitt.

Gang der Untersuchung von Bierhefe, Jungbier, Haltbarkeitsproben, kranken Bieren, Faſsgeläger und Würze   141
Mikroskopische Untersuchung 148
   ohne Anwendung von Reagenzien 150
   mit Anwendung von Reagenzien 156
     10 proz. Kalilauge 156
     Wässerige Lösung von Methylenblau 1 : 10 000 . . . 158
     Jodjodkaliumlösung 159
   Nachprüfung der mikroskopischen Untersuchung durch
     Kulturen. Nachweis von wilder Hefe mittels Sporen-
     kultur und Tröpfchenkultur. Nachweis von Bakterien   160
Hefe 160
   Einimpfung in Würze 160
   Gärprobe 165
   Einimpfung in 10 proz. Rohrzuckerlösung mit einem Zu-
     satz von 4 % Weinsäure 167
   Sporenkultur 169
   Tröpfchenkultur 178
   Schlämmverfahren nach Keil und Stockhausen . 179
   Einschlußpräparat nach Bettges und Heller 180
   Begutachtung 181
Jungbier 189
   Gang der Untersuchung 189
   Forcierungsprobe 191
Bier vor und nach dem Abfüllen aus dem Lagerfaſs. Zwickelproben. Unfiltriertes und filtriertes Bier 193
   Haltbarkeitsproben 193
   Zweck 193
   Die äußeren Bedingungen, unter welchen die Halt-
     barkeitsproben beobachtet werden 195

Seite

Die Beobachtung der Haltbarkeitsproben 196
Die Erscheinungen, welche dabei auftreten 197
Bezeichnung der Stärke der Absätze. 197
Gang der Untersuchung 200
Begutachtung 201

Kranke Biere 203
Definition der Krankheiten 203
Die verschiedenen durch Organismen verursachten Arten
von Bierkrankheiten 203
Gang der Untersuchung 213
Vorprüfung 214
Die Plattenkultur 217

Fafsgeläger 223

Würze 224
Verhalten von keimfreier Würze 226
Die Tatsachen, auf welche sich die verschiedenen Verfahren bei der Untersuchung gründen 226
Vor- und Nachteile der verschiedenen Verfahren . . . 228
Die Organismen, welche hauptsächlich in der Würze zur
Entwicklung kommen 231
Die Untersuchungs-Verfahren 232
1. Die Beobachtung größerer Würzemengen unter Watte-
verschluß 233
2. Die Beobachtung in kleinere Mengen geteilter Würze 236
a. Würzeplatte von Schönfeld 236
b. Tropfenkultur 241
3. Die Plattenkultur 244
Zählplatte von Lafar 245
Die Gärprobe 246
Begutachtung des Grades der Verunreinigung mit Fremdorganismen 251

Wasser 253
Notwendigkeit der biologischen Analyse 253
Die verschiedenen Bezugsquellen des Gebrauchswassers
und ihre Verunreinigung mit Organismen 254
Die Bedeutung dieser Organismen für die Verwendbarkeit
des Wassers zu Reinigungszwecken 257
Würze und Bier als Nährlösung 260
Die Wasser-Organismen, welche sich in Würze und Bier
zu entwickeln vermögen 263

Seite

Bie Bedeutung einer wiederholten Untersuchung für die
    Begutachtung 266
Probenahme 267
Die biologische Wasseranalyse 269
    1. Das Verfahren von Hansen 276
    2. Die Gärprobe 280
    3. Die Feststellung des Zerstörungsvermögens nach
      Wichmann 282
    Vergleich der Ergebnisse des Verfahrens von Hansen
      und von Wichmann 284
        Nachweis von Pediokokken 287
        Das Verfahren zum Nachweis der Brauchbarkeit eines
          Wassers zum Hefenwaschen nach Stockhausen 288
    Plattenkulturen 289
    Die Prüfung des Verhaltens gegenüber sterilem Bier, un-
      verdünnter und verdünnter Würze nach Stockhausen 291
    Begutachtung 292
    Beispiele für die Ergebnisse ausgeführter Untersuchungen
      und für die Begutachtung 297
Nachweis von Pediokokken (Sarcina) nach dem Verfahren
    von Bettges und Heller 298
      a) Vaselineinschlußpräparat 303
      b) Kölbchenkultur 308
Betriebskontrolle 310
    Zweck der biologischen Betriebskontrolle 310
    Die ständigen und zeitlich wechselnden Quellen
      der Verunreinigung des Brauereibetriebes mit Fremd-
      organismen 312
    a) Ständige Quellen 312
      Staub, Ablagerungsstätten für die Abfälle, landwirt-
        schaftliche Betriebe, Stallungen, Abwasser, Kühlschiff,
        Trub, Trubsäcke und Trubpressen. Verunreinigung
        der Würze auf ihrem Weg vom Kühlschiff zum Gär-
        keller (Leitungen und Schläuche, Kühlapparate,
        Sammelbottich, Gärbottich). Hölzerne Geräte und
        Hilfsmittel im Gär- und Lagerkeller als Infektions-
        herde. Pichblasen. Schuhwerk der Arbeiter. Pflaster.
        Anzapfvorrichtungen. Tropfwasser. Schwimmer. Auf-
        stellung der Gärbottiche. Bierleitungen. Filter. Darm-
        schläuche an den Abfüllapparaten. Schlecht behan-
        delte Transportfässer. Flaschen.

Seite

b) Zeitlich wechselnde Quellen 326
Obst- und Weingärten. 326
Insekten 326
Die zur Betriebskontrolle notwendigen Proben. . . . 327
Direkte Kontrolle des Reinheitsgrades der Fuhr- und
Transportfässer sowie der Schlauchleitungen und
festen Leitungen 331
Filtermasse. Prüfung auf Reinheit 333
Flaschen. Prüfung auf Reinheit 334
Verfahren von P. Lindner zur Entnahme von Proben
an infektionsverdächtigen, schwer zugänglichen Stellen 334
Beispiel einer Betriebskontrolle 336

Hefenreinzucht 340
Die Grundlagen des Hefenreinzuchtsystems 340
Historisches 340
Probenahme für die Herstellung von Reinzuchten . . . 341
Veränderung der physiologischen Eigenschaften der Hefen-
zelle 343
Variation und Mutation 343
Technik der Reinzucht 350
1. Reinzüchtung auf festem Nährboden . . . 351
Die Böttchersche feuchte Kammer mit geteiltem
und ungeteiltem Deckglas 351
a) Anfertigung der Kulturen 353
Ausbreitung eines größeren Gelatinetropfens . . . 356
Auftragen der Gelatine in langen parallel laufen-
den Strichen 356
Auftragen in Tröpfchen 356
Entfernung von Luftblasen in der Gelatine . . . 357
Abdichtung des Verschlusses der feuchten Kammer 357
b) Absuchen der Kulturen und Kennzeichnung der
ausgewählten Zellen 359
Bei gleichmäßig verteilter Gelatineschicht und un-
geteiltem Deckglas 360
Kennzeichnung mit der Hand und mittels des
Objektmarkierers 360
Kulturen auf geteiltem Deckglas 362
Feststellung der Lage der ausgewählten Zelle durch
eine Okularteilung 364
Markierung der Zellen in den Gelatinestrichen . . 369

Seite

Unverzinnte und verzinnte Apparate 425
Besondere Forderungen, welche an die Ausrüstung
    der Apparate gestellt werden. 426
Größe der Apparate 427
Lage der Hefenreinzuchtanlage und Anforderungen
    an den Raum, in welchem sie eingerichtet wird . 427
Die notwendigen Betriebsbehelfe für die Reinzucht-
    anlage 428
        1. Dampf, 2. Druckluft, 3. Wasser. . . . . .

Betrieb der Reinzuchtanlage 428
Gliederung des Betriebes: 1. Sterilisieren der Apparate,
    2. Sterilisieren, Lüften und Kühlen der Würze, 3. Be-
    impfung mit der Reinzucht oder Anstellen der neuen
    Gärung, 4. Vermehrung der Hefe im Gärzylinder, 5. Ent-
    nahme der Hefe.
Einführung der Reinzuchthefe in den Gärkeller 433
Die ersten Vermehrungen in einem vom Gärkeller ge-
    trennten Raum 433
Vermehrung von gepreßter Reinzuchthefe 434
Notwendigkeit einer öfteren Reinigung des Gärzylinders
    und Einführung einer frischen Kultur 435
    Kräusenausscheidungen. — Krusten von oxalsaurem
    Kalk. — Zerstörung des Zinnes durch die gasförmigen
    Gärungsprodukte.

Biologische Kontrolle der Reinzuchtanlage 436
Vorbereitung zur Entnahme der Proben 437
Die zu untersuchenden Proben:
    1. Sterilisierte Würze vor dem Eintritt in den
        Gärzylinder 437
    2. Vergorene Würze aus dem Gärzylinder. . . . 437
    3. Hefe 437
        Gang der Untersuchung bei Entnahme von Kräusen-
        bier aus dem Gärzylinder zum Anstellen im Gär-
        keller 439
    4. Würze aus dem Gärzylinder nach dem An-
        stellen 439

Anhang. Reagenzien, Nährlösungen und feste Nährböden . 440

Seite

Unverzinnte und verzinnte Apparate 425
Besondere Forderungen, welche an die Ausrüstung
    der Apparate gestellt werden. 426
Größe der Apparate 427
Lage der Hefenreinzuchtanlage und Anforderungen
    an den Raum, in welchem sie eingerichtet wird . 427
Die notwendigen Betriebsbehelfe für die Reinzucht-
    anlage 428
    1. Dampf, 2. Druckluft, 3. Wasser. . . . . . .
Betrieb der Reinzuchtanlage 428
    Gliederung des Betriebes: 1. Sterilisieren der Apparate,
    2. Sterilisieren, Lüften und Kühlen der Würze, 3. Be-
    impfung mit der Reinzucht oder Anstellen der neuen
    Gärung, 4. Vermehrung der Hefe im Gärzylinder, 5. Ent-
    nahme der Hefe.
Einführung der Reinzuchthefe in den Gärkeller 433
Die ersten Vermehrungen in einem vom Gärkeller ge-
    trennten Raum 433
Vermehrung von gepreßter Reinzuchthefe 434
Notwendigkeit einer öfteren Reinigung des Gärzylinders
    und Einführung einer frischen Kultur 435
    Kräusenausscheidungen. — Krusten von oxalsaurem
    Kalk. — Zerstörung des Zinnes durch die gasförmigen
    Gärungsprodukte.
Biologische Kontrolle der Reinzuchtanlage 436
Vorbereitung zur Entnahme der Proben 437
Die zu untersuchenden Proben:
    1. Sterilisierte Würze vor dem Eintritt in den
       Gärzylinder 437
    2. Vergorene Würze aus dem Gärzylinder. . . . 437
    3. Hefe 437
       Gang der Untersuchung bei Entnahme von Kräusen-
       bier aus dem Gärzylinder zum Anstellen im Gär-
       keller 439
    4. Würze aus dem Gärzylinder nach dem An-
       stellen 439
Anhang. Reagenzien, Nährlösungen und feste Nährböden . 440

Seite

Lebensdauer in 10 proz. Rohrzuckerlösung 388
Vor- und Nachteile der Aufbewahrung in 10 proz. Rohr-
zuckerlösung 389
Einsaatmenge in die 10 proz. Rohrzuckerlösung 389
Bedingungen für die Haltbarkeit 390
Freudenreich-, Hansen- und Jörgensen-Kölbchen. . . . 391
Vergleichender Versuch mit Hansen- und Jörgensen-
Kölbchen 392
Die Herstellung einer Konserve in 10 proz. Rohrzucker-
lösung 393
Aufbewahrung in trockenem Zustande 394
Auf Watte 394
Lebensdauer 394
Vermehrung der ausgewählten Reinzucht 395
a) Vermehrung im Laboratorium 395
1. Vermehrung in Pasteur-Kolben 395
Füllen und Sterilisieren der Kolben 396
2. Vermehrung in Metallgefäßen 398
Carlsberg-Kolben 398
Priors Gefäß 399
Lindners Gefäß 400
Vermehrungsgefäß der Wissenschaftlichen Station für
Brauerei in München 400
Anforderungen an die Metallgefäße 401
Füllen und Sterilisieren 403
Lüftung der sterilisierten Würze 404
1. und 2. Vermehrung nach Hansen und an der
Wissenschaftlichen Station für Brauerei 406
Biologische Kontrolle der im Laboratorium vermehrten
Reinzuchten 408
Sammeln der Hefe aus den Metallgefäßen in einem
Pasteur-Kolben zum Zweck der Beimpfung des
Gärzylinders der Reinzuchtanlage 410
Gefäß zum Versand von Reinzuchten 410
Kontinuierliche Vermehrung nach W. Coblitz . . . 411
b) Vermehrung im Betrieb 415
Allgemeiner Grundsatz für die Vermehrung im Betrieb 417
1. Vermehrung ohne geschlossenen Gärzylinder . . 417
2. Vermehrung in der Hefenreinzuchtanlage 422
Die wesentlichsten Bestandteile des Würze- und Gär-
zylinders 423

Seite

2. Reinzüchtung in Nährflüssigkeit 369
   a) Anfertigung der Kulturen auf ungeteiltem und auf
      geteiltem Deckglas 370
   b) Absuchen der Kulturen und Kennzeichnung der aus-
      gewählten Zellen.ʼ 370
Vor- und Nachteile der Kulturen auf festem Nährboden
   und in Nährflüssigkeit 371
Tröpfchenplattenverfahren von Wichmann und Zikes 372
Kontrolle der Kulturen 373
Wachstumserscheinungen, welche dabei beobachtet werden 374
Abimpfung der Kulturen 374
Kennzeichnung der abzuimpfenden Kolonien 375
Abimpfung von festen Nährböden 376
Kontrolle der Abimpfung 377
Abimpfung von Nährflüssigkeiten 378
Kontrolle der Abimpfung 379
Vermehrung der abgeimpften Kolonien in Pasteur- oder
   Freudenreich-Kölbchen 379
Auswahl einer Reinzucht zur Massenvermehrung 380
Die maßgebenden Gesichtspunkte für die Auswahl . . . 380
   1. Äußere Erscheinungen der Kulturen 380
      a) Gärungserscheinungen, b) Klärung, c) Beschaffen-
      heit des Bodensatzes, d) Färbung der vergorenen Würze
   2. Geschmack und Geruch der vergorenen Würze . . 381
   3. Form und Größe der Zellen. 382
   4. Sporenbildung. 383
   5. Form der Einzelkolonien und Riesenkolonien . . 383
   6. Hautbildung 383
Individuelle Verschiedenheiten der einzelnen Hefenzellen
   der gleichen Art und Rasse 384
Mischung von verschiedenen Zellen der gleichen Hefen-
   art und -rasse zur Massenvermehrung 384
Nachteile der Mischung von Reinzuchten verschiedener
   Hefenarten und -rassen 385
Auswahl durch eine Vorprobe im Betrieb 386
Aufbewahrung der Reinzuchten 387
Aufbewahrung auf festen Nährböden 387
Aufbewahrung in flüssigen Nährböden 387
Lebensdauer in Bierwürze 387
Bierwürze, 10 proz. Rohrzuckerlösung 388
Vor- und Nachteile der Aufbewahrung in Würze 388

Seite

b) Zeitlich wechselnde Quellen 326
   Obst- und Weingärten. 326
   Insekten 326
   Die zur Betriebskontrolle notwendigen Proben 327
   Direkte Kontrolle des Reinheitsgrades der Fuhr- und
     Transportfässer sowie der Schlauchleitungen und
     festen Leitungen 331
   Filtermasse. Prüfung auf Reinheit 333
   Flaschen. Prüfung auf Reinheit 334
   Verfahren von P. Lindner zur Entnahme von Proben
     an infektionsverdächtigen, schwer zugänglichen Stellen 334
   Beispiel einer Betriebskontrolle 336

Hefenreinzucht 340
   Die Grundlagen des Hefenreinzuchtsystems 340
   Historisches 340
   Probenahme für die Herstellung von Reinzuchten . . . 341
   Veränderung der physiologischen Eigenschaften der Hefen-
     zelle 343
     Variation und Mutation 343

Technik der Reinzucht 350
   1. Reinzüchtung auf festem Nährboden . . . 351
   Die Böttchersche feuchte Kammer mit geteiltem
     und ungeteiltem Deckglas 351
   a) Anfertigung der Kulturen 353
     Ausbreitung eines größeren Gelatinetropfens . . . 356
     Auftragen der Gelatine in langen parallel laufen-
       den Strichen 356
     Auftragen in Tröpfchen 356
     Entfernung von Luftblasen in der Gelatine . . . 357
     Abdichtung des Verschlusses der feuchten Kammer 357
   b) Absuchen der Kulturen und Kennzeichnung der
     ausgewählten Zellen 359
     Bei gleichmäßig verteilter Gelatineschicht und un-
       geteiltem Deckglas 360
     Kennzeichnung mit der Hand und mittels des
       Objektmarkierers 360
     Kulturen auf geteiltem Deckglas 362
     Feststellung der Lage der ausgewählten Zelle durch
       eine Okularteilung 364
     Markierung der Zellen in den Gelatinestrichen . . 369

Einleitung.

Aufgabe der biologischen Untersuchung im Brauereibetrieb und deren Umfang.

Die Hauptaufgabe des Biologen im Brauerei-Betriebslaboratorium besteht in der Kontrolle der Reinlichkeit, soweit
diese durch das Eindringen fremder, das Bier in den verschiedenen Abschnitten der Herstellung schädigender Organismen
gestört wird. Außer der allgemeinen Kontrolle der zur
Aufrechterhaltung der Reinlichkeit getroffenen Maßnahmen
erstreckt sich jene unter gewöhnlichen Verhältnissen in erster
Linie auf die Untersuchung der Würze und derjenigen Wege,
welche sie vom Hopfenseiher bis in den Gärkeller durchläuft,
um Klarheit darüber zu gewinnen, ob und welche bierschädlichen Organismen, solange die Würze auf dem Kühlschiff
verweilte, eingedrungen sind, welche sie auf ihrem Weg durch
die Leitungen und über den Kühlapparat sowie im Sammel-
bottich aufgenommen hat. Ferner ist der Gär- und Lagerkeller unter steter Aufsicht zu halten. Neu einzuführende
Hefen müssen auf die Gegenwart fremder Organismen geprüft und der Reinheitsgrad der im Betrieb selbst anfallenden
und zum Wiederanstellen bestimmten Hefen stetig verfolgt
werden. In gleicher Weise obliegt dem Biologen die Überwachung der Reinerhaltung der Hefen bei und nach dem
Waschen. Für Hefenreinzuchtanlagen trägt er die volle
Verantwortung. Durch Probeentnahme kurz vor dem Fassen

der Bottiche wird er sich eine Einsicht nach der Richtung
hin zu verschaffen suchen, ob bierschädliche Organismen
vorhanden sind. Unterstützt durch die Beobachtung von
»Zwickelproben« wird hierdurch ein Urteil darüber gewonnen,
welche Haltbarkeit von dem konsumreifen Bier erwartet werden
darf. Die Untersuchung des Faßgelägers gibt in kurzer Zeit
wesentliche Fingerzeige über eine Verunreinigung des Bieres
mit Fremdorganismen und deren Grad, bevor noch aufgestellte
Haltbarkeitsproben des vom Lagerfaß abgefüllten Bieres
einen Aufschluß hierüber geben können. Wenn Haltbarkeitsproben nach den verschiedenen Abschnitten des Weges,
welchen das Bier vom Lagerfaß zum Transportfaß durchläuft,
entnommen sind, werden diejenigen Stellen gekennzeichnet
werden, an welchen bei dem Abfüllen Schädlinge von dem
Bier aufgenommen worden sind.

Der Bestand des Betriebswassers an Organismen ist,
soweit jenes zu Reinigungszwecken für Geräte und zum
Waschen der Hefe Verwendung findet, von größter Bedeutung
für den Brauereibetrieb.

Treten Störungen ein, deren Folgen sich in Krankheitserscheinungen des Bieres im Gär- und Lagerkeller oder nach
dem Abfüllen aus dem Lagerfaß geltend machen, so wird auch
in diesem Falle der Biologe in erster Linie berufen werden,
durch seine Untersuchungen die nächstliegende Ursache der
Erscheinungen aufzuklären. Mit deren Erkenntnis ist jedoch
seine Aufgabe noch nicht erledigt. Je nach der Natur der
Krankheitserscheinungen fällt der weitere Verfolg der Ursachen
und die zu schaffende Abhilfe entweder in erster Linie in
das Gebiet des Betriebschemikers und Technikers, wenn die
Ursachen auf Fehlern in der Herstellung des Malzes und der
Würze beruhen, welche aber auch die Bierhefe schädigen
und die Vermehrung von Bierschädlingen begünstigen können,
oder in das Gebiet des Biologen allein, wenn die Ursache der
Krankheitserscheinungen auf Organismen und deren Tätigkeit
zurückzuführen ist. In diesem Falle werden sich aber die
Untersuchungen des Biologen zuweilen weit über die Betriebs-
räume hinaus erstrecken müssen, um die Herkunft der aufgetretenen Krankheitserreger ausfindig zu machen.

Das Gebiet, auf welches sich die Untersuchungen des Biologen im Brauerei-Betriebslaboratorium erstrecken, ist also bisweilen räumlich und sachlich ein weitumfassendes. Unter gewöhnlichen Verhältnissen ist es jedoch enger und scharf begrenzt.

Eine vollwertige Begutachtung der Objekte nach den Ergebnissen der Untersuchung setzt, wie immer so auch in diesem Falle, deren genaue Kenntnis im normalen Zustande voraus. Es ist also dringend geboten, daß der Biologe, bevor er an seine Spezialaufgabe herantritt, sich mit der mikroskopischen und biologischen Untersuchung des Bieres in den verschiedenen Abschnitten der Herstellung und der Reife, mit den Krankheiten, welche es befallen können, mit allen Erscheinungen, welche an der Bierhefe auftreten und mit der Untersuchung von Brauereibetriebswasser unter sachkundiger Führung völlig vertraut macht.

Die persönliche Erfahrung, welche sich auf eigene Untersuchungen und Beobachtungen im Betrieb stützt, spielt eine entscheidende Rolle bei der Begutachtung.

In dem folgenden I. Abschnitt sollen die normalen Gemengteile von Bierwürze, untergäriger Bierhefe, von Jungbier und von schankreifem Bier sowie die Grundlagen für den Nachweis abnormer Bestandteile und Erscheinungen behandelt werden, soweit sie mit Hilfe des Mikroskopes, mikrochemischer Reaktionen und physiologischer Methoden erkannt werden können.

I. Abschnitt.

Gemengteile der Bierwürze.

Die aus dem Läuterbottich gezogene Würze und die Nach-
güsse werden vereinigt in der Pfanne zunächst für sich und
später mit dem zugesetzten Hopfen gekocht. Die heiße Würze
ist beim Ausschlagen durch eine große Anzahl vielfach
gefalteter, feinerer und derberer Häutchen von Eiweiß und
Gerbstoff-Eiweißverbindungen, welche in der Siedehitze ausgeschieden wurden, getrübt. An ihnen befinden sich sehr
viele stark lichtbrechende Körnchen, welche teilweise homogen
erscheinen, teilweise aber auch lichtere, durchsichtige Stellen
im Innern aufweisen. Außerdem beobachtet man hier und
da sehr kleine (unter 1 μ Durchmesser; μ = Mikromillimeter
= $^1/_{1000}$ Millimeter) blasse Tröpfchen mit wenig scharf begrenzten Umrissen. Je mehr die Temperatur der gehopften
Würze auf dem Kühlschiff sinkt, desto mehr nimmt die
Zahl dieser Tröpfchen zu, welche bald einzeln, bald zu
mehreren vereinigt erscheinen, und desto schärfer werden
bei zunehmendem Lichtbrechungsvermögen die Umrisse; sie
sind dann von einer breiten dunklen Linie begrenzt und
haben das Aussehen von kleinen Körnchen angenommen.
Außerdem läßt sich auch durch eine sehr verdünnte wässerige
Lösung von Methylenblau[1]) die Gegenwart von feingekörnten,
unbestimmt geformten Flocken nachweisen.

Bei Abkühlung der gehopften Würze auf 40° C sind die
Körnchen noch klein und haben meist einen Durchmesser
von weniger als 1 μ. Bei 35° C hat sich die Zahl der Körnchen,

---

[1]) Reagentien, siehe Anhang

deren Größe bis zu 1 μ und darüber zugenommen hat, bedeutend
vermehrt. Bei 25° C finden sich dann Körnchen bis zu einem
Durchmesser von 2 μ; die feingekörnten Flocken haben dagegen
auch hier anscheinend an Menge abgenommen.

Die während des Erkaltens der gehopften Würze entstandenen Körnchen, welche sich auch schon in der erkalteten
süßen, ungehopften Würze vorfinden und als »Glutinkörperchen«[1]) bezeichnet werden, sehen kleinen Harztröpfchen nicht unähnlich. Solche sind immer in der gehopften
Würze vorhanden, unterscheiden sich jedoch sofort von den
Körnchen bei Zusatz von Alkannatinktur. An den Körnchen
treten hierbei zwar infolge des Alkoholgehaltes des Reagens
weitgehende Veränderungen auf, eine Aufspeicherung des in
jenem gelösten roten Farbstoffes, wie von seiten der Hopfenharztröpfchen, findet jedoch nicht statt. Innerhalb der Zeit
welche die Würze auf dem Kühlschiff liegt, setzt sich
ein Teil der Glutinkörperchen mit den häutigen Eiweißausscheidungen und den übrigen in der Würze schwebenden
geformten Gemengteilen als sogen. Trub ab, ein sehr großer
Teil von ihnen bleibt aber, wie auch andere Trubbestandteile,
in der Würze in Schwebe und gelangt mit in den Gärbottich.
Während der Hauptgärung wird dann wieder ein Teil der
Glutinkörperchen, deren Zahl noch zugenommen hat, abge-
schieden, und es ist deshalb auch die im Bottich abgesetzte
Hefe in sehr reichlichem Maße mit Glutinkörperchen vermischt.
Ein Teil begleitet das Jungbier in das Lagerfaß, und es
findet ein vollständiges oder nahezu vollständiges Absetzen
erst dort statt. Einzelne Glutinkörperchen kommen selbst
in völlig abgelagerten Bieren vor. Zuweilen bleiben sie jedoch
auch in größerer Menge in Schwebe oder es findet bei starker
Abkühlung des Bieres wiederholt eine Ausscheidung von
Glutinkörperchen statt; sie geben dann Veranlassung zu
Trübung. Die Absätze, welche sich bei pasteurisierten Bieren

---

[1]) Wir behalten diese Bezeichnung, welche sich eingebürgert
hat, trotz des von Z i k e s erhobenen berechtigten Einwandes bei.
Über die chemische Beschaffenheit der körnigen Ausscheidungen
soll damit nichts ausgesagt sein.

nach längerer Zeit in größerem oder geringerem Umfang bilden,
bestehen zuweilen wesentlich nur aus Glutinkörperchen, welche
noch im Bier zurückgeblieben waren.

Soviel dürfte wenigtens aus diesen kurzen Angaben
hervorgehen, daß die Glutinkörperchen, welche erstmals in
der Würze auftreten, bei der Herstellung des Bieres eine
nicht unwichtige Rolle spielen und sich in den meisten Ob-
jekten, deren Untersuchung im Brauerei-Betriebslaboratorium
den Biologen beschäftigt, vorfinden.

Eine morphologische und mikrochemische Charakteristik
der Glutinkörperchen wie der übrigen geformten Gemengteile
der Bierwürze soll erst im nächsten Kapitel, bei Beschreibung
der Gemengteile einer normalen untergärigen Bierhefe aus
dem Betrieb, gegeben werden, in welcher sich sämtliche überhaupt im Bier vorkommenden, geformten und ungeformten,
mikroskopisch und mikrochemisch nachweisbaren Bestandteile
vereinigt finden.

In der Würze sind also geformte Eiweißkörper vorhanden, welche teils in der Siedehitze, teils während der Abkühlung ausgeschieden wurden. Dementsprechend ist auch ihr
Verhalten gegenüber gewissen Reagentien verschieden.

Fig. 1.
Abgestreifter Balg einer Blattlaus.
Vergr. 60 : 1.

Außer den häutigen Eiweißausscheidungen, den Glutinkörperchen und satt gelbbraunen
»Hopfenharztropfen« kommen in
der Bierwürze mindestens noch
andere Bestandteile des Hopfenzapfens vor. In der Regel sind
es Gewebefetzen der Lupulindrüse
oder des Lupulinkornes, welche
an den sie aufbauenden Zellformen
nicht unschwer erkannt werden
können. Meist schließen diese Ge-
webereste Tropfen von Hopfenharz ein. Selbst ganze, anscheinend
völlig unversehrte Lupulinkörner, und zwar zuweilen in nicht
geringer Zahl, bilden einen Bestandteil des aus der Bierwürze
sich absetzenden Trubes. Mit den Hopfenzapfen gelangen die
mannigfachen an ihnen haftenden Verunreinigungen, wie Schim-

melpilze, insbesondere aber Blattläuse, in die Würze und mit
dieser in den Gärbottich. Bei der Häutung abgestreifte Blattlaus-
bälge sind in der Würze zuweilen sehr häufig. Untergeordnet kommen Bestandteile der Treber, feine Splitter der
Spelzen und Spelzenhaare, zuweilen auch Teile der Kleberschicht des Malzkornes selbst vor. Selten ist feinkörnige
Stärke.

Gemengteile der untergärigen Bierhefe.

Untergärige Bierhefe sitzt während der Hauptgärung in
drei mehr oder minder scharf voneinander geschiedenen
Schichten ab: der Unterzeug, die Kernhefe und der Oberzeug.
Die Gemengteile in diesen drei Schichten sind, wenn von
groben mechanischen Verunreinigungen, welche sich in der

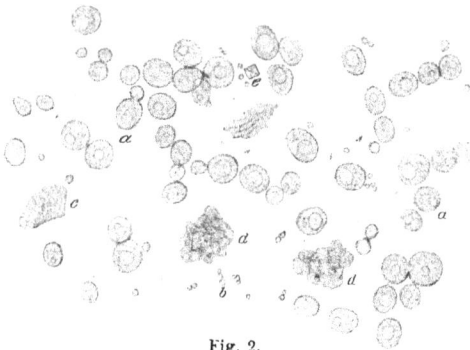

Fig. 2.
Bierhefe mit ihren gewöhnlichen Beimengungen. a Hefenzellen, b Glutinkörperchen, c hautartige Eiweißausscheidungen, d »braune Klümpchen«,
e Kristall von oxalsaurem Kalk. Vergr. 540 : 1.

unteren Schicht befinden, abgesehen wird, im wesentlichen die
gleichen, jedoch ist deren gegenseitiges Mengenverhältnis ein
verschiedenes. Die wertvollste, weil reinste und daher zum
Wiederanstellen geeignetste Schicht ist die Kernhefe. Je
schärfer sie beim Fassen des Bottiches von den beiden
anderen Schichten getrennt wird, in desto geringerem Maße
finden sich Beimengungen aus jenen in der Kernhefe vor.

Schon die äußere Betrachtung einer gewöhnlichen Bierhefe läßt erkennen, daß sie nicht einheitlich zusammengesetzt
ist. In die ziemlich gleichmäßig gefärbte Grundmasse, welche
in der Hauptsache aus den Hefenzellen besteht, sind bald in
größerer, bald in geringerer Menge dunkler gefärbte Teilchen
(»braune Klümpchen«) von sehr verschiedener Größe eingestreut. Deutlicher treten sie hervor, wenn Bierhefe auf Gips-
platten gestrichen wird. Die dunkel gefärbten Teilchen erscheinen dann in Form von kleinen, oft eben noch sichtbaren Flöckchen oder als festere, mehr oder weniger
scharf begrenzte Massen von mehreren Millimetern Durchmesser. Eine gute Übersicht über die größeren Gemengteile, welche in der Bierhefe vorkommen, erhält man durch
Aussieben von ungewaschener Bierhefe auf einem Hefensieb
von 0,2 mm Maschenweite, wobei jene mit der doppelten
Menge Wasser zu einem dünnen Brei angerührt wird. Zum
Schluß spritzt man auf das Hefensieb vorsichtig Wasser.
In einfacherer Weise, jedoch noch mit viel Hefenzellen vermischt, erhält man die größeren Gemengteile, wenn die
dickbreiige Hefe in einem hohen Glaszylinder mit etwa
der gleichen Menge Wasser verrührt wird. Sobald die
Mischung sich selbst überlassen bleibt, setzen sich zuerst die
größeren Teilchen, in erster Linie die braungefärbten Klümpchen, auf dem Boden des Zylinders ab, später die Hefenzellen
mit den kleineren Teilchen. Sobald sich jene gesammelt
haben, wird das überstehende Wasser, bevor noch die in ihm
verteilten Hefenzellen in größerer Menge zu Boden sinken
konnten, bis auf einige Kubikzentimeter abgegossen; durch
wiederholtes Aufgießen von Wassser kann der größte Teil der
Hefenzellen abgeschlämmt werden.

Über die übrigen Gemengteile gibt in der Regel erst das
Mikroskop Aufschluß; die meisten von ihnen sind direkt,
also ohne Anwendung von Reagentien sichtbar.

Eine Zusammenfassung der Gemengteile nach gleichen
Merkmalen kann von verschiedenen Gesichtspunkten aus
erfolgen.

J. Gemengteile, geordnet nach der Form und Abstammung.

1. Körper mit scharf umschriebener, aber wechselnder Form.
   a) 1. Meist kugelförmig: Glutinkörperchen.
   2. Tropfen: Hopfenharz.
   3. Hauptsächlich aus Bläschen mit Öffnung zusammengesetzt: »braune Klümpchen«.
   b) Pflanzenreste, an welchen die Zellen noch deutlich erkennbar sind.
   1. Gewebe und dessen Inhaltsbestandteile vom Malzkorn: Treber.
   2. Gewebestücke bzw. ganze Bestandteile des Hopfenzapfens: Lupulinkörner, Zapfenblätter, Haare der Spindel.
   3. Holzfasern: vom Bottich, Zapfen usw.
   4. Schimmelpilze: durch die Braumaterialien, insbesondere den Hopfen oder schimmelige Malzkörner eingeführt.
   c) Insektenüberreste: Blattläuse (Hopfen), Fliegen (Kühlschiff), Käfer und Käferlarven (Gerste, Malz), Motten (Gerste).
2. Körper mit scharf umschriebener, regelmäßiger und bei wechselnder Größe gleichbleibender Form: Kristalle.
3. Körper mit unbestimmter Form bzw. unbestimmten Umrissen: hautförmige Ausscheidungen. Schleimige Körper: Eiweiß, Gummi.

II. Gemengteile, geordnet wesentlich nach chemischen Gesichtspunkten.

1. Gemengteile, welche vorherrschend aus Eiweißkörpern bestehen:
   a) Geformte Eiweißkörper.
   1. Glutinkörperchen.
   2. Braune Klümpchen.
   3. Hautförmige Ausscheidungen, nicht regelmäßig geformt wie bei 2.

b) Ungeformte Eiweißkörper.
    Von schleimiger Beschaffenheit (kolloidal). Durch
Schütteln der Hefe mit Äther werden sie in Form
von geschlossenen Bläschen ausgefällt. Beim Eintrocknen der Hefe tragen sie zur Entstehung des sog.
gelatinösen Netzwerkes um die Hefenzellen bei.
2. Gummi und andere als bei b aufgeführte schleimige
    Körper.
3. Überreste des Malzkornes: Treberbestandteile.
4. Bestandteile des Hopfenzapfens oder der Hopfendolde.
5. Kristalle von oxalsaurem Kalk und von Phosphaten.
6. Zufällige Gemengteile: Holzfasern, Schimmel, Blattläuse usw.
    Geformte Eiweißkörper bilden also den Hauptgemengteil
der Bierhefe. Zu den schon in der Würze vorhandenen
kommen noch die während der Gärung ausgeschiedenen hinzu.
    Nicht alle aufgeführten Beimengungen kommen in jeder
Hefe vor. Regelmäßige Beimengungen, welche uns hier interessieren, bilden: die Glutinkörperchen, die braunen Klümp-

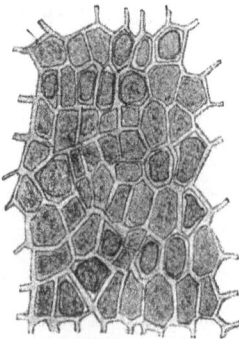

chen, Eiweißkörper in kolloidaler
Form und Kristalle von oxalsaurem
Kalk. Die wichtigsten von den Gemengteilen der untergärigen Bierhefen sollen im folgenden in morpho-
logischer und mikrochemischer Richtung charakterisiert werden.

**Überreste des Malzkornes (Be-
standteile der Treber).** Sehr selten
und meist erst beim Aussieben größerer Mengen von Bierhefe treten die
beim Maischprozeß nicht weiter aus-
nützbaren Reste des Malzkornes
(Treber) in Form von verschiedenen
Gewebebruchstücken entgegen. Von

Fig. 3.
Kleberzellen des Malzkornes aus
Treber.   Flächenansicht der
einen Schicht der Kleberzellen.
Vergr. 165 : 1

diesen sind es zwei Arten, welche nach
charakteristischen Zellformen leicht auf ihren Ursprung zurückgeführt werden können.
    Gewebebruchstücke, welche aus sehr starkwandigen, ziemlich
gleichmäßig großen und gleichmäßig geformten, häufig nahe-

zu rechteckigen Zellen mit dunkel gefärbtem Inhalt bestehen,
gehören der sog. Kleberschicht des Malzkornes an. Die
Kleberschicht liegt am Rande des Mehlkörpers der mit den
Spelzen verwachsenen Gersten-
frucht, von jenen durch die
Samen- und Fruchthaut ge-
trennt. Zwischen dem gelb-
bis dunkelbraun gefärbten Inhalt der Zellen treten die farblosen, stark verdickten Zell-
wände scharf hervor. Der grobkörnige Inhalt besteht aus
Plasma mit Aleuronkörnern
(Klebermehl) und Fett. Die
Zellen werden auch als fett-
führende Zellen bezeichnet.
Mit Osmiumsäure färbt sich der
Zellinhalt schwarzbraun. Eine
zweite Art von Gewebebruchstücken zeigt auf einer Seite
Längsreihen von gestreckten,
schmalen Zellen mit stark verdickter Haut und in dichten
Wellenlinien verlaufenden Sei-
tenwänden, welche mit halb-
mondförmigen und doppelten
Kurzzellen abwechseln. Die
Zellen besitzen also das charakteristische Aussehen der Oberhautzellen der Außenseite der
Gerstenspelze und sind hiernach
die Gewebebruchstücke auf die
Spelzen des Malzkornes zurückzuführen.

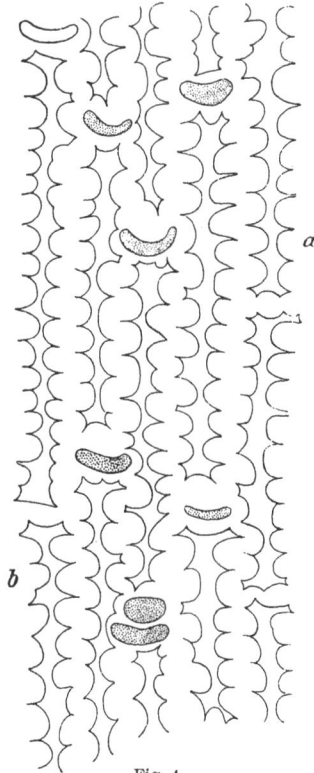

Fig. 4.

Zellen der äußeren Oberhaut der
Spelzen. Zwischen den gestreckten
Zellen mit sehr stark verdickter, welli-
ger Wandung einfache halbmondför-
mige (a) und doppelte (b) Kurz- oder
Zwergzellen. Vergr. 230 : 1.

**Bestandteile des Hopfenzapfens oder der Hopfen-
dolde.** Häufiger als Überreste des Malzkornes sind der Bierhefe Bestandteile des Hopfenzapfens beigemengt. Hauptsächlich finden sich ganze Lupulinkörner und deren Inhalts-

bestandteile, seltener nur kleinere Stücke des Kornes vor.
Das Lupulinkorn, ein Haargebilde (Drüsenschuppe) des
Hopfenzapfens, besitzt im fertigen Zustande eine Form, welche
sich mit zwei mit ihren Grundflächen aufeinander gesetzten
Kegeln oder mit einem von einem hohen Deckel bedeckten
Becher oder Schüsselchen vergleichen läßt. Der eine dieser
Kegel, und zwar derjenige, mit welchem das Lupulinkorn auf
den Blättchen des Hopfenzapfens aufsitzt, besteht aus zahl-
reichen Zellen, während der obere Kegel, der Deckel, die ab-
gelöste äußerste Schicht (Cuticula) der freien Außenwand
der Zellen auf der Oberseite der Drüsenschuppe darstellt.
Zwischen Cuticula und der becherförmigen Vertiefung der

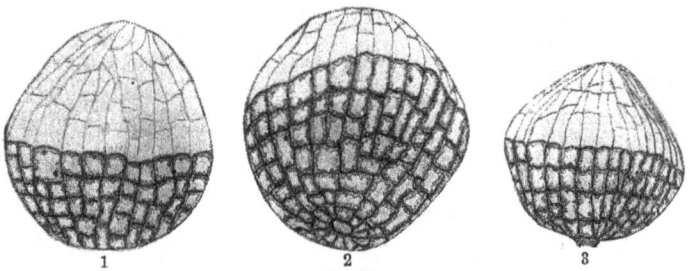

Fig. 5.
Lupulinkörner. Bei 2 und 3 die Anheftungsstelle sichtbar. Vergr. 165 : 1.

Drüsenschuppe hat sich das abgesonderte Sekret, das Lupulin,
(»Hopfenharz«) in Form einer gelbgrün gefärbten, zähflüssigen,
öligen Masse angesammelt.

Die beschriebene charakteristische Form ist an den dem
Trub und der Hefe beigemengten Lupulinkörnern nicht immer
zu erkennen. Häufiger erscheinen sie als mehr oder weniger
rundliche oder unregelmäßig geformte gelblichgrün, grünbraun
und selbst braun gefärbte Körper, deren Oberfläche in zahlreiche unregelmäßig gestaltete Felder mit spitzen und stumpfen Winkeln geteilt ist. Diese Felder sind teils die Außen-
fläche der Zellen, welche die Außenwand des Bechers zusammensetzen, teils stellen sie nur eine Verdickung der Cuticula
an der Stelle dar, wo vor ihrer Abtrennung von der Oberseite
der Drüsenschuppe zwei Zellen aneinanderstießen.

Bei einem Druck auf das Deckglas entleeren die Lupulinkörner ihren Inhalt in Form von Tropfen, die bei ihrer Berührung mit Wasser anscheinend von zahlreichen Hohlräumen
durchsetzt werden. Nebenbei bemerkt tritt die gleiche Erscheinung auch bei Gegenwart von Essigsäure und Kalilauge
auf und deutet auf eine dem Sekret beigemengte quellbare
Substanz hin. Mit Millons Reagens färbt sich das Sekret
sehr schön rot (Kermesrot). Bei größerem Umfang sind die
Tropfen gelbgrün bis satt gelbbraun gefärbt; sehr kleine
Tropfen erscheinen nahezu farblos.

Satt gelbbraune runde Tropfen (»Hopfenharz-Tropfen«)
finden sich ebenso wie in der Würze und im Trub auch
zwischen den Hefenzellen für sich allein. Sie sind entweder
von gleichmäßiger Beschaffenheit oder auch anscheinend von
Hohlräumen durchsetzt. Bei mittlerer Einstellung des Mikroskopes werden sie von einem nach außen scharf begrenzten
dunklen, schmalen Rand umsäumt, der von helleren Linien
durchbrochen ist. Hebt man den Tubus, so wird der dunkle
Ring noch breiter, die mittlere Scheibe dagegen kleiner und
heller. Senkt man dagegen den Tubus, so schwindet der
dunkle Rand, die zentrale Scheibe verliert an Helligkeit und
ist von einem etwas helleren Saum umrandet. In gleicher
Weise verhalten sich die aus den Lupulinkörnern ausge-
tretenen Tropfen des Drüsensekretes.

Die Löslichkeit der »Harztropfen« in 10 proz. Kalilauge
ist eine sehr geringe; sie unterscheiden sich hierdurch von
den Glutinkörperchen, welche eine gewisse Ähnlichkeit mit
kleinen Harztröpfchen besitzen und jedenfalls vielfach mit
Harztröpfchen verwechselt wurden.

Eine charakteristische Reaktion des Drüsensekretes, der
Harztropfen, ist die Aufspeicherung des roten Farbstoffes aus
Alkannatinktur; sie färben sich lichtorangerot bis braunrot
(wie Portwein).

Die Reaktion mit der Alkannatinktur auf »Hopfenharz«
ist mit Vorsicht auszuführen; es muß ein richtiges Verhältnis zwischen dem Reagens und dem Wassertropfen des mikroskopischen Präparates gewählt werden. Ist zu wenig Wasser
vorhanden, so scheidet sich infolge rascher Verdunstung des

Alkohols der Farbstoff, das Alkannin, in roten Tröpfchen
aus. Das gleiche findet statt, wenn der Wassertropfen zu
groß ist und der Tropfen Alkannatinktur zu stark verdünnt wird.

 Von anderen Bestandteilen des Hopfenzapfens kommen
als Beimengungen der Bierhefe, wenn wir von den Haaren und
größeren Stückchen der Spindel absehen, noch ganze Blätt-

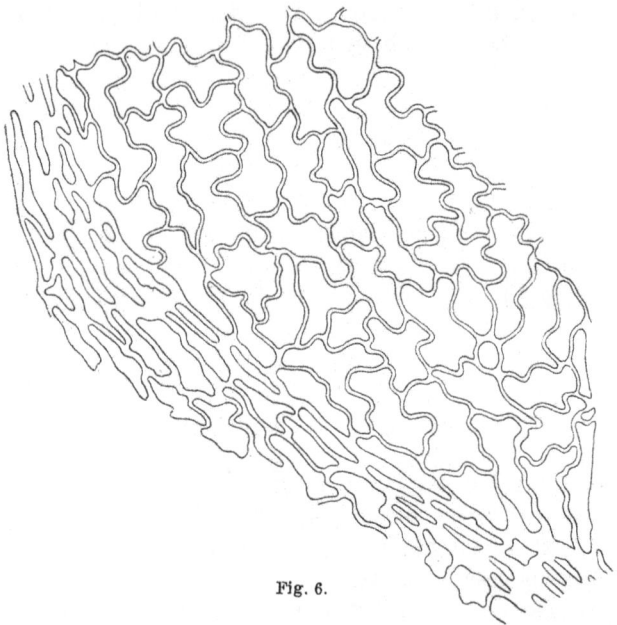

Fig. 6.

Oberhautzellen von den Blättchen des Hopfenzapfens. Vergr. 165 : 1.

chen (Vor- und Deckblätter) oder Teile von diesen vor. Selbst
an sehr kleinen Bruchstücken können diese durch das charakteristische Bild des Oberhautzellgewebes, welches den Raum
zwischen den Blattrippen ausfüllt, erkannt werden: die seit-
liche Umgrenzung der einzelnen Zellen verläuft in Wellenlinien.

Kristalle. Sehr vereinzelt finden sich, frei zwischen
den Hefenzellen, regelmäßig geformte, sehr stark lichtbrechende

Körper, meist von anscheinend quadratischer Form, deren
Fläche bei mittlerer Einstellung des Mikroskopes durch zwei
sich kreuzende und die Ecken des Quadrates miteinander
verbindende helle Linien (wie die Rückseite eines geschlossenen
Briefumschlages) in vier Dreiecke zerlegt ist. Bei verschieden
hoher Einstellung durch langsames Heben und Senken des
Tubus mit der Mikrometerschraube erkennt man deutlich,
daß diese Körper aus einer quadratischen Grundfläche bestehen,
welcher beiderseits flache Pyramiden aufgesetzt sind (sog.
Quadratoktaeder). Die hellen, sich kreuzenden Linien sind die
Kanten der Pyramiden. Das Bild wechselt,
sobald die Körper auf der Seite liegen; sie
erscheinen von zwei stumpfwinkeligen Drei-
ecken begrenzt. Hier und da begegnen
wir bei der mikroskopischen Durchmusterung von Hefenpräparaten auch noch anderen
stark lichtbrechenden, von ebenen Flächen
begrenzten Körperchen, welche Prismenform
zeigen. In beiden Fällen liegen Kristalle
vor. In größerer Zahl werden Kristalle meist
von den braunen Klümpchen eingeschlossen
und können diese auch mit Vorteil zu deren
Studium Verwendung finden, wobei die
Klümpchen durch konzentrierte Essigsäure
in Lösung gebracht werden. Kali- oder
Natronlauge darf zur Lösung nicht ver-

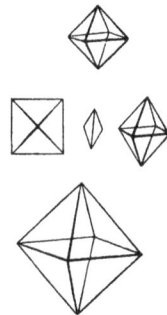

Fig. 7.
Kristalle von oxal-
saurem Kalk aus Faß-
geläger. Verschiedene
Ansichten.
Vergrößerung 615 : 1.

wendet werden, da bei nicht völliger Entfernung der braunen
Substanz durch die Laugen und nicht vollständigem Aus-
waschen der Laugen bei der Reaktion mit Säuren Gerinnsel
entstehen, welche die Kristalle wieder einschließen und die
Übersichtlichkeit des Verlaufes der Reaktion stören. Die Trennung der Kristalle von den braunen Klümpchen kann auch
im Reagensrohr unter Erwärmen vorgenommen werden, da
ja jene leicht durch Sieben oder Schlämmen in größerer
Menge von der Bierhefe abgesondert werden können.

Ein gutes Untersuchungsmaterial für die in der Bierhefe
vorkommenden Kristalle bietet Faßgeläger, welches jene in
großer Zahl enthält.

Vorherrschend sind die Quadratoktaeder. Da die prismati-
schen Kristalle meist in chemischer Hinsicht mit jenen übereinstimmen, werden wir uns auch hauptsächlich mit den
Quadratoktaedern beschäftigen.

In der Regel sind die Kristalle sehr gleichmäßig ausgebildet und die einzelnen Individuen häufig so groß, daß ihre
Form schon bei 200—250 facher Vergrößerung genau erkannt
wird. Zuweilen sind zwei oder auch mehrere Kristalle zu
größeren »Kristalldrusen« in der mannigfachsten Art (häufiger
»Morgenstern«) miteinander verwachsen und die Form der
einzelnen Individuen ist mehr oder weniger verwischt.

Abgesehen davon, daß die Kristalle an einzelnen Stellen
in ganz geringem Grade zerfressen erscheinen und an ihren
Flächen Unebenheiten und Streifungen auftreten, bleibt die
Form bei der Auflösung der sie einschließenden Substanz in
Essigsäure völlig unversehrt; sie sind in Essigsäure unlöslich.
Die Unebenheiten der Kristallflächen und die tieferen Risse
in ihnen sind schon vor völliger Auflösung der die Kristalle
einschließenden Substanz wahrnehmbar und nur nach der Behandlung durch die konzentrierte Essigsäure deutlicher geworden. Natron- oder Kalilauge wirken in gleicher Weise.
Die Unebenheiten sind auf eine ungleichmäßige Ausbildung
während der Kristallisation, auf Verwachsung mehrerer Kristalle
und auf Störungen durch Einschluß von organischer Substanz
zurückzuführen, welche durch die Essigsäure und die Laugen
entfernt werden.

In kaltem und heißem Wasser sind die Kristalle unlöslich. Bei der Einwirkung von Salzsäure verlieren die
Flächen der Kristalle bald ihren Glanz, sie werden rauh,
es entstehen von den Kanten her tiefe Risse und Zerklüftungen.
Schließlich zerfallen sie in kleine kantige Stückchen, welche
jedoch allmählich, und zwar ohne gleichzeitige Gasentbindung
und meist ohne irgend welchen Rückstand, ebenfalls gelöst
werden. Zuweilen bleibt jedoch eine kleine Menge in Salzsäure unlösliche Substanz zurück, die in einzelnen Fällen ungefähr die äußere Form der Kristalle beibehält. Durch Essigsäure oder Kalilauge wird dieser unlösliche Rückstand gelöst; es ist dies organische Substanz, welche bei der Kristalli-

sation eingeschlossen wurde oder sich nach beendigter Ausbildung der Kristalle auf deren Oberfläche abgelagert und
damit ihre äußere Form angenommen hat.

Salpetersäure löst die Kristalle ebenfalls.

Wird eine kleine Menge des von der Hefe abgeschlämmten
Rückstandes auf Platinblech schwach geglüht, so lösen sich
die in der kohligen, aufgeblähten Masse liegenden Kristalle
bei Einwirkung der genannten Säuren, also auch der Essigsäure, unter Gasentbindung auf. Es liegt also in den Quadratoktaedern ebenso wie in den Prismen eine organische Verbindung vor, welche durch das Glühen in eine kohlensaure
übergeführt wurde.

Sobald konzentrierte Schwefelsäure mit den ursprünglichen
Kristallen in Berührung kommt, schießen aus ihnen, während
sie dabei selbst zerfallen, von allen Seiten kleine Kristallnadeln, wie sie der Gips bildet, an. An Stelle des Quadrat-
oktaeders oder auch in dessen Nähe liegt dann ein Bündel
von unregelmäßig durcheinander liegenden oder sich kreuzenden und an den freiliegenden Enden auseinander stehenden
Kristallnadeln.

Diese lösen sich, wenn auch sehr schwierig, in Wasser,
leichter, wenn gleichzeitig Schwefelsäure zugegen ist.

Solche Kristalle werden auch gelegentlich bei der Raspailschen Reaktion auf Hefe wahrgenommen.

Ein zweiter Bestandteil der Kristalle ist also Kalk. Von
den Verbindungen des Kalkes ist aber diejenige mit Oxalsäure unlöslich in Wasser und Essigsäure, dagegen löslich
in verdünnter Salz- und Salpetersäure. Der oxalsaure Kalk
kristallisiert in zwei verschiedenen Kristallsystemen und tritt
daher in zwei einander völlig unähnlichen Kristallformen auf.

Zuweilen kommen in Hefen, insbesondere in solchen,
welche sterilisierte Würzen vergoren haben, prismatische
Kristalle vor, welche, soweit die Untersuchungen reichen,
aus Phosphaten bestehen. Näheres ist über sie nicht bekannt;
sie können auch, zumal sie in der Regel nur in geringer
Zahl vorhanden sind, unberücksichtigt bleiben.

Die hautartigen Ausscheidungen. Umfang, Dicke,
Form und Aussehen sind sehr wechselnd. Meist von größerer

Ausdehnung und derberer Beschaffenheit bei schwach bräunlicher Färbung wie in der Bierwürze, sind sie zuweilen sehr
zart, farblos und auch sehr klein; sie treten dann erst bei
Zusatz von wässerigen Farbstofflösungen zum Präparat in
die Erscheinung. Ihre Oberfläche durchziehen zahlreiche
Linien nach den verschiedensten Richtungen, die sich
kreuzen und ineinander übergehen oder die mannigfaltigsten
Windungen bilden: die Bruchlinien der zahlreichen Faltungen. Eine zutreffende Anschauung über das Aussehen
der hautartigen Ausscheidungen im mikroskopischen Präparat
gibt ein vielfach gefaltetes Tuch (etwa das zum Reinigen
der Objektträger und Deckgläser benutzte), auf welches eine
Glasplatte gelegt wird. Ein großer Teil der hautartigen Ausscheidungen im Trub besitzt mehr oder weniger abgerundete
Form. Die Randpartie erscheint wie umgeschlagen; es bieten
sich ähnliche Bilder dar, wie bei den Bläschen der braunen
Klümpchen.

Die chemische Natur der Ausscheidungen läßt sich durch
folgende Reaktionen erschließen:

1. Anilinfarben werden aus verdünnten wässerigen
Lösungen aufgespeichert. Die Färbung wird also eine intensivere als diejenige der als Reagens angewendeten Lösung.
Gewöhnlich wird eine wässerige Lösung von Methylenblau
oder von Methylviolett angewendet.

2. Jod wird aus einer wässerigen Lösung von Jod in Jodkalium ebenfalls aufgespeichert. Die hautartigen Ausscheidungen nehmen eine gelbe bis gelbbraune Färbung an.

3. Millons Reagens erzeugt eine ziegelrote Färbung.
Bei gewöhnlicher Temperatur verläuft die Reaktion sehr langsam (mehrstündige Einwirkung), bei erhöhter (Erhitzen des
mikroskopischen Präparats über einer kleinen Flamme) wird
sie beschleunigt. Unter dem Mikroskope ist die Färbung
in der Regel schwach, immerhin deutlich.

4. Salpetersäure (spez. Gew. 1,4) ruft eine zitronengelbe
Färbung hervor: Xanthoproteinsäurereaktion (Mulder). Die
Färbung wird durch den Zusatz von Ammoniak oder Kali-
lauge verstärkt. Da die hautartigen Ausscheidungen meist

schon selbst mehr oder weniger gefärbt sind, erscheint der Farbenton meist nicht rein: er zeigt einen Stich ins Bräunliche.

Die unter 3. und 4. angegebenen Reaktionen können auch im Reagensglas oder, noch besser, in einer Uhrschale oder einem Glasschälchen, welches auf eine weiße Unterlage gesetzt wird, ausgeführt werden.

5. Raspails Reaktion gibt an sich eine Rosafärbung. Bei den hautartigen Ausscheidungen ist sie jedoch selten rein, zeigt vielmehr immer mehr oder minder einen Stich ins Bräunliche aus der gleichen Ursache wie bei der Salpetersäurereaktion. Die Reaktion wird in der Weise ausgeführt, daß man eine kleine Menge des Trubes aus der Würze oder Bierhefe, welche die hautartigen Ausscheidungen enthält, in einer 20proz. wässerigen Rohrzuckerlösung verteilt und nach dem Auflegen des Deckglases einen Tropfen konzentrierter Schwefelsäure zum Präparat hinzutreten läßt.

Sämtliche Reaktionen weisen darauf hin, daß die hautartigen Ausscheidungen der Hauptsache nach aus Eiweißkörpern bestehen.

6. Eine 0,5proz. wässerige Lösung von Chlorgoldnatrium (Auronatrium chloratum) färbt einen Teil der hautartigen Ausscheidungen intensiv rot- bis blauviolett. Die Reaktion wird in der Weise ausgeführt, daß mehrere Tropfen Trub oder zwei starke Platinösen voll abfiltrierter Hefe in 4—5 ccm der Goldchloridlösung, welche sich, wie bei 3. und 4. in einem Uhrglas oder Glasschälchen befindet, eingetragen werden. Nach 1—2 stündiger Einwirkung tritt die Färbung auf. Wird der Trub 24 Stunden mit dem Reagens in Berührung gelassen, so nimmt zwar die Farbentiefe der schon nach 1—2 Stunden gefärbten Bestandteile zu (sie besitzen nicht selten eine sehr schöne tiefblaue Farbe), eine wesentliche Zunahme an gefärbten Beimengungen scheint aber nicht mehr stattzufinden. Beim Trub bilden sich zwei deutlich getrennte Schichten, von welchen die obere die feinflockigeren, leichten Eiweißhäutchen enthält. In dieser Schicht erscheint der größte Teil der Häutchen gefärbt. In der unteren Schicht, welche die groben Flocken enthält und die Hauptmasse des Absatzes

bildet, ist, wie schon mit freiem Auge sichtbar, nur ein sehr geringer Teil der hautartigen Ausscheidungen gefärbt.

In ähnlicher Weise verhält sich die Hefe. Sie bildet verschiedene Schichten; obenauf liegt eine lockere, flockige und leicht bewegliche Schicht, welche wesentlich die verschiedenen Beimengungen enthält und in erster Linie eine Färbung annimmt.

Die Goldchloridlösung ist ein sehr empfindliches Reagens auf Gerbstoff. Die hautartigen Ausscheidungen der Würze und der Bierhefe enthalten also teilweise neben Eiweiß auch noch Gerbstoff.

Mit 10 proz. Kalilauge behandelt, quellen die bei Kochhitze ausgeschiedenen hautartigen Eiweiß- und Gerbstoff-Eiweißverbindungen nur auf und können dabei so durchsichtig werden, daß sie teilweise zu verschwinden scheinen.

Die Glutinkörperchen. Erscheinen in der Regel als stark lichtbrechende Körper von gelblichbrauner Farbe, welche

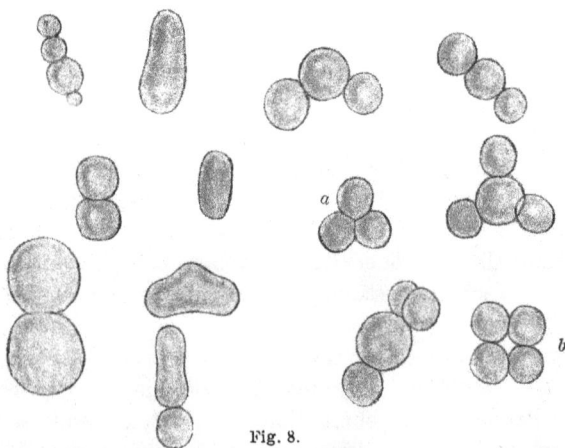

Fig. 8.

Glutinkörperchen aus ungewaschener Hefe. Verschiedene Form, Größe und Aneinanderlagerung. a Triade, b Tetrade. Vergr. ca. 6250 : 1.

von einer deutlich erkennbaren, dunkleren, breiten Umrißlinie umgeben sind. Sie sind kleinen Harztröpfchen nicht unähnlich, unterscheiden sich von diesen jedoch dadurch,

daß sie den roten Farbstoff aus der Alkannatinktur nicht
aufspeichern. Die Form, unter welcher sie in der Würze, in
der Hefe und im Bier auftreten, ist eine sehr mannigfache.
Einzelne Körperchen sind meist kugelförmig, zuweilen auch
sack- oder wurstförmig, auch knochenförmig, oder sie zeigen
ganz absonderliche Gestaltungen. In der Regel sind sie jedoch
zu mehreren entweder so miteinander vereinigt, daß die einzelnen Körperchen bei kleiner Berührungsfläche ziemlich scharf
voneinander abgesetzt sind, oder sie sitzen einander mit sehr
breiter Basis auf und scheinen auf das innigste verwachsen
zu sein. Die Körperchen liegen bei gleicher oder häufiger noch
bei ungleicher Größe zu zweien nebeneinander oder zu längeren Reihen von 3 und 4 angeordnet. Häufig bilden sie auch
Triaden und Tetraden, wie die Pediokokken und Sarzinen, oder
auch, wie häufig in Jungbieren, in der Hefe 'jedoch selten,
traubige Massen von größerem oder geringerem Umfang. Die
durchschnittliche Größe einzelner Glutinkörperchen ist 2—3 μ;
häufig bleibt jene hinter diesen Maßen zurück, wie sich anderseits im Jungbier und in der Hefe Glutinkörperchen mit einem
Durchmesser von 4 μ und darüber vorfinden, welche also
die Größe kleiner Hefen- oder Torulazellen erreichen. In gefrorenem Bier gleichen die Glutinkörperchen zuweilen bei
zäher und klebriger Beschaffenheit sehr großen Harztropfen.
Sie können auch so klein wie Kugelbakterien sein und mit
solchen leicht verwechselt werden.

Die Glutinkörperchen bauen sich nicht aus einer einheit-
lichen Substanz auf; eine leicht lös- und quellbare wird von einer
hautartigen, dichteren, weniger quellbaren und auch in ihren
übrigen physikalischen Eigenschaften von der Hauptmasse ab-
weichenden Substanz umgeben. Wie diese Haut zustande
kommt, ist noch nicht festgestellt.

In der Regel erscheinen die Glutinkörperchen in der
frischen, dem Gärbottich entnommenen Hefe unverändert;
sie sind also von einer stark lichtbrechenden Substanz erfüllt.
Nicht selten zeigen sie jedoch eine schaumige Beschaffenheit.
Zuweilen ist das Innere von schwächer lichtbrechenden, wasserklaren und durchsichtigen Partien (Vakuolen), welche von
dichter Substanz umgrenzt sind, erfüllt.

In gewaschener Hefe zeigen sie ein ähnliches Aussehen; das Lichtbrechungsvermögen ist ein schwächeres als im normalen Zustande.

In gleicher Weise können die Glutinkörperchen des Faßgelägers verändert sein.

Beim Erwärmen bis auf 40°C werden die vorher vollkommen gleichmäßigen und durchscheinenden Glutinkörper-

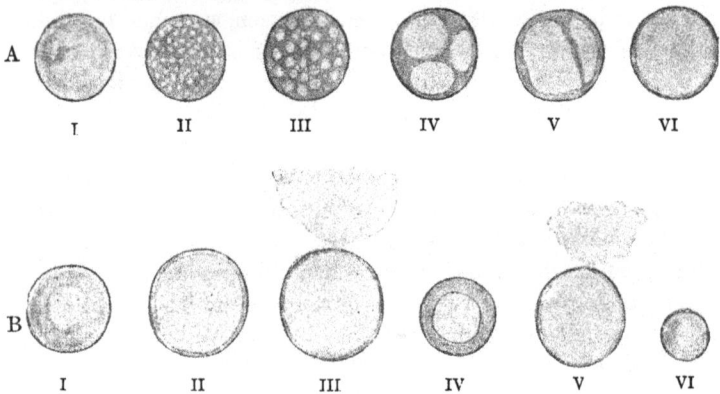

Fig. 9.
Glutinkörperchen, kugelförmig.
A. Nach Einwirkung von Wasser. B. Nach Einwirkung von Essigsäure.
Zwischen I und II liegen die gleichen Erscheinungen wie bei I—IV der Reihe A.
Bei III und V Ausstoßung eines Teiles der stark gequollenen Füllsubstanz der Glutinkörperchen. Schematisch.

chen zunächst durch eine sehr große Anzahl sehr kleiner Vakuolen trüb, später werden sie vollständig entleert. Die mehr oder minder starke Haut, welche nach starker Zusammenziehung nach außen und innen scharf abgegrenzt ist, schließt nur mehr einen wasserklaren Inhalt ein. In 65 proz. Alkohol ist der Inhalt der Glutinkörperchen leicht löslich.

Die charakteristischste Reaktion zur Erkennung der Glutinkörperchen ist das Verhalten gegenüber Essigsäure. Durch 10—15 proz. Essigsäure wird der Inhalt der Körperchen zunächst teilweise zur Quellung gebracht; es erscheinen im Innern hellere Partien; später dehnt sich die Quellung gleichmäßig auf den ganzen Inhalt aus, wobei die ursprünglich sichtbar

mit wasserklarer Substanz erfüllten Hohlräume verschwinden.
Der Inhalt der Glutinkörperchen erscheint dann wieder gleichmäßig.

Gleichzeitig quillt aber auch die äußere hautartige Schicht
etwas auf und wird auch infolge des vom gequollenen Inhalt
ausgeübten Druckes gedehnt. Der Umfang der Glutinkörperchen wird also bei der Essigsäurereaktion zunächst größer; sie
runden sich dabei, welche Form sie auch gehabt haben, ab.
Diese Abrundung erfolgt auch bei nahe zusammengelagerten
Glutinkörperchen, welche dabei miteinander verschmelzen
und sich wie ein einzelnes verhalten. Schließlich platzt mit

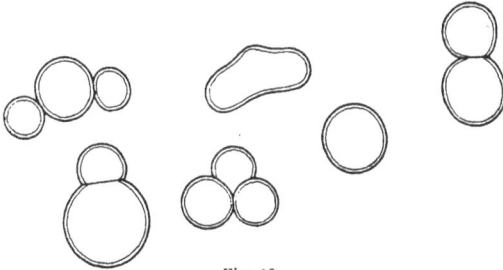

Fig. 10.
Glutinkörperchen aus Faßgeläger nach Einwirkung von Alkohol.
Vergr. ca. 3500 : 1

Zunahme des Druckes und mit der Überschreitung der Elasti-
zitätsgrenze die äußere Schicht, und es wird ein Teil des
Inhaltes der Glutinkörperchen ausgestoßen. In demselben
Maße, als hierdurch der Druck nachläßt, zieht sich die Haut
wieder zusammen und schließt damit die bei der Dehnung
entstandene Öffnung. Bei fortdauernder Einwirkung der
Essigsäure wiederholt sich der gleiche Vorgang der Quellung
und des raschen, ruckweise erfolgenden Zusammenziehens des
Glutinkörperchens bei der Entleerung, solange noch Reste
der quellbaren Füllsubstanz von der hautartigen Schicht
umschlossen werden. Schließlich zieht sich diese zu einem
kleinen Körnchen zusammen oder es vereinigen sich mehrere
zu einer großen, mit wässeriger Flüssigkeit erfüllten Blase:
ebenfalls eine sehr charakteristische Erscheinung. Durch konzentrierte Essigsäure wird die Haut gelöst. Zuweilen werden

die beschriebenen Quellungserscheinungen erst durch konzentrierte Säure hervorgerufen.

Glutinkörperchen, deren Füllsubstanz durch Waschen der
Hefe mit Wasser teilweise gelöst ist, zeigen die beschriebenen
Erscheinungen ebenfalls, aber viel schwächer; dagegen treten
sie bei Glutinkörperchen, welche bei höherer Temperatur
erhitzt worden waren (in pasteurisierten Bieren und sterilisierter Würze) nicht mehr auf.

Die Essigsäurereaktion kann mit Vorteil zum Nachweis
der Glutinkörperchen bei solchen Flüssigkeiten, wie Vorderwürze und Kühlschiffwürze, angewendet werden, bei welchen
andere Reagentien, wie Alkohol, Schwierigkeiten bereiten, oder

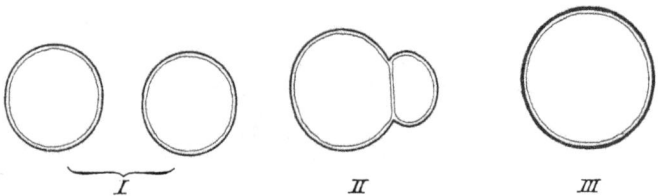

Fig. 11.

Verschmelzung von zwei kugelförmigen Glutinkörperchen bei Einwirkung von
Essigsäure. Schematisch.

bei welchen die bei der Einwirkung auftretenden Veränderungen weniger scharf ausgeprägt sind. Auch zum Nachweis
von geschrumpften Glutinkörperchen in den Absätzen von
pasteurisiertem Bier kann Essigsäure benützt werden.

Für die Hervorufung der geschilderten Erscheinung ist
eine wesentliche Bedingung, daß die Einwirkung der Essigsäure sehr langsam erfolgt.

An Harztröpfchen, welche, wie bemerkt, den Glutinkörperchen gleichen, treten ähnliche Erscheinungen bei Einwirkung
von Essigsäure nicht auf.

Die Aufspeicherung von gelösten Anilinfarbstoffen charak-
terisiert die Glutinkörperchen als Eiweißkörper. Die übrigen
Eiweißreaktionen führen nur dann zum Ziele, wenn der Eiweiß-
körper, aus welchem die Glutinkörperchen bestehen, in größerem
Umfang (z. B. bei gefrorenem Bier) ausgeschieden ist. Die
Glutinkörperchen bestehen wahrscheinlich aus Muzedin oder

einem ähnlichen Eiweißkörper. Mit 0,5 proz. Chlorgoldnatrium-
lösung färben sie sich nicht.

In 10 proz. Kalilauge sind die Glutinkörperchen löslich;
auf Siedetemperatur erhitzte und ihres leicht löslichen Inhaltes
beraubte quellen dagegen in der Kalilauge nur auf. Glutinkörperchen letzterer Art trifft man in großer Zahl regelmäßig
in sterilisierter Würze (z. B. in den Würzen der Reinzuchtapparate).

Bei der Einwirkung von 10 proz. Kalilauge auf die
Glutinkörperchen des Faßgelägers entstehen zuweilen infolge
Verschmelzung in gleicher Weise wie bei der Essigsäurereaktion
umfangreiche, mit wässeriger Flüssigkeit erfüllte, starkwandige
Blasen.

Die meisten Glutinkörperchen der Würze, der Hefe und
des Bieres werden durch 10 proz. Kalilauge gelöst, einzelne
jedoch nicht, da sich solche schon in der Vorderwürze vorfinden und beim Kochen in der Pfanne die gleichen Veränderungen erleiden, wie sie beim Sterilisieren von Würze für
die Reinzuchtapparate auftreten.

Günstiges Material zur Untersuchung der Glutinkörperchen
kann aus Bier, welches die dem Gärbottich entnommene Hefe
nach einiger Zeit abscheidet oder aus Jungbier gewonnen
werden, nachdem durch wiederholtes Absitzenlassen die
Flüssigkeit von der Hefe fast völlig befreit ist. Ein vorzügliches
Objekt für die Untersuchung der Glutinkörperchen sind die
Absätze aus Weizenbier (Weißbier); das beste Untersuchungsmaterial bietet »Faßgeläger«.

Die „braunen Klümpchen". Im normalen Zustande
bestehen sie aus einer Anhäufung von bläschenförmigen, mit
einer Öffnung versehenen, hautartigen Ausscheidungen von
sehr verschiedenem Umfang, welche in der mannigfachsten
Weise gefaltet und unregelmäßig eingeschrumpft sind.

Diese Ausscheidungen entstehen in der Weise, daß um
die Kohlensäurebläschen, welche während der Gärung in der
Bierwürze aufsteigen, ein Eiweißkörper in fester, hautartiger
Form niedergeschlagen wird, der sich in stark aufgequollenem
(kolloidalem) Zustande in der Bierwürze wie im Bier regelmäßig vorfindet. Durch die Kohlensäure werden diese Nieder-

schläge an die Oberfläche der gärenden Würze getragen und bilden, stark gespannt, die farblose Schaumdecke.

Wird die anfangs stürmische Kohlensäureentwicklung vermindert, so geht die Schaumbildung (»die Kräusen«) zurück; die Kohlensäure entweicht aus den Bläschen, deren Spannung infolgedessen nachläßt. Sie schrumpfen, und zwar meist un-

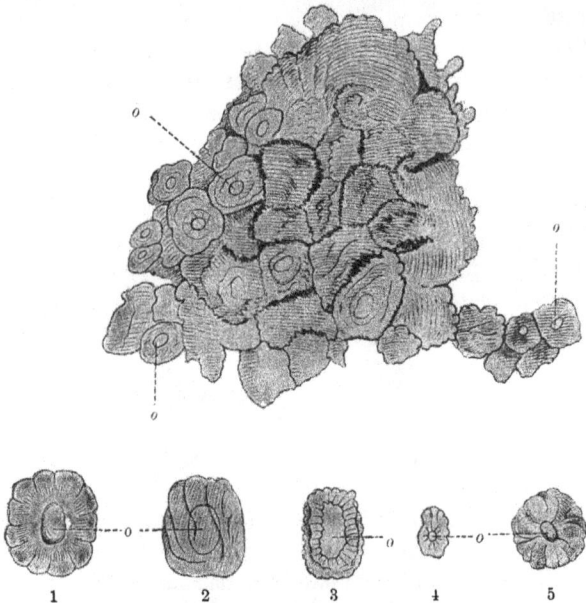

Fig. 12.

»Braunes Klümpchen« aus Bläschen, am Rand deutlich sichthar, bestehend
1—5 einzelne Bläschen, in der mannigfachsten Weise gefaltet
o Offnung der Bläschen   Vergr 195 : 1

regelmäßig, ein und fallen zusammen, wobei sie nach den verschiedensten Richtungen hin gefaltet werden. Dabei geht die Färbung allmählich in eine dunkelbraune über. Diese ist zum Teil auf die Schrumpfung, auf die dabei zunehmende Dichte der anfangs straff gespannten und gedehnten Bläschen, zum Teil auch auf eine Aufnahme von färbenden, in Wasser, Alkohol und Äther löslichen Stoffen aus der Würze sowie auf Ablagerung von anderen Substanzen, unter welchen sich auch »Hopfenharz« bestimmt vorfindet, zurückzuführen. Ein sehr anschauliches Bild von den hier obwaltenden Verhältnissen erhält man durch Einblasen von Luft in eine gefärbte, dünne Gummiblase. Je stärker sie ausgedehnt wird und auf eine je größere Fläche der Farbstoff verteilt wird, desto mehr nimmt die Intensität der Färbung ab. Nach starker Dehnung zieht sich auch die Gummiblase nicht mehr regelmäßig zusammen.

Die zusammengefallenen Bläschen mit anderen auf ihnen abgelagerten Ausscheidungsprodukten, welche gewissermaßen den Kitt für die Bläschen bilden, stellen die »Decke« des Bieres nach der Hauptgärung im Bottich dar. Die der Hefe beigemengten braunen Klümpchen sind also zu Boden gesunkene Kräusen und stammen aus der Decke.

Durch die Unter- und Übereinanderlagerung der einzelnen zusammengefallenen und vielfach gefalteten Eiweißbläschen und die zwischengelagerten formlosen, teilweise schleimigen Ausscheidungsprodukte wird aber die Zusammensetzung der braunen Klümpchen aus geformten Elementen mehr oder weniger verwischt, doch gelingt es zuweilen schon durch einen gelinden Druck auf das Präparat unter dem Mikroskop, die Struktur deutlich zu erkennen. Häufig tritt diese besser bei der Quellung mit sehr verdünnter Essigsäure und Nachfärben mit Anilinfarben hervor. Noch deutlicher wird sie, wenn die braunen Klümpchen zunächst in 60 proz. Alkohol eingelegt und dann mit konzentrierter Essigsäure wieder zum Aufquellen gebracht werden.

Bei schwacher (200—300 facher) Vergrößerung bieten die braunen Ausscheidungen aus normalen Hefen folgendes Bild: Ihre Oberfläche erscheint wie marmoriert, indem mehr oder weniger rundliche, meist jedoch sehr unregelmäßig gestaltete hellere, gelbbraune Partien von dunkleren, unregelmäßigen, breiten Linien umgrenzt werden. Die helleren Partien zeigen vielfach gewundene Linien und Streifungen, hervorgerufen durch Faltungen der Substanz; hier und da sind in der Mitte der helleren Partien oder deren größerem Durchmesser folgend regelmäßigere, scharf umschriebene, rundliche bis elliptische oder zu einem schmalen Spalt ausgezogene Stellen wahrnehmbar.

Bei vorsichtiger Präparation zerfallen die klümpchenför-
migen Ausscheidungen, welche im natürlichen Zustand weich
und leicht zerreiblich sind, längs der die helleren Flächen begrenzenden dunklen Linien zu einzelnen, mehr oder weniger
flachgedrückten, mit einer runden oder elliptischen Öffnung
versehenen, feinhäutigen Bläschen, die vielfach durch eine
große Anzahl radiär verlaufender Fältchen eingeschnürt erscheinen.

Zwischen diesen Bläschen ist zuweilen Hefe, und zwar
in der Regel nur in geringer Menge, eingeschlossen; bei der
Mehrzahl der Ausscheidungen fehlt jene vollständig.

Schließen die Bläschen Hefenzellen zwischen sich ein, so
erhält ihre Oberfläche, der Form der Zellen entsprechend, dicht
nebeneinander liegende, rundliche Eindrücke, deren Ränder auf
der Oberfläche der Bläschen eine netzförmige Zeichnung darstellen. In anderen Fällen ist die Haut der Bläschen von den
Hefenzellen in verschiedener Ausdehnung siebartig durchlöchert.

Auf und zwischen den Bläschen befinden sich Hopfenharztröpfchen von verschiedener Größe (zuweilen ganze Lupulinkörner), Glutinkörperchen, oxalsaurer Kalk und andere Einschlüsse, welche meist erst bei der Einwirkung von 10 proz.
Kalilauge zum Vorschein kommen. Bei der Einwirkung verschiedener Reagentien (Kalilauge, Essigsäure) gewinnt man den
Eindruck, als ob die Hauptmasse des Hopfenharzes in einer
leicht quellbaren Substanz eingebettet sei, welche auf der Haut
der Bläschen abgelagert ist und wahrscheinlich deren Zusammenhalt bedingt, den Kitt für die Bläschen bildet.

Zuweilen bestehen auch bei normal verlaufenden Gärungen
die braunen Klümpchen teilweise, jedoch immer in sehr geringem Umfang, aus einer gleichmäßigen, zähen Masse, in
welche Hefenzellen, Hopfenharztröpfchen, Kristalle von
oxalsaurem Kalk u. a. eingelagert sind. Hierdurch erhält
jene eine schwammig-poröse Beschaffenheit. Bei gewissen ab-
normalen Gärungen, bei welchen die Hefe, anstatt zu Boden
zu sinken, zum größten Teil nach oben in die Decke steigt
(»Schwimmhefenbildung«), besitzen die zähen Klümpchen,
welche in diesem Falle reichlicher in der Hefe vorzukommen

pflegen, nahezu ausschließlich diese schwammig-poröse Beschaffenheit. Sie schließen dann immer eine ungemein große Anzahl von Hefenzellen ein. An den Bruchstellen ist daher auch die ganze Oberfläche dicht gedrängt von mehr oder minder tiefen, halbkugelförmigen, auf die eingelagerten Hefenzellen zurückzuführenden Eindrücken bedeckt.

Mittels der früher angegebenen Reaktionen läßt sich der Nachweis führen, daß die braunen Klümpchen der Hauptmenge nach aus Eiweißkörpern bestehen. Durch eine Behandlung frisch aus Hefe abgeschlämmter Klümpchen mit 0,5 proz. Goldchloridlösung in der bei den hautartigen Ausscheidungen angegebenen Weise färben sie sich an verschiedenen Stellen, in verschiedenem Umfang und mit wechselnder Intensität purpurrot oder selten blauviolett. Es sind also Gerbstoffverbindungen vorhanden. Die Färbung kommt jedoch nicht den bläschenförmigen Ausscheidungen zu; diese bestehen aus Substanzen, in erster Linie Eiweißkörpern, welche in keiner Verbindung mit Gerbstoff oder anderen auf Goldchlorid reagierenden Körpern stehen. In der gefalteten Haut der einzelnen Bläschen sowie zwischen den zu größeren Klümpchen vereinigten sind jedoch, zum Teil direkt sichtbar, Substanzen, und zwar teilweise in nicht unbeträchtlicher Menge, eingelagert, welche sich mit Goldchlorid purpurrot färben, also Gerbstoff-, wahrscheinlich Eiweiß-Gerbstoffverbindungen. Diese werden durch 60 proz. Alkohol zum größten Teil gelöst, und es färben sich deshalb auch die braunen Klümpchen, welche längere Zeit in Alkohol gelegen haben, nicht mehr in dem Umfang und mit der gleichen Intensität wie die frisch der Hefe entnommenen. Die auf den braunen Klümpchen abgelagerten Eiweiß Gerbstoffverbindungen waren ursprünglich in der Würze gelöst.

Ungeformte Eiweißkörper und das sogenannte gelatinöse Netzwerk. Übergießt man frische, ungewaschene, dickbreiige Bierhefe im Reagenzrohr mit dem mehrfachen Volumen Äther, so erstarrt sie zunächst und bleibt beim Schütteln am Glase haften, sammelt sich jedoch allmählich wieder am Boden des Reagenzglases an. Schüttelt man dagegen nach Verschluß des Reagenzrohres andauernd und sehr heftig, so verwandelt sich der Hefenbrei allmählich in eine steife, gallertartige Masse, die so zähe ist, daß man das Reagenzrohr umkehren kann, ohne daß sie ausfließt. Diese Gallerte besitzt je nach der Menge des angewendeten Äthers entweder völlig gleichartige Beschaffenheit oder es sind in sie, ohne weiteres sichtbar, größere und kleinere Äthertropfen eingebettet.

Je nach dem gegenseitigen Verhältnis von Äther und Hefe kann, sobald das Schütteln beendigt wird, wieder eine gewisse Menge des Äthers ausgeschieden werden, wobei die Gallertmasse insofern eine gleichmäßigere Beschaffenheit annimmt, als in erster Linie die ohne weiteres sichtbaren größeren Äthertropfen aus ihr entweichen. In der Regel wird jedoch die größte Menge des Äthers, die das Fünf-, ja selbst das Achtfache des Volumens der Hefe betragen kann, sofern nur durch einen guten Verschluß ein Entweichen des Äthers verhindert ist, monatelang zurückgehalten. Die Hefe gibt im Laufe der Zeit höchstens geringe Mengen des Äthers ab, welche in einer dünnen Schicht über der Gallerte stehen. Die Bierhefe zeigt also unter den angegebenen Verhältnissen eine vorübergehende und eine dauernde Aufnahmefähigkeit für Äther.

Der Äther wird von der Hefe viel leichter aufgenommen, wenn je nur eine kleine Menge (etwa 1—2 ccm) nach und nach hinzugefügt wird. Die zuerst zugegebene Menge wird sehr schwer aufgenommen. Die Hefe wird beim Schütteln um so dünnflüssiger, je größer die Menge des aufgenommenen Äthers ist, bis schließlich ein Punkt, der nahe der dauernden Aufnahmefähigkeit zu liegen scheint, erreicht wird, bei welchem die Hefe eine gallertartig zähe Beschaffenheit annimmt.

Nach mehrtägigem Stehen hat sich die mit Äther behandelte Hefe in eine dünnflüssige untere Schicht und in eine obere, welche gallertartig bleibt, geschieden. Die obere, glasige Schicht weicht auch in der Färbung etwas von der unteren ab. Sehr übersichtlich wird diese Trennung in verschiedene Schichten, wenn man in dem Äther einen Farbstoff, etwa Alkannin, auflöst; die obere Schichte ist gefärbt.

Beim Schütteln von Würze und Bier mit Äther kommen
bei eintretender Ruhe die gleichen äußeren Erscheinungen
wie bei der Hefe zur Geltung.

Bringt man von der oberen gallertartigen Schicht der
Hefe eine geringe Menge auf den Objektträger, ohne sie zu
verteilen, und bedeckt sie, um das Verdunsten des Äthers
nach Möglichkeit zu verzögern, rasch mit dem Deckglas, so
bietet sich unter dem Mikroskop folgendes Bild dar.   Zwischen
den Hefenzellen erkennt
man infolge des verschie-
denen Lichtbrechungs-
vermögens größere und
kleinere farblose und
von Einschlüssen freie
Tropfen: der von der
Hefe aufgenommenen
Äther.   Diese Tropfen
sind teilweise auch schon
mit der Lupe in der
milchig getrübten Gal-
lerte sichtbar.   Sie sind
von einer dichten und
stärker lichtbrechenden,
farblosen Substanz um-
geben, in welche die
Hefenzellen mit ge-
schrumpftem Inhalte,

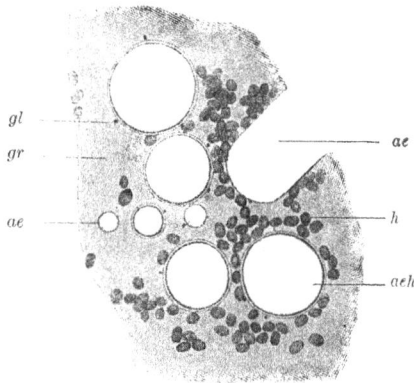

Fig. 13.

Mit Äther behandelte ungewaschene Bierhefe.
Vom Rand eines mikroskopischen Präparates.
gr die Grundsubstanz, ae Äthertropfen ohne
Häutchen, aeh Äthertropfen mit Häutchen,
h tote geschrumpfte Hefenzellen, gl Glutinkörperchen. Vergr. 295 : 1.

die Glutinkörperchen, Kristalle von oxalsaurem Kalk und
die anderen angeführten Beimengungen der Bierhefe eingebettet liegen.   Die Substanz erscheint durch die eingelagerten Tropfen, welche zum Teil leicht beweglich sind
und zuweilen auch zusammenfließen wie ein weitmaschiges
Netz, dessen Fäden um so feiner sind, je mehr Äther
die Hefe beim Schütteln aufgenommen hat.   Die Tropfen
schließen dann dicht aneinander an, ohne Grundsubstanz
zwischen sich, je von einer breiten, scharf markierten Linie
umgrenzt.   Die Tropfen, selbst die von einer dichteren
Substanz umgebenen, sind nicht immer rund, sondern auch

länglich-oval oder anders gestaltet und behalten ihre Form
auch bei Bewegungen in der Grundmasse; man sieht den
ovalen Tropfen bald in der Richtung der längeren, bald in
derjenigen der kürzeren Achse. Bei einer geringeren Anzahl
der Tropfen ist zwar ebenfalls eine helle, aber nicht so stark
lichtbrechende Umgrenzungslinie vorhanden, diese erscheint
aber nur nach innen, wo sie den Tropfen berührt, scharf
abgesetzt, während sie sich nach außen allmählich in die
zwischen den Tropfen sichtbare Grundsubstanz verliert. In
ersterem Falle sieht man auch nicht selten, wie sich über
den Äthertropfen ein fein gefaltetes Häutchen ausbreitet. In
der Tat sind die meisten der Äthertropfen von einem Häutchen
umgeben. Sehr leicht und in sehr übersichtlicher Weise ist
dies an den Rändern des Präparates bei dem allmählichen Ver-
dunsten des Äthers zu beobachten Die klaren, von den breiten
hellen Linien umgebenen Tropfen werden in demselben Maße
als der Äther entweicht, trüb; es treten auf der Oberfläche
des Tropfens feine Fältchen in die Erscheinung, die vorher
prallen Umrisse des Tropfens werden unregelmäßig; die
Peripherie der letzteren zieht sich in Form eines mannigfach
gefalteten Häutchens zusammen. Bei plötzlicher Entleerung
des eingeschlossenen Äthers ballt sich das um ihn befindliche, oft recht derbwandige Bläschen zu einer stark gefalteten Masse zusammen, die kaum mehr ihren Ursprung
verrät. Sehr übersichtlich wird das Netzwerk, wenn man,
wie oben bemerkt, die Hefe mit durch Alkannin gefärbten
Äther schüttelt.

Die Bläschen, welche um die Äthertropfen ausgeschieden
sind, zeigen alle Eiweißreaktionen. Bei der Einwirkung des
Millonschen Reagens treten sie scharf hervor; in noch
höherem Maße ist dies bei der Raspailschen Reaktion der
Fall. Es geht aus den hierbei erhaltenen mikroskopischen
Bildern ganz unzweifelhaft hervor, daß auch die großen
Äthertropfen, welche von einer scharf nach innen und außen
abgesetzten, wenn auch nur sehr schwachen Kontur umgrenzt
sind, von einem Eiweißhäutchen umhüllt werden, und daß
es nicht immer der Gallerte nur mechanisch beigemengter
oder, wie in den mikroskopischen Präparaten, aus den Ei-

weißbläschen entwichener und zu großen Tropfen vereinigter Äther ist. Dieser besitzt keine Eiweißhülle.

Durch das energische Schütteln der Bierhefe mit Äther wird also nicht bloß eine mechanische Verteilung des letzteren in der Hefenmasse herbeigeführt, sondern es fällt gleichzeitig ein Eiweißkörper aus, der sich in Form einer mehr oder minder dicken Haut auf die Äthertropfen niederschlägt. Die dauernde Aufnahmefähigkeit der Hefe für Äther ist durch diese Einschließung der Äthertropfen wesentlich bedingt.

Der ausgefällte Eiweißkörper ist den Hefenzellen in stark aufgequollenem, kolloidalem Zustande, in Form einer zähschleimigen Masse beigemengt, und zwar ist seine Menge, wenn auch bei verschiedenen Hefen sehr verschieden, im allgemeinen recht beträchtlich. Der Oberzeug ist in der Regel reicher an diesem Eiweißkörper als die Kernhefe. Durch Waschen der Hefe mit Wasser wird er zum größten Teil entfernt.

Auch in der Gallertschicht, welche beim Schütteln von gehopfter Bierwürze und von Bier mit Äther entsteht, finden sich Ätherbläschen vor.

Die Natur der gallertartigen Substanz, in welcher die Ätherbläschen eingebettet liegen, ist nicht näher bekannt; sehr wahrscheinlich enthält sie als wesentlichen Bestandteil Gummi.

Läßt man breiige, ungewaschene Hefe langsam in einem Bechergläschen eintrocknen oder trocknet man sie zwischen Filtrierpapier, so bildet der in Rede stehende Eiweißkörper um die Hefenzellen ein Netzwerk. Von diesem Netzwerk sind die der Hefe beigemengten geformten Eiweißausscheidungen, von welchen die braunen Klümpchen selbst Netzform oder eine schwammig poröse Beschaffenheit besitzen können, auszuscheiden. Aber auch die Glutinkörperchen können beim Trocknen der Hefe eine Form annehmen, wie sie Bruchstücke des Netzwerkes sehr häufig zeigen. Um gute Präparate zu erhalten, kommt es sehr viel auf die Art des Trocknens und dann auch auf die Zeit, zu welcher man untersucht, an. Das Netzwerk entwickelt sich viel besser, wenn die Hefe so trocken geworden ist, daß sie zwar rissig, aber noch so weich ist,

daß sie zwischen den Fingern zerdrückt werden kann, als
wenn sie krümlig und hornartig geworden ist und wieder
aufgeweicht wird. Das Netzwerk ist jedoch auch in diesem
Falle meist gut nachzuweisen.

Beim vorsichtigen Aufquellen der trockenen Hefe durch
Zugabe geringer Mengen von Wasser oder, noch besser, von
konzentrierter Rohrzuckerlösung und Übertragen der auseinander gefallenen Hefenmasse auf den Objektträger ohne Verteilung kommen größere Stücke des Netzwerkes zum Vorschein, welche vollständig frei von den genannten Beimengungen
der Hefe sind. Die Zellen
sind aus dem Netzwerk,
dessen Leistchen eine
verschiedene Dicke be-
sitzen, herausgefallen.
Um die Hefenzellen von
dem Netzwerk loszu-
lösen, wird das Deck-
glas zuerst auf der einen
und dann auf der ande-
ren Seite mehrmals ge-
hoben. Zusatz von ver-
dünnter Methylenblau-
lösung zum Präparat
läßt das Netzwerk noch

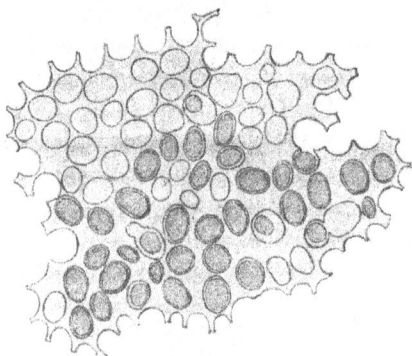

Fig. 14.
Das gelatinöse Netzwerk. In den meisten Maschen
liegen noch die durch Methylenblau gefärbten
Hefenzellen. Vergr. 615 : 1.

deutlicher hervortreten. Dieses besitzt bei ziemlich starkem Lichtbrechungsvermögen eine mehr oder weniger gleichmäßige Beschaffenheit. Zum größten Teil zerbricht jedoch das Netzwerk bei
dieser Art der Präparation, und es sind dann nur sternförmige
Gebilde oder solche, welche etwa die Form eines Oberschenkel-
knochens besitzen, zu beobachten.

In ganz vorzüglicher Weise erhält man das Netzwerk,
wenn man Hefe auf einem Objektträger in sehr dünner
Schicht ausbreitet und so weit eintrocknen läßt, daß beim
Auflegen des Deckglases an diesem eine dünne Hefenschicht
hängen bleibt (Klatschpräparat). Man läßt die Hefenschicht
an der Luft scharf eintrocknen und legt dann das Deckglas
trocken auf einen Objektträger. Sehr häufig ist das Netz-

werk an solchen Stellen, an welchen sich keine Hefenzellen befinden, in weiter Ausdehnung sichtbar; aber auch zwischen
den Zellen ist es deutlich zu erkennen.

Nicht selten sind infolge von Verschiebungen des Deckglases die im übrigen wie bei normalen Präparaten scharf
begrenzten Maschen des Netzwerkes sehr lang gestreckt und
seine Leistchen sehr breit gedrückt.

Wenn die Präparation nicht gelungen ist, sei es, daß
die Hefe zu wenig getrocknet, sei es, daß das Deckglas
über die auf den Objektträger aufgestrichene Hefe zu weit
weggezogen worden war, dann erscheint das Netzwerk undeutlich. Die Substanz, welche es bildet, liegt in diesem Falle
zu kleinen, unregelmäßig geformten, anscheinend schmierigen
Massen vereinigt zwischen den Hefenzellen.

Läßt man Wasser unter das Deckglas zufließen, so verschwindet das Netzwerk früher oder später wieder, indem es anfangs aufquillt. Bei diesem Aufquellen gewinnt es
nicht selten den Anschein, als ob einzelne Partien Tropfen-
form annähmen. Sehr rasch quillt das Netzwerk auf, wenn
das Präparat nicht sehr scharf getrocknet war.

Läßt man zu dem trockenen Präparat konzentrierte
Rohrzuckerlösung treten, so wird das Netzwerk überall sehr
deutlich sichtbar. Durch Heben des Deckglases können die
Zellen aus jenem leicht entfernt werden, und es kommt dabei in guten Präparaten das Netzwerk in seiner ganzen Ausdehnung zum Vorschein. Die gleiche Wirkung, und zwar
noch sicherer, wird erreicht, wenn man nach der Zuckerlösung Methylviolett- oder Methylenblaulösung unter dem
Deckglas durchsaugt.

Die Klatschpräparate eignen sich in ganz vorzüglicher
Weise zu mikrochemischen Reaktionen. An Stelle der
wässerigen Jodlösung nimmt man jedoch mit Vorteil Jod-
glyzerin. Mit Millons Reagens kommt das Netzwerk deutlich
gefärbt zum Vorschein. Weil es hierbei erhärtet, läßt sich das
Reagens mit Vorteil zum Nachweis des Netzwerkes verwenden.

An dem Zustandekommen dieses »gelatinösen Netzwerkes«,
wie es genannt wird, beim Eintrocknen von Bierhefe können
möglicherweise außer dem zähschleimigen Eiweißköper auch

noch andere der Hefe beigemengte Substanzen, auch eine
Verschleimung der Wandungen der Hefenzellen beteiligt sein.
Jedenfalls spielt aber bei dem angegebenen Verfahren das der
Hefe beigemengte Eiweiß die Hauptrolle. Nach allen Beobachtungen scheint eine relativ große Menge von diesem nötig
zu sein, um das Netzwerk in scharf ausgeprägter, charakteristischer Weise hervortreten zu lassen.

Die Hefenzelle.
a) Morphologie der ruhenden und toten Zelle.

Die kugelförmigen, ellipsoidischen oder eiförmigen Zellen
der nach Beendigung der Hauptgärung dem Bottich entnommenen Bierhefe sind meist voneinander getrennt; höchstens
tragen vereinzelte an einem der Pole
eine kleine, noch nicht völlig aus-
gewachsene Tochterzelle.

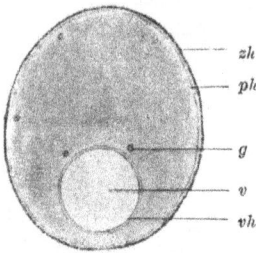

Die Größe der Bierhefenzellen
kann zwischen weiten Grenzen
schwanken. Normale, kräftige, aus-
gewachsene Zellen haben einen größten Durchmesser von 9—11 μ und
einen Querdurchmesser von 6—8 μ.

Die Umgrenzung der Hefenzelle
hebt sich bei mittlerer Einstellung
des Mikroskopes als dunkle, scharf
nach innen und außen begrenzte
Linie ab; es ist dies die Zellwand
oder Zellhaut. Die Dicke der Zellwand ist je nach der Konzentration

Fig. 15.
Zelle von untergäriger Bierhefe
nach der Hauptgärung im Gärbottich. Inhalt gleichmäßig,
reich an Glykogen. Schema für
die Hefenzelle überhaupt.
zh Zellhaut, *ph* Plasmahaut,
g Granula, *v* Vakuole, *vh* Vaku-
olenhaut. Vergr. ca. 3200 : 1.

der vergorenen Würze eine verschiedene. Bei gewöhnlicher
Münchener Lagerbierhefe wurde sie zu 0,5 μ, bei Hefe, welche
Bockbierwürze vergoren hatte, zu 0,7 μ und bei solcher von
Salvatorbier mit noch höherer Konzentration der Stammwürze
zu 0,9 μ bestimmt.

An dem von der Zellwand umschlossenen Inhalt der Hefenzelle erkennt man zunächst eine helle Linie, welche sich in
ihrem ganzen Verlaufe der Zellhaut dicht anschließt. Außer-

dem erscheinen im Zellinhalt helle, kreis- zuweilen auch
bohnenförmige oder unregelmäßig gestaltete, aber immer scharf,
ebenfalls durch eine helle Linie begrenzte Räume von sehr
verschiedener Größe, welche als Vakuolen oder Safträume
bezeichnet werden. Sie sind von einer wässerigen Flüssigkeit
erfüllt, über deren Zusammensetzung nichts bekannt ist. Die
Vakuolen sind entweder in der Einzahl oder in der Mehrzahl und dann in der mannigfachsten Weise gruppiert vorhanden. Sie liegen entweder in der Mitte der Zelle oder
sind der Zellwand mehr oder weniger genähert. Die Vakuolen
unterscheiden sich von dem sie umgebenden, den übrigen
Raum ausfüllenden Zellinhalt, der in seiner Gesamtheit als
Protoplasma oder schlechthin Plasma bezeichnet wird, sehr
wesentlich durch ihr Lichtbrechungsvermögen: sie sind blaß,
ihr Lichtbrechungsvermögen ist also ein geringes, während
jenes das Licht stark bricht.

Im Zellplasma oder Cytoplasma ist eine geringe Anzahl
kleiner, das Licht noch stärker als jenes brechender Körperchen regellos zerstreut, welche als Granula (Körnchen) bezeichnet werden. In den Vakuolen der ruhenden Hefenzelle fehlen
sie in der Regel. Die Natur der Granula ist wahrscheinlich
eine verschiedene; eine völlige Aufklärung ist noch nicht geschaffen, doch können jetzt schon mindestens zwei Gruppen
unterschieden werden. Die eine von diesen besteht nur aus
fettigen und öligen Substanzen (Fettropfen), während die
andere außerdem eine eiweißartige Grundsubstanz, in welche
jene eingebettet sind, besitzt. Die zur zweiten Gruppe ge-
hörenden Granula werden als »Ölkörperchen« bezeichnet. Die
Reaktion der kleinen Granula in der ruhenden Zelle auf
1 proz. Osmiumsäure (Fettreaktion) ist nur eine sehr schwache.
Einzelne Granula besitzen Kristallform und werden als Ei-
weißkristalle angesprochen. In den Vakuolen vorhandene,
lebhaft sich bewegende Granula geben zuweilen mit Jod
Glykogenreaktion.

Das Zellplasma geht sowohl da, wo es an die Zellwand
anschließt, als auch in der Umgebung der Safträume allmählich
in eine dichtere, wasserärmere und körnchenfreie Schicht
über. Es sind dies die hellen Linien, welche man zunächst

der Zellhaut und als Umgrenzung der Vakuolen beobachtet.
Dieses dichtere Plasma wird als Hautschicht, Hautplasma oder
Hyaloplasma bezeichnet.

Die Hautschicht ist für die lebende Zelle von hoher Bedeutung, insofern sie nicht allein darüber entscheidet, ob ein
Körper in deren Inneres gelangt, sondern durch sie gewinnt
die Zelle auch die wichtige Eigenschaft, gelöste Stoffe zurück-
zuhalten. Verdünnte wässerige Farbstofflösungen werden beispielsweise zwar von der Zellhaut rasch aufgenommen, das
Hautplasma läßt sie jedoch, solange seine Organisation nicht
zerstört ist, nur sehr langsam durch sich hindurchtreten. Die
Zellen einer Bierhefe färben sich also mit wenigen Ausnahmen
nicht sofort, wenn man eine sehr verdünnte wässerige Lösung
eines Anilinfarbstoffes, etwa Methylenblau, in der Verdünnung 1:10000, auf sie einwirken läßt. Die Zellen in der dem
Bottich unmittelbar nach der Hauptgärung entnommenen
Hefe, deren Inhalt sich mit verdünnten wässerigen Lösungen
von Anilinfarbstoffen sofort färbt, sind tot. Die Färbung
des dichten Inhaltes, des Plasmas der toten Zellen, ist eine
viel intensivere als diejenige der angewendeten Farblösung.
In gleicher Weise wie von den der Bierhefe beigemengten
geformten Eiweisausscheidungen wird also der Farbstoff aufgespeichert. In der Tat besteht das Zellplasma hauptsächlich
aus Eiweißkörpern; daher treten an ihm auch die früher angegebenen Eiweißreaktionen mit Millons und Raspails
Reagens, Salpetersäure und Jod auf, und zwar ist die durch
diese Reagentien hervorgerufene Färbung eine sehr reine.[1]
Bemerkt sei, daß bei glykogenhaltigen Zellen mit konzentrierter
Schwefelsäure allein die gleiche Rosafärbung wie bei der
Raspailschen Reaktion auftritt.

Zuweilen färben sich die Zellen mit den Anilinfarben
nur äußerlich mehr oder minder stark an. Auch mit Jod-
reagentien treten Färbungen auf, welche der Zellhaut als
solcher nicht zukommen. Die Hefenzellen scheinen infolge

---

[1] Bei dieser Gelegenheit sei auf die bemerkenswerten Be-
obachtungen und mikrochemischen Untersuchungen an Hefe von
J. C. Lermer hingewiesen, welche in Dinglers Journ. 1866, Bd. 181,
S. 223, vergraben sind.

Verquellung von Schichten ihrer Wandung von einer mehr
oder minder stark entwickelten Schleimhülle umgeben zu sein,
in welche andere Substanzen aus der Umgebung, wie Eiweißkörper, eingelagert sein können und wahrscheinlich die Reaktion mit Anilinfarben und Jod bedingen. (Vgl. gelatinöses
Netzwerk.)

Das Aussehen der toten Zellen ist ein sehr verschieden-
artiges.

Die Wand erscheint bei Zellen, welche infolge von
Druck geplatzt sind und ihren Inhalt völlig oder nahezu
völlig entleert haben, ebenso wie Zellen, welche infolge mangelnder Nahrung oder hohen Alters allmählich abgestorben
sind, mehr oder weniger ungleichmäßig geschrumpft. Häufig
ist sie an einer oder mehreren Stellen nach innen einge-
stülpt.

Zellen, welche mit dichterem Plasma noch mehr oder
weniger erfüllt waren, erhalten, wenn sie abgestorben sind, in
der Regel doppelte Konturen; innerhalb der Zellhaut wird
eine zweite, unregelmäßige Umgrenzungslinie, diejenige des
geschrumpften Plasmas, erkennbar. Der Umfang der Vakuolen
hat abgenommen, ihre Umgrenzunglinie ist unregelmäßig.

Die dem Gärbottich nach der Hauptgärung entnommene
Kernhefe enthält keine toten Zellen oder nur sehr wenige.
Häufiger sind sie in der untersten und obersten Hefenschicht.

Im Gegensatz zur Hautschicht ist das übrige Zellplasma
trüb, mehr oder weniger feinschaumig-körnig; es besteht in ihm
ein maschiges, schwammartiges Gerüst. Dieser Teil des Zell-
plasmas wird als Körnerplasma oder Polioplasma bezeichnet.

Im Ruhezustand, in welchem sich die Zellen nach beendigter Hauptgärung befinden, ist die schwammige Beschaffenheit nicht erkennbar; sie wird durch das als Reservestoff
im Cytoplasma angehäufte Glykogen verdeckt, und es erscheint
jenes deshalb nicht nur gleichmäßiger, sondern auch stärker
lichtbrechend.

Fügt man zu einem Präparat von frischer Bierhefe eine
verdünnte Lösung von Jod in Jodkalium, dann färbt sich das
Plasma nahezu aller Zellen zuerst gelb, dann deutlich braunviolett. Die Färbung geht weiterhin allmählich in gelbbraun

und schließlich in ein sehr intensives Rotbraun (Mahagoni-
braun) über. Die Schicht des Hautplasmas in der Umgebung der Vakuolen und nach der Zellwand hin tritt nach der
Jodreaktion noch deutlicher hervor; sie hebt sich als helle, nur
goldgelb gefärbte, gleichmäßig dichte Linie von dem rotbraun
gefärbten Körnerplasma scharf ab.

Die rotbraune Färbung ist durch die Gegenwart von
Glykogen bedingt; sie verdeckt die gelbe des Cytoplasmas,
welche nur an der Hautschicht hervortritt. Wird das Präparat
gelinde erwärmt, so verblaßt die rotbraune Färbung, der Farbenton geht nach braungelb über. Beim Erkalten kehrt die rotbraune Färbung wieder zurück.

Kräftige und gut genährte Hefenzellen sind sehr reich an
Glykogen, und es tritt dementsprechend die rotbraune Färbung mit großer Intensität auf; sie ist an den Präparaten
schon ohne Mikroskop sichtbar. Das Glykogen durchsetzt
das Körnerplasma in stark aufgequollenem, halbflüssigem
Zustande. Die Neigung der Hefenarten und -rassen, Glykogen
zu speichern, ist, und zwar auch bei Bierhefe, eine verschiedene; bei den meisten der im Brauereibetrieb verwendeten Hefen ist sie jedoch sehr scharf ausgeprägt und groß.

Bei der allmählichen Verteilung der Jod-Jodkaliumlösung
unter dem Deckglas des Präparates färben sich einzelne Hefenzellen ohne Vakuolen sofort sehr intensiv rotbraun, und zwar
bevor noch an den übrigen die braunviolette Färbung deutlich
wahrnehmbar ist. Sie fallen außerdem noch durch das stärkere Lichtbrechungsvermögen ihres, die Zelle völlig ausfüllenden Inhaltes auf. Der fast gleichmäßige Inhalt ist von einer
schmalen, oft eben noch erkennbaren dichteren Schicht begrenzt, welche meist in ziemlich gleichbleibender Breite der
Zellwand anliegt. An einzelnen Stellen jedoch, bald seitlich,
bald an einem der Pole der Zelle, wird sie dicker und ragt
nicht selten als zackiger oder halbkugelförmiger Vorsprung
in das Innere der Zelle hinein. Bei scharfem Einstellen des
Mikroskops treten häufig auch im Innern der Zellen an verschiedenen Stellen noch Unterschiede in der Dichte des Inhaltes auf. Einzelne Zellen sind von Strängen durchzogen,
welche sich öfters an die Vorsprünge der äußeren dichten

Schicht anschließen. Bei manchen, meist wurstförmigen Zellen ist der Inhalt durch eine oder zwei mehr oder weniger breite Platten von dichterer Substanz in zwei oder drei Teile geteilt.

Mit Jod färbt sich in diesen Zellen die dichtere Substanz des Hautplasmas nur gelb und der übrige Zellinhalt,

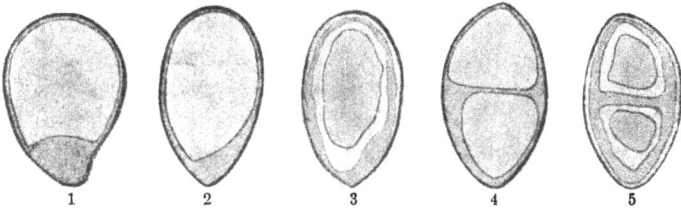

Fig. 16.

Tote mit Glykogen erfüllte Hefenzellen aus dem Bodensatz alter Würzekulturen von untergäriger Bierhefe.
3 und 5 nach Einwirkung von Alkohol. Im geschrumpften Zellinhalt hebt sich die stärker als das Plasma geschrumpfte Glykogenmasse ab; sie scheint in einer Vakuole zu liegen. Vergr. ca. 2000 : 1.

Fig. 17.

Tote mit Glykogen dicht erfüllte Hefenzellen.
Eine durch das stark aufgequollene Glykogen zusammengepreßte und beiseite geschobene Vakuole täuscht einen Zellkern vor. Bodensatz alter Würzekulturen von untergäriger Bierhefe. Vergr. ca. 2000 : 1.

wie bemerkt, rotbraun; die anderen Eiweißreationen zeigt dieser meist nur schwach. Granula sind in der Regel in größerer Zahl vorhanden.

Nach ihrem Aussehen rufen die Zellen den Eindruck hervor, als ob sie noch lebendig seien, tatsächlich sind sie jedoch tot: sie nehmen sofort verdünnte, wässerige Anilinfarbstofflösung auf, und auch der Keimversuch läßt keinen Zweifel hierüber aufkommen. Es liegen Zellen vor, welche zu einer Zeit, als sie noch dicht mit Glykogen erfüllt waren, aus unbekannten Ursachen abstarben. Die Zellen schrumpften,

während sich die Vakuolen entleerten. Hierbei legten sich
die Vakuolenwände aufeinander und treten nun in Form der
den Inhalt durchziehenden Stränge, der zacken- und scheiben-
förmigen Vorsprünge der äußeren dichten Schicht des Hautplasmas in die Erscheinung.

Die entleerten, zusammengedrückten Vakuolen sind sicher
schon mit dem Zellkern der Hefe, der ohne ein besonderes
Färbungsverfahren in der Regel nicht sichtbar ist, namentlich
dann verwechselt worden, wenn sie annähernd Kugel- oder
Scheibenform angenommen hatten. Doppelte Umrißlinien
zeigen diese toten Zellen deshalb nicht, weil das aufgequollene
Glykogen den Zellinhalt gegen die Zellwand preßt. Die Zellwand ist auch hier etwas geschrumpft und in ihren Umrissen
nicht mehr völlig regelmäßig.

Das Cytoplasma einzelner lebender Zellen von frischer
Bierhefe färbt sich bei der Jodreaktion nur goldgelb, ähnlich
wie nach der Entfernung der rotbraun reagierenden Substanz,
und zwar ist die Färbung wieder intensiver als diejenige der
angewandten Jod-Jodkaliumlösung.

Wird dickbreiige Hefe bei gewöhnlicher Temperatur sich
selbst überlassen, so tritt Selbstgärung unter Bildung von
Kohlensäure und Alkohol ein. Die gleiche Erscheinung findet
bei Aufbewahrung der Hefe unter Wasser, wenn auch viel
langsamer, statt. Dabei nimmt das Glykogen anfangs schnell,
später langsam ab, bis sich der Inhalt der Zellen mit Jod
nur mehr goldgelb färbt, also nur die reine Eiweißreaktion
des Plasmas gibt. Die Granula, welche bei der Entnahme
der Hefe aus dem Bottich nur in geringer Zahl vorhanden
waren, nehmen während des Verschwindens des Glykogens an
Zahl zu.

**b) Veränderung des Aussehens und der Beschaffenheit der
Hefenzellen im Hungerzustand und während des Zerfalles.**

Der Biologe hat es im Brauereibetrieb nicht nur mit kräftigen, von Glykogen strotzenden Hefenzellen zu tun, sondern
vielfach, wie in der untersten Schicht der Bottichhefe, insbesondere aber in den Bierabsätzen und im Faßgeläger, auch
mit gealterten und hungernden sowie im Zerfall durch Selbst-

verzehrung oder »Autolyse« befindlichen Zellen. Auch bei der Beurteilung von Betriebshefen ist die Kenntnis solcher Zellen wichtig. Daher tritt die Notwendigkeit an ihn heran, sich mit den Bildern, welche hungernde und der Selbstverdauung verfallene Hefenzellen darbieten, völlig vertraut zu machen und sie sich scharf einzuprägen.

Sehr übersichtliche Bilder über die allmählich sich vollziehenden Veränderungen erhält man durch die Untersuchung eines Hefenabsatzes aus einer älteren Würzekultur, wie er sich im Laufe der Hefenanalyse ergibt, am besten aber aus einer Reinkultur, welche man 2—3 Wochen sich selbst bei Zimmertemperatur überlassen hat.

Die Hefezelle vegetiert, unterstützt von den aufgespeicherten Reservestoffen, fort, solange sie aus der dargebotenen Lösung noch Nahrung aufnehmen kann. Nach Ausnutzung der Nährlösung fängt sie jedoch früher oder später an zu hungern, zehrt ihren eigenen Plasmaleib auf und stirbt allmählich unter bestimmten äußeren Erscheinungen ab. Der Zellinhalt zerfällt in die mannigfachsten Produkte, welche teils in gelöstem Zustande die Zellwand verlassen, teils sichtbar innerhalb dieser zurückbleiben. Die Zellen des Hefenabsatzes einer 2—3 Wochen. alten Würzekultur bieten dann folgende Bilder

In einem Teile der Zellen, welche sämtlich eine sehr starke Wand besitzen, nehmen den Binnenraum eine oder mehrere sehr große und scharf begrenzte Vakuolen ein. Zuweilen haben diese einen solchen Umfang erreicht, daß das Plasma bis auf eine sehr dünne, der Zellwand anliegende Schicht vermindert ist, die Zelle also von einem einzigen großen Saftraum erfüllt ist. Neben den großen finden sich dann nicht selten noch kleinere Vakuolen. Andere Zellen sind dicht von kleinen Vakuolen erfüllt, welche nur mehr durch sehr dünne Wände voneinander getrennt sind. Diese

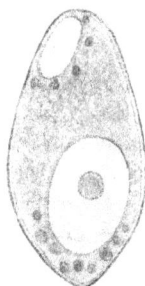

Fig. 18.
Ältere, mäßig hungernde, glykogenfreie Zelle von untergäriger Bierhefe. Cytoplasma schwammig. Verteilung der größeren Granula in der Umgebung der Vakuolen. Granula innerhalb der Vakuole in lebhafter Bewegung.
Vergr. ca. 3500 : 1.

Zwischenwände treten wieder bei anderen mehr und mehr
zurück, zuweilen noch als blasse Stränge den aus der Vereinigung mehrerer Vakuolen entstandenen, unregelmäßig
geformten Saftraum durchziehend. In allen Zellen hat also
das Plasma ganz wesentlich an Masse abgenommen.

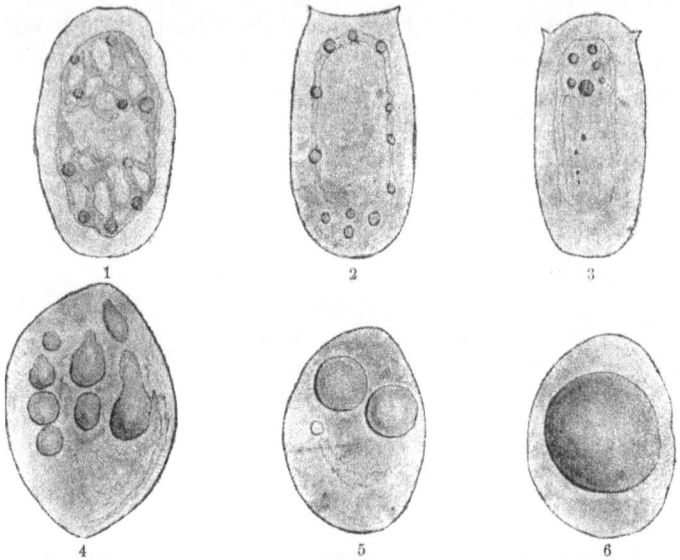

Fig. 19.

Tote Hefenzellen. Untergärige Bierhefe. Verschiedene Stufen der Auflösung des
Inhaltes der Zellen. Bei 6 umschließt die Zellhaut nur mehr einen großen Fett-
tropfen. Bei 2 und 3 an der geschrumpften Zellhaut die Ansatzstellen der Tochterzellen in Form von spitzigen Höckerchen (»symmetr. Schild«). Vergr. ca. 3200 : 1.

Erscheint in diesem Falle der Saftraum noch scharf begrenzt, so ist in anderen Zellen seine frühere scharfe Umgrenzung verwischt; sie ist unbestimmt.

Sämtliche Zellen sind von einer ungemein großen Anzahl
von Granulis, welche teils über das ganze mehr oder weniger
grobkörnige, schwammige und sehr wasserhaltige Plasma verteilt oder an einzelnen Stellen angehäuft sind, erfüllt. Häufig
finden sie sich in der nächsten Umgebung der Vakuolen.
Diese selbst enthalten jetzt Granula, welche sich in sehr lebhafter, wimmelnder Bewegung befinden.

Ein kleiner Teil der Zellen ist geschrumpft, der Inhalt hat sich zusammengezogen und von der Zellwand abgelöst. Auch hier finden sich Granula vor.

Mit Jod färbt sich der Inhalt aller dieser Zellen nur gelb, das Glykogen ist also vollständig verbraucht worden.

Bei einigen der geschrumpften Zellen tritt der zusammengeballte plasmatische Inhalt mehr und mehr zurück, während die Granula, welche durch Verschmelzung teilweise größeren Umfang angenommen haben, das Übergewicht erhalten.

Schließlich finden sich in vereinzelten Zellen nur mehr geringe Reste der infolge ihrer Dichte dem Auflösungsprozeß länger widerstehenden Plasmahaut teils längs der Zellwand, teils zwischen den immer größer werdenden und dabei an Zahl abnehmenden Granulis. Der Zellinhalt gibt in diesem Abschnitt des Zerfalles noch immer die Eiweißreaktion und auch die Granula färben sich mit Jod gelb. Sehr vereinzelt finden sich dann solche Zellen, welche nur mehr von wenigen sehr großen Granulis fast vollständig erfüllt sind. Andere sichtbare feste Bestandteile schließt die starke Zellwand nicht mehr ein, es sind jedoch, wie entsprechende Reaktionen ergeben, noch Eiweißkörper in gelöstem Zustande vorhanden.

Die Granula färben sich in vielen Zellen mit Jodlösung immer noch gelb, während bei anderen auch diese Reaktion nicht mehr eintritt. Diejenigen, welche in hungernden und allmählich zerfallenden Hefenzellen auftreten, enthalten als Hauptbestandteil ein »Öl«, welches in eine eiweißartige Grundsubstanz eingelagert ist (»Ölkörperchen«). Das gleiche ist bei den großen Tropfen der Fall, zu welchen sich die Granula vereinigen. Die eiweißartige Grundsubstanz wird bei vollständigem Zerfall des Zellleibes ebenfalls aufgelöst und aus den Zellen entfernt, so daß schließlich von der mit der umgebenden Flüssigkeit erfüllten Zellwandung nur mehr ein oder mehrere große Öl- oder Fettropfen eingeschlossen werden.

Fügt man die einzelnen Bilder, welche verschiedene Hefenzellen aus dem Absatz einer alten Kultur zeigen, in derselben Reihenfolge, in welcher sie aufgeführt sind, aneinander und nimmt man an, daß sie an einer einzelnen Hefenzelle in der

gleichen Weise nacheinander auftreten, so erhält man im
allgemeinen eine Vorstellung von den weit umfassenden Veränderungen, welche der Inhalt der Hefenzellen bei dem allmählich eintretenden Hungertode und dem darauf folgenden
Zerfall erfährt.

c) Morphologie der sprossenden Zelle.

In der gärenden Würze, insbesondere zu Beginn der
Gärung, während die Hefe sich lebhaft vermehrt, immerfort
neue gleichartige Zellen, die sich in der ganzen Würze ausbreiten, erzeugt und durch Nahrungsaufnahme aus ihr auf-
baut (vegetiert), reihen sich wieder andere Bilder aneinander,
deren Kenntnis nicht minder wichtig als diejenige der ruhenden und zerfallenden Zelle ist. Sie lassen sich gewinnen,
wenn man der mit Hefe im Bottich angestellten Würze in
kurzen Zwischenräumen Proben entnimmt oder durch einen
Gärversuch im kleinen. Die vollständigste Anschauung von
den Wandlungen, welche die Hefenzelle zur Zeit der Vermehrung und bei der Entwicklung durchläuft, erhält man
durch die fortwährende Beobachtung einer einzelnen Zelle
in einem Tropfen Nährflüssigkeit unter dem Mikroskop. Ein
zutreffendes Bild läßt sich jedoch auch schon durch Objektträgerkulturen gewinnen, welche in kurzen Zwischenräumen
nacheinander untersucht werden. Objektträgerkulturen stellt
man in der Weise her, daß man auf gut gereinigte Objektträger
je einen kleinen Tropfen keimfreier Würze, welche mit wenig
Bierhefe vermischt worden war, mittels eines reinen Glasstabes aufträgt. Bei der kurzen Dauer des Versuches sind
besondere Vorsichtsmaßregeln zur Vermeidung einer Verunreinigung mit Fremdorganismen nicht notwendig. Zweckmäßig
werden die Kulturen in feuchten Kammern untergebracht.
Diese werden in einfachster Weise durch Auskleiden von
Glasglocken mit angefeuchtetem Filtrierpapier angefertigt. Die
Glasglocken stellt man auf einen Teller, auf welchem die
Kulturen ihren Platz erhalten. Diese haben ebenso wie die
Gärversuche im Kleinen noch den Vorteil, daß die Entwicklung der Zelle rascher verläuft als bei der niedrigen Temperatur
im Gärbottich. Luftzutritt beschleunigt die Vermehrung der

Hefenzellen, jedoch findet die Sprossung auch ohne die Gegenwart von Sauerstoff statt; der Stickstoff spielt dabei keine
Rolle. Die chemischen Bedingungen der Sprossung im einzelnen sind zurzeit noch unbekannt.

Die vegetative Vermehrung der Hefenzellen erfolgt, wenn
von der kleinen Gruppe der Spalthefen, welche für den

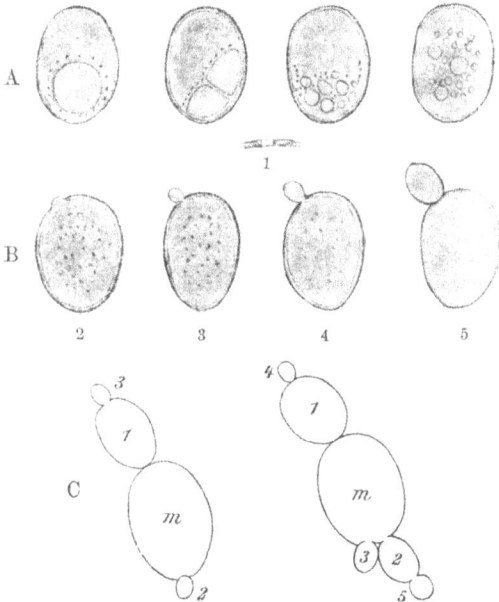

Fig. 20.
Sprossung und Sproßfolge.
A. Mutterzellen mit einer verschiedenen Anzahl verschieden großer Vakuolen.
B. 1—5. Die aufeinander folgenden Stufen der Entwicklung einer Sproßzelle.
1 erste Stufe. Am Entstehungsort der Sproßzelle wird die Zellhaut heller.
C. Sproßverbände. Die Reihenfolge der Tochterzellen ergibt sich aus den
Zahlen. m Mutterzelle. Vergr. ca. 1600 : 1.

Brauereibetrieb keine Bedeutung haben, abgesehen wird, durch
Sprossung. Hierbei treten an den Zellen zunächst kleine, nur
sehr wenig über die Zellwand, welche an dieser Stelle lichter
erscheint, hervorragende Ausstülpungen auf; diese erscheinen
als eine unmittelbare Fortsetzung der Plasmahaut der Mutterzelle und sind in der Regel auf eine eng begrenzte Stelle

48 Die Hefenzelle.

beschränkt. Größer geworden, enthält die junge Tochterzelle einen ziemlich feinschaumigen Inhalt. Das in vielen Fällen ebenfalls feinschaumig gewordene Cytoplasma der Mutterzelle ist dann von sehr vielen Granulis durchsetzt und gibt mit Jod, wenn auch schwächer als ursprünglich, noch die Glykogenreaktion. Die junge Tochterzelle reagiert dagegen auf Jod nur mit gelber Farbe. Nach etwa 5 Stunden ist sie bei gewöhnlicher Temperatur schon bis zu einem Drittel oder zur Hälfte der Größe der Mutterzelle herangewachsen; einzelne haben die Größe der Mutterzelle nahezu erreicht und entwickeln nun selbst schon wieder eine Tochterzelle, während die ursprüngliche Mutterzelle am entgegengesetzten Pole häufig ebenfalls eine zweite Tochterzelle in den ersten Entwicklungsstufen trägt. Aus der einzelnen Mutterzelle ist also schon ein Sproßverband entstanden. Der schaumige, blasse Inhalt der herangewachsenen Tochterzellen, in welchen nicht selten schon größere Vakuolen sichtbar sind, ist jetzt ebenfalls von vielen Granulis durchsetzt. Bei den größeren Tochterzellen sind ähnliche Differenzierungen im Cytoplasma wie bei der Mutterzelle zu erkennen. Diese selbst reagiert jetzt auf Jod nur mehr mit gelber Farbe, höchstens liegt noch ein schwacher bräunlicher Farbenton über dem Plasma. Das als Reservestoff angehäufte Glykogen ist also als solches verschwunden. Die Menge des Plasmas der Mutterzelle ist stark vermindert, es wird von vielen Vakuolen, welche sich bei dem großen Wasserreichtum des Zellinhaltes nicht scharf abheben, durchsetzt. Der Zeitpunkt, zu welchem das Glykogen aufgebraucht ist, kann natürlich, je nach der ursprünglich aufgespeicherten Menge, schon früher oder auch später eintreten.

Nach 9—10 Stunden sind Sproßverbände bis zu 9 Gliedern vorhanden.

Schließlich kommt in den neuentstandenen Tochterzellen die Glykogenreaktion wieder zum Vorschein, und zwar tritt die rotbraune Färbung entweder nur an einzelnen eng umgrenzten Stellen auf oder das Körnerplasma ist schon in seiner ganzen Ausdehnung mehr oder weniger rotbraun gefärbt. Die Hefenzelle beginnt also, den Reservestoff wieder aufzuspeichern.

Das Körnerplasma nimmt wieder an Masse und Umfang zu, es wird gleichmäßig, glänzend und gibt mit Jod eine gleichmäßig ausgebreitete, starke Glykogenreaktion. Außerdem tritt eine weitgehende Verschmelzung kleiner, nahe beieinander liegender Vakuolen ein. Hierdurch entstehen sehr große Safträume, welche zuweilen über die Hälfte des Binnenraumes der Zelle einnehmen; sie heben sich scharf von dem dichter gewordenen, stark lichtbrechenden Plasma ab. In der Umgebung der großen Vakuolen finden sich auch in geringer Anzahl wieder Granula vor.

Die neue Generation von Hefenzellen nähert sich also nach ihrem Aussehen und ihrer Beschaffenheit mehr und mehr der Mutterzelle, welche den Ausgangspunkt der Beobachtung bildete.

Im Gärbottich werden bei der untergärigen Bierhefe in der Regel größere Sproßverbände nicht gebildet, da sich die Tochterzellen, bald nachdem sie ausgewachsen sind, von der Mutterzelle trennen. In ruhig liegenden Objektträgerkulturen bleiben dagegen die auseinander hervorgegangenen Zellen längere Zeit im Zusammenhang.

Die Sproßverbände zerfallen in der Weise, daß sich die zwischen Mutter- und Tochterzelle entstandene Trennungswand spaltet. Bei dem sehr geringen Durchmesser der Verbindungsstelle zwischen Mutter- und Tochterzelle ist diese Spaltung allerdings nicht zu beobachten. Ohne Schwierigkeit läßt sich jedoch indirekt eine Vorstellung über diesen Vorgang gewinnen.

Bei genauer Durchsicht der Kulturen findet man zuweilen in den Sproßverbänden abnorm entwickelte Glieder, langgestreckte, keulenförmige Zellen, die häufig durch eine Querwand geteilt sind. Meist läßt sich die abnorme Entwicklung darauf zurückführen, daß die junge Tochterzelle sich nicht mit einer sehr eng begrenzten Grundfläche, wie dies die Regel ist, sondern mit einer sehr weiten ausstülpte. Mutter- und Tochterzelle gliedern sich dann häufig durch eine Querwand ab, und es findet die Trennung der beiden Zellen an jener Stelle statt. Diese erfolgt wahrscheinlich durch das Schwinden, eine Umsetzung in lösliche Verbindungen, einer in der trennenden Querwand

ursprünglich vorhandenen Mittelschicht. Mutter- und Tochterzelle bleiben an der Trennungsstelle durch die übrigbleibenden
Lamellen der Querwand geschlossen.

Die Verbindungsstelle zweier Zellen ist nicht selten durch
ein kleines, spitzes Höckerchen nach deren Trennung gekennzeichnet. Die Umrißlinie der Zelle erscheint hierdurch in der
Längsrichtung verschoben und nicht ganz symmetrisch, sondern
schief oval. Anderseits kann sie in dem Falle, daß sich an
dem einen Pol der Mutterzelle zwei Tochterzellen entwickelt
hatten und deren Ansatzstellen scharf über die Umgrenzung
der Mutterzelle hervorragen, annähernd die Form eines sym-
metrischen Schildes annehmen.

d) Sporenbildung.

Die Hefe vermehrt sich vegetativ durch Sprossung, solange die Bedingung für diese günstig, insbesondere solange
den Zellen die notwendigen Nährstoffe dargeboten sind. Tritt
Nahrungsmangel sowohl in der Umgebung der Zelle als auch
in ihr selbst ein und wird damit die Sprossung beschränkt oder
völlig unmöglich gemacht oder sind Stoffe vorhanden, welche
die Sprossung verhindern, so hört diese auf und die vegetative
Zelle geht zur Entwicklung von neuen Zellen durch Aufteilung ihres Plasmas über. Diese im Innern der Zelle (endogen)
durch freie Zellbildung entstehenden Zellen werden als Sporen
(Endosporen) bezeichnet. Jede vegetative Zelle kann zur Sporenmutterzelle, zum Fruktifikationsorgan werden.

Die Sporen sind im allgemeinen gegen ungünstige äußere
Einflüsse (höhere Temperaturen, Austrocknen usw.) widerstandsfähiger als die vegetativen Zellen. Sie erfüllen also
jedenfalls nach dieser Seite hin den Zweck, die Art unter
Bedingungen zu erhalten, unter welchen die vegetativen Zellen
zugrunde gehen.

In der gärenden Würze vermehrt sich die Hefe in der
Regel immerfort durch Sprossung; nur höchst selten findet
bei den Hefenarten, welche im Brauereibetrieb vorkommen,
Sporenbildung innerhalb der Nährflüssigkeit (in Bierresten)
oder auf deren Oberfläche statt. Außerhalb des Gärbottichs
kommen jedoch Hefenzellen mit Sporen im Brauereibetrieb

öfters vor, und zwar in Kräusen, welche übergestiegen und
an der Außenseite des Gärbottichs angetrocknet sind, oder an
den Gärkellerwänden, an welche Hefe verspritzt wurde, überhaupt in langsam eintrocknender Hefe (Kultur- und wilde
Hefe) sowie in Schmutz- und Pilzansammlungen aller Art,
an den im Betrieb verwendeten Apparaten und Gerätschaten,
in Trubsäcken, defekten Gummischläuchen, in Filtermasse usw.

Sehr reichliche Sporenbildung tritt auch in abfiltrierter
Hefe ein, wenn sie auf dem Filter belassen wird, also unter
ganz ähnlichen Verhältnissen wie bei Ansammlungen im
Betrieb.

Die Sporenbildung ist nicht nur in biologischer Beziehung
von Bedeutung. Durch die grundlegenden Untersuchungen
von Emil Chr. H a n s e n ist sie als ein sehr bedeutsames unter-
scheidendes Merkmal für die Hefearten und ein kaum noch
zu entbehrendes Hilfsmittel für die Hefeanalyse, zur Feststellung einer Verunreinigung der Bierhefe mit fremden Hefenarten erkannt worden.

Sollen die Hefenzellen zu reichlicher Sporenbildung an-
geregt werden, so müssen bestimmte Bedingungen, und zwar
folgende, erfüllt sein.

1. Die Zellen müssen jung und kräftig so wie reich
an Reservestoffen sein.

Diese Bedingung wird durch eine der Sporenkultur
vorausgehende gute Ernährung erfüllt. Die Hefen, welche
zur Sporenbildung veranlaßt werden sollen, werden also in
einer an stickstoffhaltigen Körpern reichen Nährlösung, in
erster Linie in gehopfter Bierwürze (11—12 % Balling), etwa
24 Stunden zu 25° C gebracht, bis sie auf dem Höhepunkt
der Sproß- und Gärtätigkeit angelangt sind. Sie befinden
sich dann in dem Zustande, in welchem erfahrungsgemäß die
Sporenbildung innerhalb der kürzesten Zeit eintritt, wenn die
übrigen Bedingungen erfüllt sind. Dabei muß den Eigentüm-
lichkeiten der verschiedenen Hefearten und -rassen Rechnung
getragen werden. Langsam sich vermehrende und träge vergärende Hefen setzen sich auch langsamer ab, als rasch sich
vermehrende und rasch vergärende. Daraus folgt, daß die
oben angegebene Zeit, während welcher die Hefenkultur bei

4 *

25° C stehen bleiben soll, nur eine annähernde sein kann. Keinesfalls aber darf sie sehr viel weiter ausgedehnt werden, weil dann die Sporen später oder überhaupt nicht auftreten.

Nach den Untersuchungen von Hansen erfolgte die Sporenbildung bei *Saccharomyces Pastorianus* Hansen, wenn die Hefe in der gleichen Nährlösung bei 26—27° C stehen blieb:

	24 Stunden	48 Stunden
bei 29°	nach 27 Stunden	keine Sporenbildung.
bei 28°—27,5° . .	» 24 »	nach 36 Stunden
» 23,5°—23° . .	» 26 »	» 30 »
» 15°	» 50 »	» 54 »

Die Grenztemperatur für die Sporenbildung ist also bei den älteren Zellen eine niederere als bei den jungen.

Der günstigste Zeitpunkt ist für jede Hefenart durch einen besonderen Versuch festzustellen.

Es ist an dem Grundsatz festzuhalten, daß jede Kultur individuell zu behandeln ist.

Auch ältere Zellen können Sporen bilden, doch dauert es bei jenen länger und ist auch die Zahl der Sporen meist keine so reichliche wie bei jungen und kräftigen Zellen. Hungernde Zellen entwickeln keine Sporen. Die Entziehung der Nahrung bei der Sporenkultur kann also nicht den Zweck haben, die Zellen in einen Hungerzustand überzuführen. Bei den Willia-Arten (früher *Sacch. anomalus*), welche zuweilen in Bierhefe vorkommen, ist die Gegenwart von Nahrung für die Sporenbildung geradezu notwendig.

Durch ein selbst nur kurze Zeit andauerndes Wässern der Hefe zwecks Entfernung der Nährlösung wird die Sporenbildung, wenigstens nach Heranzüchtung in Bierwürze, mindestens verzögert, wenn nicht vollständig gehemmt.

Läßt man die auf Sporenbildung zu prüfende Hefe zu alt werden und hat sich schon eine Haut auf der Flüssigkeitsoberfläche entwickelt, während die am Boden des Kulturgefäßes abgesetzte Hefe sehr geschwächt ist, so sind oft solche Arten, welche in jüngeren Kulturen leicht und reichlich Sporen bilden, bei einer nur einmaligen Vermehrung und Gärung in frischer Nährlösung bei 25° C nicht zur Entwicklung von solchen zu bringen. Die Sporenbildung tritt jedoch in dem früheren Umfang wieder auf, wenn man die Hefe 5—6 mal nacheinander, immer nach Verlauf von 24 Stunden, auf frische Bierwürze überimpft und bei 25° C gären läßt. Bei manchen Hefen ist sogar die doppelte Anzahl von Überimpfungen notwendig. Manche untergärige Bierhefen bilden, wenn sie einmal auf 10 proz. Würzegelatine kultiviert werden, reichlicher Sporen, als wenn sie nur fortwährend in Nährlösungen vermehrt werden. Anderseits kann durch fortgesetzte Kultur auf Würzegelatine das Sporenbildungsvermögen verloren gehen.

In einzelnen Fällen konnte das verloren gegangene Sporenbildungsvermögen durch Vermehrung der Hefe in einer Lösung von 10% Dextrose in Hefenwasser sowie durch einen Zusatz von 1% Pepton zu gehopfter Würze wieder gewonnen werden, in anderen blieben alle Versuche mit diesen und anderen Züchtungsverfahren ohne Erfolg.

2. **Atmosphärische Luft muß zu den Zellen in ausgiebiger Weise hinzutreten können.** Sauerstoff ist für die Sporenbildung unentbehrlich. Ältere Zellen stellen in Beziehung auf den Luftzutritt größere Ansprüche als die jungen. Ansammlung von Kohlensäure ist der Sporenbildung schädlich.

3. **Die Zellen müssen durchfeuchtet sein und sich auf einer feuchten Unterlage sowie in einer feuchten Atmosphäre befinden.** Verdunstung des Wassers beeinträchtigt die Sporenbildung.

4. **Den Zellen muß ein gewisses Maß von Wärme zugeführt werden.** Die Sporenbildung vollzieht sich nur innerhalb bestimmter und für die einzelnen Hefenarten unter denselben Bedingungen gleichbleibender Temperaturgrenzen. Die Festlegung der Sporenbildung in ihrer Abhängigkeit von den drei Hauptpunkten der Temperatur, dem Maximum (höchste), Optimum (günstigste) und Minimum (niedrigste) ist sehr wichtig, da durch diese die Hefenarten scharf voneinander unterschieden werden.

Die Zeitdauer, nach Verlauf welcher die Sporenbildung eintritt, ist von der Temperatur abhängig.

Bei dem Temperaturoptimum findet die Sporenbildung,
die Erfüllung der übrigen Bedingungen vorausgesetzt, innerhalb der kürzesten Zeit statt. Besonders zu beachten ist, daß
sich die Hefenzellen durch eine entsprechende Vorbehandlung
in der günstigsten Verfassung befinden müssen. Von dem
Zustand der Zelle hängt es ab, ob und nach Verlauf welcher
Zeit bei einer bestimmten Temperatur Sporenbildung wahrgenommen wird.

Die Temperatur, bei welcher die Hefe vor der Sporenkultur herangezüchtet wurde, beeinflußt ebenfalls die Zeitdauer bis zum Eintritt der Sporenentwicklung. Aus diesem
Grund ist insbesondere dann, wenn die Vergleichung der
Sporenbildung für verschiedene Hefen in Frage steht, die
Temperatur bei der Heranzüchtung möglichst gleichmäßig einzuhalten.

Durch Züchtung der Kulturen bei Temperaturen, welche
zwischen dem Maximum für die Sprossung und die Sporenbildung liegen, geht die Fähigkeit, Sporen zu erzeugen, verloren.

Das Optimum der Temperatur für die Heranzüchtung
und die Sporenbildung liegt für die meisten Arten um 25°C.

Starke Temperaturschwankungen beeinträchtigen die
Sporenentwicklung insbesondere dann, wenn die ersten
Teilungsvorgänge in den Sporenmutterzellen im Gange sind.
Aus diesem Grunde ist es in der Regel auch zwecklos, eine
Sporenkultur, welche bei einer bestimmten Temperatur ge-
standen und entweder noch keine oder die ersten Sporen-
anlagen gezeigt hatte, nach der Entnahme von Präparaten
wieder zu der ursprünglichen Temperatur zurückzubringen.

Dem Sichtbarwerden der Sporenanlagen gehen innerhalb der Sporenmutterzelle mancherlei Veränderungen des Zellinhaltes voraus, die im wesentlichen eine gleichmäßigere Verteilung und Vermischung der geformten Einlagerungen im
Plasma herbeiführen dürfte. Auf die Teilungsvorgänge des
Zellkernes, welche der Aufteilung des Plasmas vorausgeht und
in seinen Teilkernen den Mittelpunkt der entstehenden Sporen
bildet, soll nicht näher eingegangen werden, da sie ohne
Anwendung einer besonderen Präparationstechnik nicht sicht-

bar sind. Zu einer bestimmten Zeit hat sich der größte Teil
des Zellinhaltes in der Regel in eine gerade Anzahl von anfangs
noch unregelmäßigen Ballen, die ersten sichtbaren Sporenanlagen, gesondert, die sich später abrunden und dann mit
einer Haut, der Sporenhaut, umgeben.

Wenn das Sporenbildungsvermögen verloren gegangen
oder beschränkt und durch wiederholte Überimpfungen oder
durch eine besondere Ernährungsweise wieder zurückgewonnen
worden war, dann treten bei möglichst genauer Innehaltung
der gleichen Bedingungen wie ursprünglich auch die ersten
Sporenanlagen wieder nach Verlauf der gleichen Zeit auf.

Die Sporenanlagen von unter- und obergäriger Bierhefe sind
anfangs meist von einer großen Anzahl von Granulis umgeben,
welche sich mit Osmiumsäure intensiv schwarzbraun färben.
Selbst auf der Haut der reifen Sporen sind noch Granula in
großer Zahl abgelagert. Bei mittlerer Einstellung der Sporen
unter dem Mikroskop erscheinen sie wie von einer Perlen-
kette, welcher auf größere oder kleinere Strecken hin Perlen
fehlen, umsäumt. Auch in dem von den Sporen anfangs frei-
gelassenen Raum in der Mutterzelle, der im übrigen mit Flüssigkeit erfüllt ist, sind Granula teils einzeln, teils in dichten
Haufen, welche ebenso wie auch die Flüssigkeit zuweilen
Glykogenreaktion geben, vorhanden.

Die reifen Sporen liegen anfangs, in verschiedener Weise
verteilt, lose in der Mutterzelle, zwischen sich eine krümlige
Substanz, welche Anilinfarben aufspeichert, also eiweißartiger
Natur ist, einschließend. Später quellen sie durch Wasserauf-
nahme auf und füllen den anfangs noch freien Raum voll
ständig aus. Die Haut der Sporenmutterzelle wird dabei stark
gedehnt und schmiegt sich dem Sporenhaufen, der eine regelmäßige Anordnung zeigt, so dicht an, daß sie meist nur an
der engbegrenzten Stelle, an welcher sich zwei Sporen berühren, sichtbar bleibt. Die Sporen selbst platten sich an
den Stellen, an welchen sie sich gegenseitig mit ihrer Haut
berühren, ab. Die bei Erlangung des Reifegrades der Sporen
durch Umgrenzung mit einer Haut noch vorhandenen Granula
werden bei dem Aufquellen zwischen den Sporen sowie zwischen
den Sporen und der Wandung der Mutterzelle eingeschlossen.

Sie sind eine der Ursachen, daß diese Berührungsstellen der Wandungen ein auffallend starkes Lichtbrechungsvermögen besitzen. Auf den Berührungsflächen der Sporenhaut sind stark lichtbrechende Knötchen sichtbar. Die aufeinander gepreßten Sporenhäute verschmelzen infolge des starken Druckes unter sich und auch wohl zuweilen mit der Wandung der Mutterzelle, so daß die Sporen, wenn sie auch aus der Mutterzelle auszutreten vermögen, doch meist nicht unter sich getrennt werden können.

Infolge der Aufquellung der Sporen, der Verschmelzung ihrer Wandungen und der Zwischenlagerung von Granulis sowie anderen Überresten des ursprünglichen Zellinhaltes zwischen jenen erscheint die Sporenmutterzelle wie von starken Querwänden

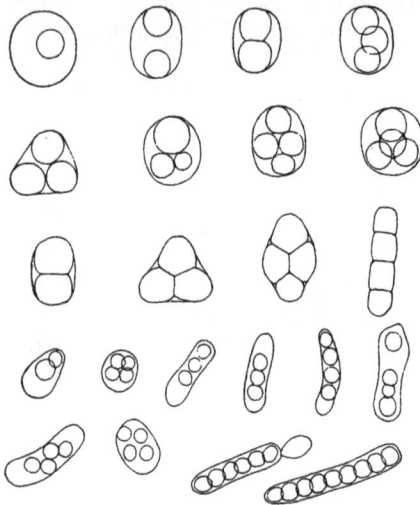

Fig. 21.
Zahl der Sporen und Lagerung in der Mutterzelle.
Reihe 1—3 Kultur- und wilde Hefe. Reihe 4 und 5 wilde Hefe. Reihe 3 aufgequollene Sporen.
Vergr. ca. 900 : 1.

geteilt oder gekammert. Sind zwei Sporen in der Mutterzelle, so ist diese durch eine Querwand in zwei Teile geteilt. Bei drei Sporen treffen bei mittlerer Einstellung der Zelle, bei welcher sie wie im Querschnitt erscheint, anscheinend drei von den Einbuchtungsstellen ausgehende Wände im Innern der Zelle in einem Punkte zusammen. Bei vier in einer Ebene liegenden Sporen treffen je zwei von den Einbuchtungsstellen ausgehende Wände mit einer fünften, inmitten der Zelle liegenden zusammen. Bei langgestreckten, wurstförmigen Zellen mit in einer Reihe liegenden Sporen erscheint die Mutterzelle in bestimmten Abständen eingeschnürt und hier wie durch eine Querwand geteilt usf.

Wie überhaupt verschiedene Inhaltsbestandteile der Hefenzelle, in erster Linie Fett- und Öltropfen, von Anfängern häufig mit Sporen verwechselt werden, so verfallen zuweilen dem gleichen Schicksal auch Vakuolen, insbesondere dann, wenn eine ellipsoidische Zelle zwei etwa gleich große Vakuolen enthält, welche in der Mitte nur durch eine dünne Plasmabrücke getrennt sind und hierdurch die Zelle einer Sporenmutterzelle ähnlich wird, in welcher sich zwei stark aufgequollene Sporen befinden. Umgekehrt werden zuweilen auch solche Sporenmutterzellen für vegetative, vakuolisierte Zellen gehalten. Einer Verwechslung zwischen Vakuolen und Sporen vorzubeugen, muß man stets dessen eingedenk sein, daß die Sporen aus einer Aufteilung und Verdichtung, gewissermaßen aus einer Konzentration des Plasmas, also aus einer das Licht stärker brechenden Substanz hervorgegangen sind, während die Vakuolen eine wässerige Flüssigkeit mit schwächerem Lichtbrechungsvermögen enthalten. Das Lichtbrechungsvermögen der Sporen muß also größer, das Lichtbrechungsvermögen der Vakuolen geringer als dasjenige ihrer Umgebung sein.

Eine Verwechslung von Öltröpfchen, Ölkörperchen und anderer ähnlicher Einschlüsse mit Sporen wird außer durch mikrochemische Reaktionen durch den Keimversuch hintangehalten.

Die Sporen der untergärigen Bierhefen sind zwar im allgemeinen ziemlich gleich groß, doch wechselt die Größe nicht nur bei verschiedenen, sondern auch bei der gleichen Art und Rasse. In einer Sporenmutterzelle finden sich zuweilen neben Sporen von normaler Größe auch sehr kleine, die offenbar bei der Reife eine Hemmung erfahren haben und dann verkümmert sind. Keinesfalls ist die Größe der Sporen ein ausschlaggebendes Merkmal für die Unterscheidung der verschiedenen Arten und Rassen, immerhin kann sie als Unterscheidungsmerkmal, wenn auch nur für größere Gruppen von Hefen, herangezogen werden. Die Form der nicht aufgequollenen und sich gegenseitig pressenden Sporen nähert sich im allgemeinen derjenigen der Kugel.

Das Sporenbildungsvermögen ist bei den untergärigen Bierhefen in sehr verschiedenem Grade ausgeprägt. Einige entwickeln regelmäßig ungemein leicht und innerhalb sehr kurzer Zeit in einem sehr hohen Prozentsatz der Zellen Sporen, während andere nur sehr schwierig dazu zu bringen und Zellen mit Sporen immer nur in sehr geringer Zahl vorhanden sind. Das Sporenbildungsvermögen der gebräuchlichsten Bierhefen ist durchschnittlich ein mäßiges.

Die für die Sporenbildung als unerläßlich bezeichneten Bedingungen werden am besten durch die Kultur auf Gipsblöcken (Verfahren ursprünglich von Engel angegeben und später von Hansen verbessert) erfüllt. Außerdem scheint der Gips als solcher die Sporenbildung zu fördern. Es sind jedoch auch Fälle bekannt geworden, in welchen bei der Gipsblockkultur keine Sporenbildung stattfand, dagegen reichlich auf Würzegelatine. An Stelle der Gipsblöcke wurden von Wichmann Schamotteblöcke, von Elion Tonwürfel vorgeschlagen. Die Blöcke aus beiden Materialien haben den Vorzug, daß sie sehr leicht durch Auskochen ohne Zerstörung gereinigt und daher auch beliebig lange Zeit benutzt werden können, während die Verwendbarkeit des gleichen Gipsblockes eine sehr beschränkte ist.

Die Sporenbildung auf den Tonwürfeln stimmt ungefähr mit derjenigen auf den Gipsblöcken überein, während sie auf den Schamotteblöcken verzögert wird. Die Porosität der Unterlage und damit die Regulierung der Durchfeuchtung ist nicht nur für die Sporenbildung überhaupt von Bedeutung, sondern sie steht auch in direktem Zusammenhang mit der Zahl der sporenbildenden Zellen.

Eine feuchte Wand im Gärkeller, an welche Hefe verspritzt wurde, kann die Stelle des Gipsblockes oder Tonwürfels vertreten.

Auch andere feuchte Unterlagen eignen sich zur Entwicklung der Hefensporen, wie die zur Reinzucht und zur Feststellung unterscheidender Merkmale zwischen den Hefenarten verwendeten festen Nährböden, Würzegelatine, Fleischsaftpeptongelatine oder Würzeagar; auch Agar allein ist hierzu empfohlen worden. Kartoffel- und Mohrrübenscheiben haben ebenfalls als Unterlage Verwendung gefunden. Auf feuchtem

Filtrierpapier, auch im hängenden Wassertropfen oder in einer dünnen Wasserschichte findet Sporenbildung statt.

Alle Zeitangaben über das Auftreten der ersten Sporenanlagen bei bestimmten Temperaturen, soweit jene zur Charakterisierung bestimmter Arten gemacht worden sind, beziehen sich jedoch auf die Gipsblockkultur. Sie wird auch allgemein zur Hefenanalyse benutzt.

Ausführung der Sporenkultur.

Die Gipsblöcke besitzen die Form eines abgestumpften Kegels von etwa 25 mm Höhe, 50 mm unterem und 40 mm oberem Flächendurchmesser. Sie werden aus einer besseren Qualität von Maurergips gefertigt. Blöcke aus ganz reinem Gips sind unbrauchbar, da sie beim Befeuchten auseinanderfallen. Der Gips wird mit Wasser zu einem steifen Brei gut abgerührt. Bestimmte Angaben über das Verhältnis von Gips zu Wasser lassen sich nicht machen, da jenes von der Qualität des jeweils verwendeten Gipses abhängt; im allgemeinen nimmt man auf 3 Teile Gips 1 Teil Wasser. Der Gipsbrei wird in Metallformen gefüllt, deren Innenfläche poliert ist. Die Gußform darf nicht mit Öl oder Fett bestrichen werden und ist nach jedesmaligem Gebrauch sorgfältig zu reinigen. Nach dem Eingießen des Gipses wird die Form zur Entfernung von Luftblasen geklopft. Die festen Blöcke werden durch Aufschlagen der Gußform aus dieser entfernt und dann mehrere Tage an der Luft scharf ausgetrocknet. Die Beschaffenheit der Gipsblöcke spielt in der Richtung eine Rolle, daß die Sporenbildung entweder nur eine spärliche ist oder auch völlig ausbleibt. Sie müssen, sollen sie brauchbar sein, eine gewisse Härte besitzen; zu harte Gipsblöcke verhindern jedoch die Sporenbildung. Wiederholt benutzte Gipsblöcke werden auf der Oberfläche leicht kristallinisch und halten ebenfalls die Sporenbildung hintan. Vor dem Gebrauch wird die Oberfläche der Blöcke möglichst glatt abgeschabt und von den staubartigen Teilchen durch eine Bürste oder einen Pinsel befreit. Benutzte Gipsblöcke sind zu wiederholter Verwendung sofort nach dem Gebrauch abzuschaben und dann an der Luft zu trocknen.

Zur Aufnahme der Gipsblöcke werden Glasdosen verwendet, welche sich zu verschiedenen Zwecken im Handel befinden. Ihr Durchmesser braucht nur wenig größer als derjenige der Blöcke zu sein. Eine Hauptbedingung ist, daß der Deckel nur lose aufsitzt und sein Rand über den unteren Teil der Dose übergreift.

Die Glasdosen mit den Gipsblöcken werden im Heißluftsterilisator während einer halben bis zu einer Stunde bei 100—120° C sterilisiert. Ein Erhitzen über die angegebene Temperatur ist zu vermeiden, da die Blöcke nach dem Anfeuchten kristallinisch werden. Manche Gipssorten vertragen auch die der angegebenen Grenze nahe-liegenden Temperaturen nicht und müssen daher längere Zeit bei 100—110° C sterilisiert werden.

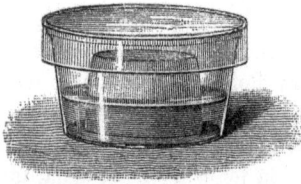

Fig. 22.
Sporenkultur. Gipsblock in einer
Glasdose mit Wasser. Nach Hansen.
(Klöcker, Gärungsorganismen.)

Mit Vorteil bereitet man einen größeren Vorrat von Gipsblöcken vor. Die gefüllten Glasdosen werden dann vor dem Sterilisieren in Filtrierpapier sorgfältig eingewickelt und nachher in einem gegen Staub geschützten Schrank oder in einem Kasten aufbewahrt.

Im Notfalle kann sowohl der Gipsblock, als auch die Glasdose direkt in der Gas- (Bunsen-Brenner) oder Spiritusflamme sterilisiert werden. Der Gipsblock wird dabei mit einer Zange (sog. Tiegelzange) derart gefaßt, daß die Fläche, auf welche die Hefe aufgetragen werden soll, nicht von der Zange bedeckt wird. Beim Erhitzen der Glasdosen ist zu beachten, daß die Flamme nicht zu lang auf eine Stelle gerichtet werden darf, da sonst unfehlbar das Glas springt.

Die Gipsblöcke kann man auch, wie dies in der Regel mit den Ton- und Schamotteblöcken geschieht, durch Auskochen in Wasser vor dem Gebrauch sterilisieren. Man bringt sie dann unmittelbar in sterile Glasdosen unter Zugabe eines Teiles des abgekochten und abgekühlten Wassers.

Das Anfeuchten der trocken sterilisierten Gipsblöcke geschieht in der Weise, daß der Deckel der Dose, um jede

Infektion von außen zu vermeiden, nur soweit gehoben wird,
daß man in den Zwischenraum zwischen Gipsblock und Dosen-
wandung nach und nach so viel steriles Wasser zufließen lassen
kann, bis der Block durchfeuchtet ist, gleichzeitig aber noch
ein Überschuß bleibt, welcher den Boden der Dose in einer
Höhe von etwa 2—3 mm be-
deckt. Eine größere Wassermenge ist zu vermeiden, da
sonst beim Transport der
Dosen sehr leicht eine Berührung des Wassers mit der
auf der Oberfläche des Gipsblockes aufgetragenen Hefe
stattfinden und diese hierdurch weggespült werden
kann.

Der Vorrat an sterilem
Wasser (2—3 mal in einem
Zwischenraum von 1–2 Tagen
im strömenden Dampf sterilisiert) befindet sich zweckmäßig in einem mit aufge-

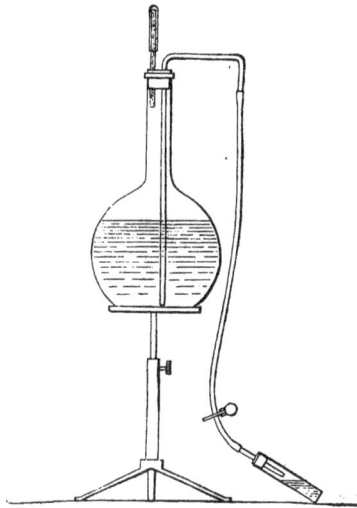

Fig. 23.
Glaskolben mit sterilem Wasser zum Anfeuchten der Gipsblöcke für die Sporenkultur. Nach Klöcker.
(Klöcker, Gärungsorganismen).

setztem Wattefilter geschlossenen und mit einer Heber-
vorrichtung und Quetschhahn
versehenen Glaskolben. Über
die zu einer Spitze ausgezogene Ausflußöffnung des Hebers
wird zum Schutz gegen Verunreinigung mit Organismen
ein mit Alkohol gefülltes und mit einem durchbohrten
Kork verschlossenes Reagenzrohr gesteckt.

Von der unter Berücksichtigung der angegebenen Gesichtspunkte für die Sporenkultur vorbereiteten Hefe wird die vergorene, ziemlich klare Nährflüssigkeit bis auf einen geringen
Rest, der sich nach der Größe des Hefenabsatzes bemißt,
abgegossen. Mit diesem Rest wird die Hefe aufgeschüttelt,
so daß sie eine ziemlich dünnflüssige Masse bildet, von welcher
ein Teil entweder direkt aus dem Kölbchen oder mit Hilfe eines
sterilen Glasstabes in dünner Schicht in der Weise auf den Gips-

block aufgetragen wird, daß man sie entweder über die ganze
Fläche oder nur strichweise ausbreitet. Das Auftragen einer
dicken Schicht ist zwecklos, da nur die äußeren, unmittelbar
mit der Luft in Berührung befindlichen Zellen zur Sporenbildung schreiten. Eine dicke Hefenschicht kann sogar für
die Sporenkultur durch Überhandnehmen von Bakterien, welche
sich in der Hefe befinden, verhängnisvoll werden. Eine zu
dünne Schicht erschwert das Absuchen nach Zellen mit Sporen.

Das Auftragen der Hefe auf den trockenen Gipsblock
mit nachfolgendem Anfeuchten, eine Arbeitsweise, welche in
manchen zymotechnischen Laboratorien befolgt wird, erscheint
nach unseren Erfahrungen nicht so vorteilhaft wie das zuerst
angegebene Verfahren. Abgesehen von anderem läßt sich
die Hefe jedenfalls auf dem zuvor angefeuchteten Gipsblock
viel leichter und in gleichmäßig dünner Schicht als auf dem
trockenen verteilen.

Die Glasdose mit der auf den Gipsblock aufgetragenen
Hefe, die Sporenkultur, wird im Thermostaten aufgestellt.
Bei gewöhnlichen Analysen, bei welchen es sich nur darum
handelt, die Gegenwart von fremden Hefenarten überhaupt
festzustellen, genügt es auch, die Sporenkultur in einem möglichst gleichmäßig warmen Raum mit Zimmertemperatur zu
belassen.

e) Sporenkeimung.

Zur Feststellung der Sporennatur bestimmter Inhaltsbestandteile der Hefenzelle führt der Keimversuch. Hierbei ist im allgemeinen zu berücksichtigen, daß ein negatives
Ergebnis des Versuches nicht von vornherein die Sporennatur des in Frage stehenden Inhaltbestandteiles ausschließt,
da immer noch die Möglichkeit vorliegt, daß besondere Bedingungen, welche von den bis jetzt als notwendig an-
erkannten abweichen, wie eine besondere Nährlösung usw.,
erforderlich sind, um die Sporen zum Auskeimen anzuregen.
Zuweilen kommt es auch vor, daß anscheinend völlig ausgereifte Sporen ohne erkennbare Ursachen auch bei längerer
Beobachtungsdauer nicht zum Auskeimen veranlaßt werden

können. Die Mehrzahl der Hefen, welche nach dieser Richtung untersucht worden sind, keimt jedoch leicht aus.

Der Versuch kann in der Weise eingeleitet werden, daß die zu prüfenden Hefenzellen in gut gelüfteter, gehopfter oder ungehopfter Würze oder auch in sterilem Traubenmost verteilt und dann von diesen Nährflüssigkeiten Tröpfchenkulturen (s. später) angelegt werden.

Bedingung für ein gutes und reichliches Auskeimen der Sporen ist nach Hansen eine günstige Nährlösung, freier Zutritt von Luft und eine ziemlich hohe Temperatur. Auch hier haben 25° C sich bis jetzt als der günstigste Temperaturgrad erwiesen. Außerdem übt der Zustand, in welchem sich die Sporen befinden, je nachdem sie jung oder alt sind, vor der Aussaat getrocknet oder nicht getrocknet wurden, einen Einfluß auf die Entwicklung aus.

In Wasser oder in einer Lösung von geringerem Nährwert als Bierwürze und Traubenmost kann die Keimung zwar ebenso rasch stattfinden wie in diesen, sie erfolgt jedoch nur bei einer geringen Anzahl von Sporen, und die Entwicklung hört bald auf.

Guilliermond bringt die Hefe auf sterilen Gelbrübenscheiben zur Sporenbildung, breitet sie dann auf einem Objektträger aus und bringt sie während 24 Stunden zu 55 bis 60° C. Die Zellen ohne Sporen werden bei dieser Temperatur abgetötet und die Sporen bleiben allein übrig. Anstatt die getrocknete Hefe nach dem Aufweichen in Wasser wieder auf Gelbrübenscheiben zu übertragen, weicht man besser entweder mit Wasser oder direkt mit der Nährlösung auf und legt Kulturen im hängenden Tropfen oder Tröpfchenkulturen an. Die Tröpfchenkulturen bieten die Möglichkeit, die Veränderungen der Sporen einer bestimmten Zelle fortgesetzt zu beobachten.

Hansen unterscheidet zwei Keimungstypen. Beim ersten erfolgt die Keimung durch Sprossung wie bei der vegetativen Vermehrung; sie kann von jeder Stelle der Oberfläche der Sporen ausgehen. Die ausgereiften Sporen können sofort aussprossen, und zwar noch innerhalb der Mutterzelle. Bei Beginn

der Keimung nehmen die Sporen bedeutend an Umfang zu.
Die Haut der Sporenmutterzelle wird infolgedessen so stark
gedehnt, daß sie reißt und die Sporen ganz oder teilweise
entläßt. Die Sporen bleiben dabei meist noch miteinander
vereinigt, sie können sich aber auch voneinander trennen.
Die zerrissene Zellwand zieht sich entweder wieder zusammen
oder sie liegt in Form eines sehr zarten, gefalteten Häutchens
auf und neben den Sporen. Die jungen Sproßzellen treten
auch durch die Wandung der Sporenmutterzelle hindurch,
ohne daß jene platzt. Zuweilen löst sich die Zellwand allmählich
auf. In einzelnen Fällen verschmelzen zwei zusammenhängende
Sporen während der Keimung. Die Häute lösen sich an der
Berührungsstelle auf und der Inhalt der Sporen vermischt sich.

Durch die Sprossung werden wieder gewöhnliche Hefenzellen erzeugt. Die meisten der bis jetzt bekannten Hefen
keimen nach dem ersten Typus.

Dem zweiten Keimungstypus gehören Hefenarten an,
welche, soweit bekannt, im Brauereibetrieb nicht vorkommen.
Er hat infolgedessen an dieser Stelle weniger Interesse, und
es sei daher nur folgendes bemerkt.

Während beim ersten Typus eine Verschmelzung der Sporen
nur ausnahmsweise erfolgt, ist sie beim zweiten häufiger und vollzieht sich in anderer Weise. So treibt beispielsweise bei *Saccharomycodes Ludwigii* Hansen jede von zwei nebeneinander-
liegenden Sporen zunächst einen kleinen schnabelartigen Fort-
satz. Diese verschmelzen zu einem »Kopulationskanal«, welcher
einen Keimschlauch erzeugt. Der Keimschlauch durchbricht
die Wand der Sporenmutterzelle und grenzt sich, wenn er
eine gewisse Länge erreicht hat von dem Kopulationskanal
durch eine Querwand ab. Die Keimung der Sporen zeigt
neben der obengeschilderten zahlreiche Variationen. Einzelne
Sporen keimen auch für sich mit einem Keimschlauch aus,
der die Form der gewöhnlichen, vegetativen Zelle annimmt
und sich abtrennt.

Die verschiedenen Gruppen von Hefen und anderen Sproßpilzen.

Neben den Zellen der Bierhefe finden sich in den gewöhnlichen Brauereibetriebshefen, in Bier und Würze auch noch andere Sproßpilze, d. h. also solche Pilze, deren vegetative Vermehrung wie bei der Bierhefe durch Sprossung erfolgt, in sehr verschiedener Menge vor. Teilweise sind diese Sproß-pilze der Bierhefe verwandt, da sie in gleicher Weise wie diese endogene Sporen zu erzeugen vermögen. Sie bilden mit den Bierhefen, den in der Spiritus- und Preßhefenfabrikation verwendeten Hefen, den Weinhefen und anderen die große Gruppe der echten Hefen oder Hefen schlechthin. Wissenschaftlich werden die Sproßpilze mit endogener Sporenbildung mit dem Namen Saccharomyceten, Zuckerpilze, bezeichnet.

Den Saccharomyceten stehen als zweite Gruppe diejenigen Sproßpilze gegenüber, welche die Fähigkeit der endogenen Sporenbildung nicht besitzen oder wenigstens bis jetzt nicht zur Erzeugung dieser reproduktiven Zellen gebracht werden konnten.

Die zweite Gruppe zerfällt in mehrere Untergruppen: 1. die Mykodermaarten, 2. die Torulaceen und 3. die Monilien. Eine 4. Untergruppe von Sproßzellen, welche im Brauereibetrieb vorkommen, gehört in den Entwicklungskreis von Fadenpilzen (Dematium, Mucor).

Saccharomyceten sind in sehr großer Anzahl mit sehr verschiedenen Eigenschaften hinsichtlich der Formgestaltung der vegetativen Zellen und deren Vereinigung zu größeren Verbänden, der Form, des Baues, der Art der Entstehung sowie der Keimung der Sporen, des Wachstums in Nähr-flüssigkeiten, der chemischen Veränderungen, welche sie in der Nährlösung hervorrufen usw., bekannt. Sie können von verschiedenen Gesichtspunkten aus nach Maßgabe gleicher Eigenschaften, nach ihrem Vorkommen und nach ihrer Verwendung zu Gruppen vereinigt werden.

1. Vom wissenschaftlichen Standpunkt aus, welcher die natürlichen Verwandtschaftsverhältnisse berücksichtigt, hat Hansen die Saccharomyceten in ein System gebracht, über welches in folgendem eine kurze Übersicht gegeben werden soll.

Familie der Saccharomycetes.

Sproßpilze mit Endosporen- und reichlicher Hefenzellbildung. Typisches Mycel nur bei wenigen Arten. Jede Zelle kann als Sporenmutterzelle auftreten. Spore einzellig; Anzahl der Sporen gewöhnlich in jeder Mutterzelle 1—4, selten bis 12.

A. Echte Saccharomyceten.

1. Gruppe.

Die Zellen bilden in zuckerhaltigen Flüssigkeiten sofort Bodensatzhefe und erst weit später eine Haut, deren Vegetation schleimig, ohne Einmischung von Luft, ist. Sporen glatt, rund oder oval, mit 1 oder 2 Häuten; Keimung durch Sprossung oder durch Keimschlauchbildung. Alle oder jedenfalls die meisten rufen Alkoholgärung hervor.

Gattung I. Saccharomyces Meyen.

Die mit einer Haut versehenen Sporen keimen durch Sprossung. Außer Hefenzellbildung bei einigen zugleich Mycel mit scharfen Querwänden.

Gattung II. Zygosaccharomyces Barker.

Zeichnet sich durch Kopulation der Zellen aus, stimmt im übrigen mit der vorhergehenden Gattung überein.

Gattung III. Saccharomycodes E. Chr. Hansen.

Durch die Keimung der mit einer Haut versehenen Sporen entwickelt sich ein Promycelium (Keimschlauch). Von diesem wie von den vegetativen Zellen findet eine Sprossung mit unvollständiger Abschnürung statt. Mycelbildung mit deutlichen Querwänden.

Gattung IV. Saccharomycopsis Schiönning.

Die Spore besitzt zwei Häute; im übrigen stimmen die Charaktere, insoweit sie bekannt sind, am nächsten mit denjenigen der Gattung Saccharomyces überein.

2. Gruppe.

Die Zellen bilden in zuckerhaltigen Nährflüssigkeiten sofort eine Kahmhaut (Hautbildung auf der Flüssigkeitsoberfläche), welche der Lufteinmischung wegen trocken und matt ist und sich deutlich von der Hautbildung der 1. Gruppe unterscheidet. Sporen halbkugelförmig, eckig, hut- oder zitronenförmig, in den zwei letzteren Fällen mit einer hervorspringenden Leiste versehen, im übrigen glatt; nur mit einer Haut. Keimung durch Sprossung. Die meisten Arten zeichnen sich durch ihre Esterbildung aus, einige rufen keine Gärung hervor.

Gattung V. Pichia E. Chr. Hansen.

Spore halbkugelförmig oder unregelmäßig und eckig. Keine Gärung; starke Mycelbildung.

Gattung VI. Willia E. Chr. Hansen.

Spore hut- oder zitronenförmig mit stark hervortretender Leiste. Die meisten Arten sind kräftige Esterbildner, einige wenige rufen keine Gärung hervor.

B. Zweifelhafte Saccharomyceten.

Monospora Metschnikoff und Nematospora Peglion. In naher Beziehung zur Gattung Saccharomyces stehen die beiden von P. Lindner aufgestellten Gattungen: Hansenia und Torulaspora. Die erste umfaßt diejenigen zugespitzten Hefen (Apiculatushefen), von welchen Sporenbildung bekannt ist. Der zweiten gehören Hefen an, welche zuweilen wegen ihrer streng kugelförmigen Zellen und wegen eines in jeder Zelle regelmäßig vorhandenen Fettröpfchens den nicht sporenbildenden Torulaarten ähnlich sind.

Ebenfalls von P. Lindner wurde die Gattung Schizosaccharomyces (Spalthefe) aufgestellt. Die vegetative Vermehrung erfolgt bei den Arten dieser Gattung nicht durch Sprossung, sondern durch Querteilung. Der Sporenbildung kann, wie bei der Gattung Zygosaccharomyces eine Kopulation der Zellen vorausgehen. Die Stellung der Gattung Schizosaccharomyces im System ist zurzeit noch nicht sicher·

Die **Mykodermaarten** sind dadurch charakterisiert, daß sie sich hauptsächlich auf der Flüssigkeitsoberfläche entwickeln. Sie sind in hohem Maße luftliebend (aerob). Ins-

5 *

besondere auf Wein und Bier entstehen sehr rasch anfangs
mattgraue glatte, später kreide- oder milchweiße und vielfach
gefaltete (»gekröseartig«) Hautbildungen, die als »Kahmhäute«
bezeichnet werden. Die Zellen der Häute schließen Luft
zwischen sich ein. Die Arten dieser Gattung sind die eigent-
lichen Kahmhautpilze. Die Zellen der Mykodermaarten zeigen
im optischen Querschnitt ungefähr die Form eines Recht-
eckes, dessen Ecken abgerundet sind. Von dieser Grundform
kommen verschiedene Abweichungen vor. Häufiger sind die
Zellen leicht gekrümmt; nicht selten finden sich mehr oder
weniger kugelförmige vor. Die Sproßverbände sind sparrig,
der Zellinhalt ist blaß. Ölkörperchen finden sich meist in der
Ein- bis Dreizahl im Plasma vor. In den Vakuolen sind zuweilen Granula sichtbar. Den Mykodermaarten geht das Gärvermögen ab.

Die **Torulaceen** sind durch streng kugelförmige oder
mehr oder weniger ellipsoidische, zuweilen an beiden Polen
oder auch nur an einem zugespitzte Zellen mit blassem
Inhalt wie bei den Mykodermaarten, der ein oder mehrere
Granula (Ölkörperchen), und zwar bei verschiedenen Arten von
verschiedener Größe, einschließt, charakterisiert. Neben den
Ölkörperchen findet sich bei einzelnen Arten ein zweiter, sehr
charakteristischer Einschluß in den Vakuolen: kristallähnliche
Körper, welche sich meist in lebhafter Bewegung befinden
und immer stärker als die gleichzeitig vorhandenen Ölkörperchen hervortreten Manche Torulaarten überziehen in gleicher
Weise wie Mykoderma die Nährflüssigkeit, auch Bier, schon
nach 24 Stunden mit einer Haut, entwickeln sich überhaupt
vorherrschend an der Oberfläche; sie sind also wie Mykoderma sehr luftliebend. Die Ähnlichkeit dieser Hautbildungen
mit Mykodermahäuten wird um so größer, wenn sich jene
wie diese mit fortschreitender Entwicklung gekröseartig falten.
Die Zellen der Häute schließen auch Luft zwischen sich ein.
Viele Torulaarten vermögen alkoholische Gärung hervorzurufen, die jedoch in der Regel nicht so lebhaft wie bei den
Saccharomyceten ist. Bei manchen Arten tritt immer oder
nur unter bestimmten Bedingungen Farbstoffbildung auf,
hauptsächlich eine in den verschiedensten Nuancen abge-

stufte Rotfärbung (»Rosahefe«), aber auch eine gelbliche und, wenigstens anfangs, grünlichgraue Färbung.

Die Torulaceen können in zwei Untergruppen zerlegt werden. Eine Untergruppe umfaßt alle Arten, welche ausschließlich gedrungenere Zellformen (kugelförmig, ellipsoidisch, mit oder ohne Zuspitzung) haben, die nicht zu größeren Sproßverbänden vereinigt bleiben. Gärvermögen fehlt oder tritt in verschiedenem Grade auf. Die Apiculatusarten, durch zitronenförmige Zellen charakterisiert, werden, soweit ihnen das Sporenbildungsvermögen abgeht, zu dieser Untergruppe der Torulaceen gerechnet. In einer zweiten Untergruppe sind diejenigen Arten vereinigt, welche neben den für die ganze Gruppe charakteristischen Zellformen langgestreckte, wurstförmige, besitzen, die zu weitverzweigten Sproßverbänden von festem Zusammenhalt vereinigt sind. Beide Zellformen gehen auseinander hervor. Die gedrungeneren Zellen entstehen an den gestreckten an verschiedenen Stellen, meist an den Enden der Zellen in größerer Zahl. Von den Mykodermaarten unterscheiden sie sich durch ihr Gärvermögen, von den Monilien durch den Mangel eines Mycels mit Querwänden.

Die **Monilien** sind den Torulaarten der zweiten Untergruppe ähnlich, unterscheiden sich jedoch von diesen wesentlich durch den Besitz eines durch Querwände geteilten Mycels. In zuckerhaltigen Nährflüssigkeiten (Bierwürze) rufen sie eine lebhafte Gärung hervor.

Auf der Oberfläche des Mycels von D e m a t i u m entstehen zahlreiche Konidien von ovaler, an den Polen etwas zugespitzter Form, welche sich durch Sprossung vermehren können.

Bei manchen M u c o r arten zerfällt das einzellige Mycel nach dem Untertauchen in die Nährflüssigkeit, also bei Luftmangel, durch zahlreiche Querwände, in kurze Glieder, welche sich voneinander trennen, dann abrunden und durch Sprossung vermehren (»Kugelhefe«). Auch die »Gemmen« (Dauerzellen) und die Sporen können sich in gleicher Weise verhalten.

Von der Familie der Saccharomyceten interessieren uns hier hauptsächlich die Hefenarten der Gattung S a c c h a r o · m y c e s, außerdem diejenigen der Gattungen W i l l i a und

Torulaspora, während die übrigen im Brauereibetrieb kaum vorkommen. Mykodermaarten fehlen niemals. Praktische Bedeutung kommt ihnen jedoch, wenigstens bei untergärigem Biere, nicht zu. Angaben über Erzeugung von schlechtem Geschmack und Geruch sowie von Trübung in untergärigem Bier durch Mykodermaarten sind mit Vorsicht aufzunehmen.

Torulaceen werden an den verschiedensten Stellen in den Brauereien angetroffen. Die meisten Arten sind wohl harmloser Natur, einzelne erzeugen jedoch im Bier Krankheitserscheinungen dadurch, daß sie den Geschmack beeinflussen oder schleierige Trübung veranlassen. Diese Krankheitserscheinungen sind jedoch äußerst selten; die Torulaceen gelten daher auch im allgemeinen nicht als Bierschädlinge. Apiculatusformen können die Vermehrung von untergäriger Bierhefe beeinträchtigen und den Geschmack des Bieres ungünstig beeinflussen. Eine hervorragende Rolle spielen gewisse Torulaarten bei der Herstellung der englischen Biere. Die von Claußen als Brettanomyces bezeichneten Formen, welche zur zweiten Untergruppe der Torulaceen gehören, sind für den bei der Nachgärung durch ätherische Stoffe erzeugten Geschmack und Geruch der englischen Biere unerläßlich.

Durch das massenhafte Auftreten von roten Sproßpilzen aus der ersten Untergruppe der Torulaceen auf Grünmalz wurde dieses rot gefärbt. Beim Trocknen nahm das Malz eine schmutzigbraune Farbe an, das Darrmalz wurde mißfarbig, unansehnlich.

Monilia findet man zuweilen in der Würze vom Kühlschiff; irgendwelche Bedeutung für die Produkte der Brauerei hat sie jedoch nicht.

2. Nach ihrem natürlichen Vorkommen können zwei Gruppen von Hefen unterschieden werden: Die **Kulturhefen** und die **wilden Hefen.**

Die Kulturhefen und die wilden Hefen zerfallen in zahlreiche scharf charakterisierte Arten und Rassen. Die Kulturhefen stammen sehr wahrscheinlich von wilden Hefen ab; diese sind vielleicht von den Menschen zunächst unbewußt, später in zielbewußter Weise zu bestimmten Zwecken ausgewählt, in bestimmter Richtung weiter gezüchtet und damit

allmählich veredelt worden (»natürliche Reinzucht«). Die
Kulturhefen werden industriell zur Bier-, Spiritus- und Preßhefenfabrikation verwendet. In der freien Natur finden sie
sich höchstens in der Umgebung von Gärungsbetrieben.

Der natürliche Fundort der wilden Hefen ist während
des Winters in erster Linie die Erde in Weinbergen, Obstgärten
und ähnlichen Anlagen, also überall da, wo während des Sommers
und im Herbste süße saftige Früchte in großer Zahl heranreifen.
Da aber auf den Früchten wildwachsender Pflanzen, wie Erd-
beeren, ebenfalls verschiedene Hefen vorkommen, so sind wilde
Hefen auch in deren nächster Umgebung, ja weit darüber hinaus, zu finden. Die reifen, süßen, saftigen und dünnwandigen
Früchte sowie die Nektarien der Blüten, ein zuckerhaltiges Sekret absondernde Drüsenorgane, dienen ihnen hauptsächlich als
Nahrungsquelle, jedoch benutzen sie als solche auch wässerige
Auszüge von aufgelösten Teilen von Pflanzen und Tieren, darunter auch Dünger. Hierdurch erklärt sich ihr Vorkommen
fern von Kulturanlagen und Früchten wildwachsender Pflanzen.

Der Erdboden ist nicht nur der Aufenthalt, sondern auch
eine Brutstätte der Hefen, an welcher eine, wenn auch nur
beschränkte Vermehrung stattfindet. Durch Insekten, durch
den Wind, durch aufklatschenden Regen und andere natürliche Transportmittel werden sie von hier aus auf die
Früchte übertragen und vermehren sich daselbst, wenn sie
durch Beschädigungen der Haut der Früchte mit deren Saft
in Berührung kommen.

In den kühleren Erdzonen sind die Hefen in erster Linie
auf die saftreichen, dünnwandigen Früchte angewiesen und
abgefallene Blätter usw. kommen erst in zweiter Linie in
Betracht. In den Tropen ist es umgekehrt.

Die an den Früchten haftenden wilden Hefen sind die
natürlichen und ausschließlichen Gärungserreger bei der Bereitung von Trauben- und Obstwein, von Branntwein aus
Früchten (Kirschen, Zwetschgen usw.), soweit dem ausge-
preßten Saft oder der Maische nicht »Reinzuchthefe« zuge-
setzt wird. Die wilden Hefen spielen also technisch bei allen
spontanen oder natürlichen Gärungen eine bedeutsame Rolle.

Die wilden Hefen können die natürlichen Gärungen in der gewünschten Weise durchführen. Es gibt aber auch solche Arten, welche jene nachteilig beeinflussen, indem sie die nützlichen Hefen in der Entwicklung zurückhalten oder den Geschmack, die Haltbarkeit, die Farbe und andere wertvolle Eigenschaften des Gärungsproduktes beeinträchtigen.

Auch die mit den Kulturhefen durchgeführten technischen Gärungen werden nicht selten durch wilde Hefenarten in der gleichen Richtung beeinflußt und geschädigt. Die Wege, auf welchen sie in die industriellen Betriebe eindringen, sind mannigfacher Art.

In der Brauerei ist es in erster Linie das Kühlschiff, auf welches die in der Luft schwebenden, mit Staub aufgewirbelten oder durch Insekten (Fliegen, Bienen, Wespen) und andere Tiere (Vögel) sowie durch die Arbeiter verschleppten Keime abgesetzt werden. Eine zweite Hauptquelle der Verunreinigung des Betriebes mit wilder Hefe sind die aus anderen Brauereien eingeführten und mit wilden Hefenarten durchsetzten Hefen.

Es ist das Verdienst von H a n s e n , den Nachweis geführt zu haben, daß wilde Hefenarten das Bier in der nachteiligsten Weise beeinflussen, starke Trübungen sowie die unangenehmsten Geschmacksstoffe erzeugen können. Auch eine Entfärbung, ein Hellerwerden des Bieres kann durch solche Arten hervorgerufen werden. Der Brauer hat also wohlbegründete Veranlassung, den wilden Hefen ebenso wie den Bakterienarten, welche im Bier vegetieren und ebenfalls schwere Krankheiten in diesem hervorzurufen vermögen, im Betrieb nachzuspüren, sie möglichst zu beseitigen oder wenigstens zurückzudrängen.

Nicht alle wilden Hefenarten schädigen das Bier; viele sind sicher harmlos, während manche vielleicht für eine bestimmte Geschmacksrichtung nützlich sein könnten. Da eine Entscheidung darüber, ob in einem gegebenen Fall die in einer Bierhefe oder in einer Gärung vorhandene wilde Hefe zu den schädlichen oder zu den harmlosen gehört, innerhalb kurzer Zeit nicht zu treffen ist, so wird man daran festhalten müssen, daß Hefe und Gärungen sowie Bier möglichst frei von wilder Hefe sind.

3. Eine dritte Gruppierung der Hefen ergibt sich, wenn die bei der Gärung auftretenden äußeren Erscheinungen in Betracht gezogen werden. Die obergärigen Hefen sind dadurch charakterisiert, daß sich die Schaumbläschen während der meist rasch verlaufenden Gärung in demselben Maße als die Gärungserscheinungen ansteigen neben den Ausscheidungen, welche hauptsächlich eiweißartiger Natur sind, mit zahlreichen Hefenzellen bedecken (»Auftrieb«). Es bildet sich eine zusammenhängende dicke Hefenschicht, welche den Schaum überzieht. Diese Hefenschicht wird an die Wandung des Gefäßes in Form eines Ringes, welcher sich über die Flüssigkeitsoberfläche erhebt, gepreßt. Der Schaum schwindet und ein Teil der Hefe sinkt zu Boden. Auf der Flüssigkeitsoberfläche bleibt eine dicke Hefenschicht zurück. Die Hefenringbildung stellt ein besonders wichtiges Merkmal für die Obergärung dar.

Nicht zu verwechseln mit Obergärung ist die bei untergärigen Bierhefen zuweilen auftretende Erscheinung, daß plötzlich zusammenhängende Massen der Hefe entweder im vollen Bottich oder, wenn dieser beim Fassen mehr oder weniger entleert ist, in größerem oder geringerem Umfang an die Oberfläche gehoben werden.

Bei der Untergärung enthält der Schaum nur wenige Hefenzellen. Ein Ring kommt zwar auch zustande, jedoch besteht er fast ausschließlich aus Ausscheidungen; er enthält nur wenige Hefenzellen. Auf der Oberfläche der Nährflüssigkeit befindet sich keine Hefendecke. Die Hauptmasse der Hefe sammelt sich am Boden des Gärgefäßes an.

Ober- und Untergärung sind keine unveränderlichen Eigenschaften der Arten, sie können vielmehr ineinander übergehen. Der Übergang von der Untergärungsform in die Obergärungsform scheint sich leichter zu vollziehen als umgekehrt. In Erwägung wäre dabei zu ziehen, ob nicht ursprünglich obergärige Hefen vorliegen, welche durch irgendwelche Behandlung ihr Auftriebsvermögen zeitweise eingebüßt haben.

Der Charakter als Oberhefe oder Unterhefe hat also nicht mehr die gleich große Bedeutung für die Beschreibung der Art wie früher.

Das Wachstum der obergärigen Hefen ist ein üppigeres
als das der untergärigen. Bei jenen bleiben die während
der vegetativen Vermehrung durch Sprossung aus einander
hervorgehenden Zellen im Gegensatz zu den untergärigen, bei
welchen sich die Tochterzellen von der Mutterzelle nach der
Reife meist sehr frühzeitig ablösen, in der Regel miteinander
längere Zeit verbunden; es entstehen daher im Bottich wie
in den Tröpfchenkulturen reichverzweigte Sproßverbände von
sparriger Wachstumsform, welche den
Auftrieb der Hefe durch die Kohlensäure begünstigen. Aus jener und dem
üppigeren Wachstum ist ein Unterscheidungsmerkmal zwischen obergärigen und untergärigen Hefen mit
ziemlicher Sicherheit abzuleiten, aus
der Entstehung von Sproßverbänden
allein jedoch nicht, da verschiedene
Abstufungen vorkommen. In den
meisten Fällen unterscheiden sich

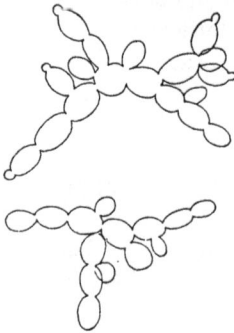

Fig. 24.
Sproßverbände von obergäriger
Hefe. Münchener Weißbierhefe.
Vergr. 540 : 1.

die Sproßverbände ober- und untergäriger Hefen durch die Art ihrer Auflösung. Bei den obergärigen Hefen
löst sich der Sproßverband zuerst in
einige Zellgruppen (»Äste«) auf und diese zerfallen dann
weiter. Bei den untergärigen Hefen lösen sich die Verbände
nach verhältnismäßig kurzer Zeit sofort in die einzelnen
Zellen auf.

Die obergärigen Hefen zeigen beim Verrühren mit Wasser
einen »staubigen«, die untergärigen einen »flockigen« Charakter, jedoch kommen auch hier Abstufungen vor. Die
Flocken der untergärigen Hefen behalten unter allen Umständen die scharf begrenzte Form bei, an den Flocken der
obergärigen Hefen dagegen verschwindet, wenn auch anfangs die gleiche Gestaltung auftritt, die scharfe Begrenzung,
und sie fallen auseinander. Der Unterschied zwischen obergärigen und untergärigen Hefen beim Verrühren mit Wasser
tritt am besten dann hervor, wenn man die mit Wasser
gemischten Hefen 24 Stunden der Ruhe überläßt; nach

wiederholtem Umschütteln zeigen sodann alle obergärigen Hefen sofort deutlich den staubigen Charakter.

Der flockige Charakter der untergärigen Hefen gibt sich auch bei der Bildung des Bruches im Gärbottich zu erkennen.

Melitrioselösung wird von den untergärigen Hefen völlig vergoren, von den obergärigen nur teilweise, da das eine der Spaltungsprodukte der Melitriose, die Melibiose, nicht vergoren wird; es kommen jedoch auch Ausnahmen vor.

Die Obergärung wird in der Praxis bei höherer Temperatur durchgeführt als die Untergärung. Daraus folgt jedoch nicht, daß die obergärigen Hefen sich bei höheren Temperaturen entwickeln als die untergärigen. Untergärige Hefen können die höchsten Temperaturmaxima für die Sprossung haben.

Die Arten der Gattung Willia, welche im allgemeinen nur ein geringes oder überhaupt kein Gärvermögen besitzen, wachsen in gleicher Weise wie die Mykodermaarten, die Kahmpilze, wesentlich in Form einer anfangs matten, grauen, später weißen, in einzelnen Fällen auch gefärbten, gekröseartig gefalteten Haut.

4. Eine vierte Gruppierung der Hefen gründet sich auf ihr **Verhalten gegenüber den verschiedenen Zuckerarten und Dextrinen.** Nicht alle Hefen setzen Zucker in Alkohol und Kohlensäure um. *Sacch. Hansenii* Zopf bildet in Lösungen, welche Dextrose, Galaktose, Saccharose, Laktose, Maltose, Dulcit, Glyzerin oder Mannit enthalten, Oxalsäure. Die Arten der Gattung Pichia und manche der Gattung Willia erregen ebenfalls keine alkoholische Gärung. Einige der letzteren oxydieren den Alkohol zu Essigsäure und bilden Ester.

Eine Gruppe von Hefen vergärt Dextrose, Saccharose und Maltose, aber nicht Laktose; eine andere Dextrose und Saccharose, aber nicht Maltose und Laktose; eine dritte Dextrose und Maltose, aber nicht Saccharose und Laktose usf. Ebenso ist für gewisse Hefen die Vergärung von Dextrin charakteristisch. Ein Vertreter dieser Hefen ist *Schizosaccharomyces Pombe* P. Lindner. Dementsprechend können Dextrose-, Saccharose-, Maltose-, Dextrinhefen usw. unterschieden werden.

Zu orientierenden Untersuchungen über die Vergärbarkeit der Zuckerarten hat sich die »Kleingärmethode« von P. Lindner, welcher umfassende Versuche mit zahlreichen Hefen und Zuckerarten angestellt hat, praktisch bewährt. Die Frage, ob einem Organismus das Gärvermögen überhaupt fehlt oder ob ein Zucker unvergärbar ist, kann aber erst durch einen in größerem Maßstab durchgeführten Versuch von längerer Dauer entschieden werden. Als Gärgefäß dienen bei der Kleingärmethode hohlgeschliffene Objektträger, welche direkt auf dem Arbeitstisch sterilisiert werden können.[1] Um die Grube des Objektträgers herum werden zwecks Herstellung eines dichten Verschlusses durch das aufgelegte Deckglas einzelne Tropfen von Vaselinöl oder eine Mischung von Vaselinöl mit etwas Vaselin, welche durch Erwärmen in einer Schale dünnflüssig gemacht wird, mit einem Pinsel aufgetragen; besser wird der ganze Umkreis der Grube bestrichen.

Beim Auftragen des Vaselinöles ist Maß zu halten. Bei einem Überschuß rutscht das Deckglas, und es wird hierdurch die Grube des Objektträgers geöffnet. Bei einem Mangel an Vaselinöl tritt leicht Luft in jene ein. Der Vaselinölring muß frei von Luftblasen sein.

In die Grube wird ein Tropfen sterilen Wassers oder Hefenwassers, in welchem die zu prüfende Hefe verteilt ist, mittels einer sterilen Pipette gebracht. Der Flüssigkeitstropfen muß richtig bemessen werden; ist er zu klein, so bildet sich beim seitlichen Hereinschieben des Deckglases eine Luftblase. Durch Nachfüllen mit der Pipette vor der völligen Bedeckung der Grube mittels des Deckglases läßt sich dieser Übelstand beseitigen. Etwas schwieriger ist es, die einzelnen Hefen selbst anhaftende Luft zu entfernen, doch gelingt dies, wenn die Einsaat gut mit der Flüssigkeit vermischt wird.

Ein größerer Überschuß von Flüssigkeit in der Grube ist zu vermeiden. Die am Boden der Grube angesammelten Zellen werden bei einem Übermaß von Flüssigkeit beim Hereinschieben des Deckglases leicht wieder aufgerührt und kommen

---

[1] Sehr geeignet sind hierzu nach unseren langjährigen Erfahrungen mit einem besonderen Lack überzogene Pappscheiben, welche als Unterlagen für heiße Gegenstände im Handel zu erhalten sind.

dann teilweise mit der Flüssigkeit zwischen das Deckglas und den Objektträger zu liegen. Beim Verdunsten dieser Flüssigkeit oder bei der Vergärung des Zuckers kann Luft eingezogen werden. Überschüssige Flüssigkeit wird mit sterilem Filtrierpapier entfernt.

Von dem pulverisierten Zucker wird ohne vorausgegangene Sterilisation eine kleine Menge mittels eines an einem Ende spatelartig breitgeklopften Platindrahtes in die Flüssigkeit der Grube eingetragen und gut mit jener vermengt. Ein Zuviel wie ein Zuwenig an Zucker ist von Nachteil. Die Erfahrung lehrt bald, das richtige Maß einzuhalten.

Zur Kontrolle werden Kulturen ohne Zuckerzusatz angefertigt.

Zum Verschluß der Grube wird das mehrmals durch die Flamme gezogene Deckglas nach dem Erkalten von der breiten Seite des Objektträgers her über die Grube geschoben. Kleine Tröpfchen von Vaselinöl, welche hierbei in die Grube gelangen können, stören die Gärung nicht.

Die zu prüfenden Hefen werden in großer Menge mittels Strichkulturen auf 10proz. Würzegelatine hergezüchtet. Zur Anfertigung von Strichkulturen wird die bei 35° C verflüssigte Gelatine in Mengen von 10 ccm auf sterile, mit keimfreier Watte verschlossene Reagenzgläser verteilt, welche mit ihrem oberen Ende etwas erhöht hingelegt werden. Die beim Erkalten fest gewordene Gelatine bietet dann eine lange, schräge Fläche dar. Über diese wird mit einem ausgeglühten Platindraht gestrichen, welcher in eine junge Flüssigkeitskultur der betreffenden Hefe eingetaucht war. Von dem nicht zu alten Hefenbelag, der sich mit der Zeit entwickelt hat, wird mit der sterilen Platinöse eine etwa erbsengroße Menge entnommen und in 10 ccm sterilen Wassers oder Hefenwassers in Freudenreichkölbchen verteilt. Von hier aus überträgt man die Mischung mittels der Pipette in die Grube. Bei der Entnahme der Hefe von der Gelatine ist eine Vermischung mit dieser sorgfältig zu vermeiden.

Die Kulturen werden zu 25° C gebracht und von Zeit zu Zeit kontrolliert. Bei Vergärung des Zuckers ist die Grube von Gasblasen erfüllt, deren Umfang unter Berücksichtigung der

Zeit einen Rückschluß auf die Lebhaftigkeit, mit welcher die Zuckerart vergoren wird, gestattet. Zum Nachweis, daß die Gasblasen zum größten Teil aus Kohlensäure bestehen, läßt man seitlich einige Tropfen Kali- oder Natronlauge zufließen; die Kohlensäure wird sofort aufgenommen und schrumpfen dementsprechend die Blasen. Wenn keine Gärungserscheinungen äußerlich sichtbar sind, so empfiehlt es sich, den Objektträger über einer Sparflamme schwach zu erwärmen. War eine, wenn auch nur schwache Gärung eingetreten, so werden Kohlensäurebläschen aus der Flüssigkeit entbunden.

Der **Verlauf der Gärung** ist je nach der **Vermehrungs- und Gärungsenergie** der Hefenarten ein verschiedener; es können rasch und langsam sich vermehrende und vergärende Arten unterschieden werden.

In engem Zusammenhang mit dem Verhalten der Hefen gegenüber den Zuckern und mit dem **Gärvermögen** steht der Vergärungsgrad, welcher unter den gleichen Bedingungen durch verschiedene Hefenarten innerhalb der gleichen Zeit in zuckerhaltigen Nährflüssigkeiten erreicht wird. Der Einfluß der Luft, die erzeugte Alkoholmenge und anderes mehr spielen dabei ebenfalls eine Rolle. Als Vertreter von Hefen mit verschieden hohem Vergärungsgrade wurden bestimmte Arten aufgestellt. »Hefe Saaz« ist der Typus der niedrig vergärenden, »Hefe Frohberg« der Typus der hochvergärenden Hefen. Der Typus »Hefe Logos« umfaßt alle diejenigen Hefenarten, welche noch höher als Hefe Frohberg vergären. Sie vergären nicht nur Zucker, sondern greifen auch Dextrin an. Als Verbindungsglieder zwischen diesen »Grundtypen« wurden noch andere Typen aufgestellt.

Manche Hefen »klären« rasch, d. h. sie werden nicht lange in Schwebe gehalten, sondern sinken bald zu Boden, nachdem sie sich zu größeren oder kleineren Klumpen zusammengeballt haben (»Bruchhefen«). Andere verhalten sich umgekehrt; sie bleiben in der Nährflüssigkeit lange fein verteilt (»Staubhefen«). Dementsprechend sind rasch und leicht klärende gegenüber langsam und schwer klärenden Hefen zu unterscheiden. Die Art und Weise, wie sich die Hefen im Kulturgefäß absetzen, die Beschaffenheit der Oberfläche

des Hefenabsatzes sind für ihre Charakterisierung brauchbar.
— Auch andere physiologische Arbeitsleistungen als die Vergärung von Zucker sowie die dabei auftretenden Erscheinungen
und andere physiologische Eigenschaften bieten gute Unterscheidungsmerkmale für größere Gruppen von Hefen.

Die für das gesamte Hefenleben günstigsten Temperaturen
lassen **Kalt-** und **Warmhefen** unterscheiden. Die Grenz-
temperaturen für die Sprossung, die verschiedene Widerstandsfähigkeit gegenüber höheren Temperaturen unter den
gleichen und verschiedenen Bedingungen, das Sauerstoffbe-
dürfnis, das Verhalten gegenüber Giften geben zur Gruppierung
bzw. zur Unterscheidung der Arten Veranlassung. Bemerkenswert ist die Wirkung der Weinsäure.

Bei der Hefenanalyse wird von einer 4 proz. Weinsäurelösung in 10 proz. Saccharoselösung ausgiebiger Gebrauch gemacht, der sich darauf gründet, daß die Kulturhefen viel
weniger widerstandsfähig gegen diese Säurelösung sind als
die wilden Hefen, Mykoderma- und Torulaarten, insbesondere
die Apiculatusformen, sowie Schimmelpilze. Sie ist ein ungemein wertvolles Hilfsmittel, um selbst sehr geringe Mengen
von den genannten Organismen neben der Kulturhefe nachzuweisen. Nach Überführung der 48 Stunden bei 25 °C in der
Säurelösung gehaltenen Hefe in Bierwürze sind die wilden Hefen
in der Entwicklung begünstigt und häufen sich an, so daß
sie leicht durch die Sporenkultur nachgewiesen werden können.

Die Bildung von Enzymen, welche bei der Spaltung und
Vergärung von Zucker sowie bei Lösung von Eiweißkörpern usw.
wirksam sind, ist einer der beständigsten Artcharaktere.

Kurz, die Eigenschaften und Erscheinungen, welche vom
wissenschaftlichen wie vom praktischen Standpunkt aus zur
Gruppierung und Charakterisierung und damit zur Unterscheidung der Hefenarten benutzt werden können, sind zahlreich und mannigfacher Art. Für den Gesichtspunkt jedoch,
welcher hier ins Auge gefaßt ist, insbesondere für die Hefenanalyse, kommen nur wenige in Betracht. In den meisten
Fällen handelt es sich, abgesehen von einer Verunreinigung
mit Bakterien und anderen Organismen, darum, möglichst
rasch eine Entscheidung darüber zu treffen, ob Krankheits-

hefen gegenwärtig sind oder welcher Gruppe die ein Bier trübenden Hefen zugehören. Im folgenden soll noch eine Reihe von Merkmalen, die für die Unterscheidung der Gruppe der Kulturhefen und der wilden Hefen, sowie der einzelnen Arten überhaupt, in Frage kommen und bei der Hefenanalyse sowie bei der Untersuchung von Bier in erster Linie Verwendung finden können, zusammengestellt und eingehender besprochen werden. Abgesehen von der Sporenbildung ist damit aber auch gleichzeitig die Richtlinie gezeichnet, welche bei der Feststellung der Artcharaktere von Torula- und Mykoderma-Arten und anderen Sproßpilzen einzuhalten ist.

Die wichtigsten morphologischen und physiologischen Merkmale für die Unterscheidung der Gruppe der Kulturhefen und der wilden Hefen sowie der Hefenarten und der übrigen Sproßpilze überhaupt.

I. Die Form und Größe der Zellen bietet kein durchgreifendes Unterscheidungsmerkmal.

Die Form und Größe der Kulturhefenzellen bleibt bei der vegetativen Vermehrung unter normalen Bedingungen annähernd gleich, ist jedoch je nach der chemischen Zusammensetzung der Nährflüssigkeit, der Temperatur, der Abstammung und bei der Berührung mit viel Luft sehr veränderlich. Bei den wilden Hefen wechselt die Größe und Formgestaltung der Zellen in noch viel höherem Grade als bei den Kulturhefen. In beiden Gruppen kehren die gleichen Zellformen wieder; immerhin sind für einzelne Arten sowohl der Kulturhefen wie der wilden Hefen gewisse Zellformen charakteristisch und können bei deren Beschreibung verwertet werden. Für die Analyse eines Hefengemisches sind jedoch diese Merkmale, wenigstens nicht für sich allein, zur Unterscheidung der beiden großen Hefengruppen nicht verwendbar. Es würde ein vollständig verfehltes Beginnen sein, etwa sämtliche Zellen von

gleicher Form, beispielsweise alle langgestreckten wurstförmigen
und solche von gleicher Größe, als einer einzigen Art zugehörig auszuscheiden und sie in Gegensatz zu denjenigen zu
stellen, welche bei ungefähr gleicher Größe kugelförmig sind,
ellipsoidische oder ovoidische Form besitzen. Ferner würde
es ein Irrtum sein, wenn man etwa sämtliche größeren kugelförmigen oder ellipsoidischen Zellen als den Kulturhefenarten

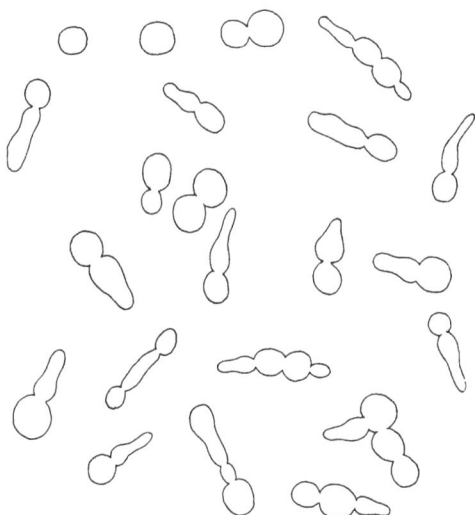

Fig. 25.
Formveränderungen der Zellen von untergäriger Bierhefe infolge ungünstiger
Ernährung. Vergr. 540 : 1.

zugehörig betrachten würde und sämtliche kleineren Zellen der
gleichen Form als Vertreter von wilden Arten. Gleichwohl
gewährt schon die einfache mikroskopische Untersuchung
ein bestimmtes, fast an völlige Sicherheit grenzendes Urteil
darüber, ob in einem Hefengemisch Kultur- und wilde Hefe,
Mykoderma und Torula vorhanden ist oder nicht, wenn
neben der Form und der Größe der Zellen auch die Beschaffenheit und der Aufbau des Zellinhaltes mit in Betracht gezogen wird. Zellen, welche dem ungeübten Auge gleich zu
sein scheinen, zeigen oft dem geübten feine Unterschiede in

der Form, im Lichtbrechungsvermögen des Zellinhaltes, durch
eine gewisse regelmäßige Lage der Vakuolen, durch die\
Gegenwart von 1—3 Granulis an bestimmten Orten innerhalb
des Plasmas der Zellen oder in den Vakuolen, durch eine
sehr starke Zellhaut — Sporen (Konidien) vom Milchschimmel,
Oidium lactis, welche im übrigen den Hefen ähnliche Formen besitzen können. Alle diese Zellen werden mindestens verdächtig
erscheinen, daß sie der Bierhefe fremd sind. Kugelförmige
oder ellipsoidische Zellen mit blassem Inhalt und einem stark
lichtbrechenden Körperchen weisen meist auf die Gegenwart
von Torulaarten hin, gestreckte Zellen mit einer oder zwei
Vakuolen und mehreren Granulis in dem schwach lichtbrechenden Plasma auf Mykoderma und ähnliche Sproßpilze.
Manche Zellen besitzen bei Abwesenheit von Granulis ein
stärkeres Lichtbrechungsvermögen und einen gewissen Glanz;
sie deuten im Zusammenhalt mit anderen Merkmalen, welche
an den übrigen Zellen sichtbar sind, in der Regel auf die
Gegenwart von wilder Hefe hin. Zellen, welche, zu größeren
Nestern oder in ausgedehnten Sproßverbänden vereinigt, sich
durch ihre Form oder Größe oder durch die Beschaffenheit
ihres Zellinhaltes von der Hauptmasse der Hefe abheben, sind
ebenfalls ein sicheres Anzeichen für eine Verunreinigung. Die
Apiculatusarten werden an der zitronenförmigen Gestalt der
Zellen erkannt, jedoch muß man sich vergegenwärtigen, daß
die Zellen auch dieses Sproßpilzes in der Form variieren und
daß auch bei anderen gelegentlich einmal an beiden Polen
zugespitzte, also zitronenförmige Zellen vorkommen.

Ungleichmäßigkeiten in der Form und Größe der Zellen
der Bierhefe selbst, wie sie als Art- oder Rasseneigentümlich-
keiten oder als Folge von Ernährungsstörungen oder anderer
ungünstiger Einflüsse vorkommen, beeinträchtigen das Urteil,
welches aus der mikroskopischen Untersuchung zu gewinnen
ist. Bei einzelnen Kulturhefen scheinen außerdem gegen
Schluß der Hauptgärung Zellen der Hautgeneration (s. S. 104)
erzeugt zu werden, welche eine gewisse Ähnlichkeit mit wilder
Hefe besitzen.

Im allgemeinen kann aber wohl gesagt werden, daß ein
geschultes Auge schon durch das mikroskopische Bild ein

Urteil darüber gewinnt, ob neben der Kulturhefe auch wilde
Hefen und andere Sproßpilze vorhanden sind.

2. Die Wachstumsform der Kolonien auf festen Nährböden (Plattenkulturen) in Einzellkulturen ist nur innerhalb gewisser Grenzen zur Unterscheidung der beiden Gruppen, der Kultur- und der wilden Hefen, brauchbar.

Hinsichtlich des Wachstums auf festen Nährböden in
Einzellkulturen, bei welchen also eine einzelne Zelle den
Ausgangspunkt der Kolonien bildet, können drei Grundformen
oder Typen unterschieden werden.

Als regelmäßige Kolonien (Typus I) werden diejenigen
bezeichnet, welche Linsen-, Kugel- oder Halbkugel- oder selbst
Zapfenform besitzen. Letztere Form tritt dann auf, wenn
die anfangs in die Gelatine nahe der Oberfläche eingebetteten
Kolonien über die Gelatineoberfläche hervorbrechen. Bei
zapfenförmigen Kolonien ist zuweilen die Spitze hakenförmig
umgebogen. Auf der Oberfläche des Nährbodens sind die
Kolonien in der Regel mehr oder weniger flach ausgebreitet,
halbkugel- oder kugelförmig. Die Umgrenzung der regelmäßigen Kolonien zeigt nur diejenigen Unebenheiten und
Einbuchtungen, welche bei der Aneinanderlagerung von rundlichen Körpern immer entstehen (»Maulbeerform«). Bei den
unregelmäßigen Kolonien mit regelmäßigem Kern
(Typus II) ist ein mehr oder weniger regelmäßiger Kern wie
beim I. Typus vorhanden, jedoch ragen hier Sproßverbände
über seinen Rand hervor. Der Entwicklungsgrad, welchen
jene erreichen, ebenso die Form der Zellen, welche sie zusammensetzen, kann sehr verschieden sein. Sind die Sproßverbände zu größeren Bündeln vereinigt und brechen dann
nur an einer Stelle hervor, so entsteht die »platzende Bombe«,
wenn an mehreren, die »Polypenform«. Der regelmäßige Kern
kann auch von einem Strahlenkranz ausgedehnter Sproßverbände umgeben sein. Der III. Wachstumstypus ist völlig unregelmäßig. Die aus den eingesäten Mutterzellen hervorgesproßten
Tochterzellen schmiegen sich hier nicht wie beim I. und II.

6 *

der Mutterzelle dicht an, sondern diese entsendet schon von
Anfang an nach den verschiedensten Richtungen hin Sproßverbände, so daß die jugendliche Kolonie nur aus einem oder
mehreren von der Mutterzelle ausstrahlenden Sproßverbänden
besteht. Wenn sich auch in einem späteren Zeitpunkt der

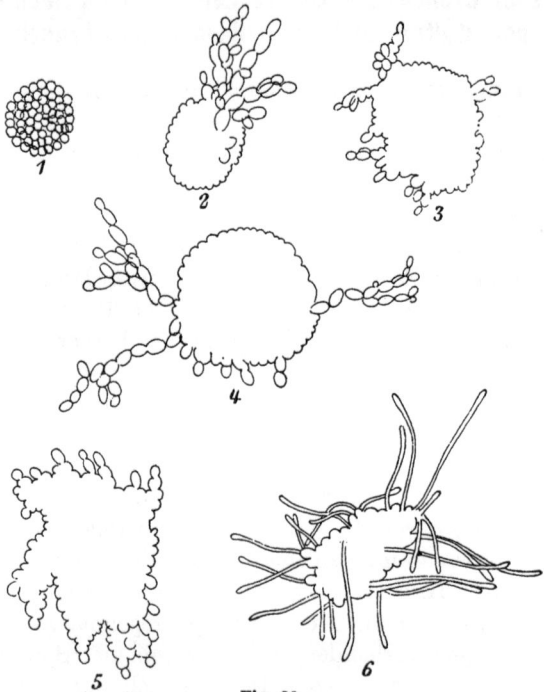

Fig. 26.
Wachstumstypen von Einzellkulturen.
1 regelmäßige Wachstumsform: Typus I, 2—4 unregelmäßige Wachstumsform
mit regelmäßigem Kern: Typus II, 2 Wachstumsform »platzende Bombe«, 5 und 6
völlig unregelmäßige Wachstumsform: Typus III.
Vergr. 320 : 1.

Entwicklung sowohl in der zentralen Partie neugebildete
Zellen der Sproßverbände einlagern, als auch an den über-
ragenden Enden der Sproßverbände sich solche angehäuft
haben, so findet doch niemals eine Ausgleichung und Abrundung der Kolonien statt.

Die Kulturhefen wachsen in der Regel nach dem I., die wilden Hefen vielfach nach dem III. Typus. Entstehen, wie oben bemerkt, bei den Kulturhefen gegen Schluß der Hauptgärung Zellen der Hautgeneration, so nehmen deren Kolonien den II. oder III. Typus an.

Umgekehrt kann bei den wilden Hefen der Wachstumstypus I auftreten.

Zuweilen erscheint bei den Kultur- und wilden Hefen eine gemischte Wachstumsform.

Die Wachstumsform der Kulturhefen ist nicht von der Form der Mutterzelle an sich abhängig, sondern von ihrer Qualität, von der Stellung, welche sie im Entwicklungskreis der Hefenart einnimmt. (Vergl. Hautbildung.) Bei gleicher Form der Mutterzellen können trotzdem die aus diesen hervorgehenden Kolonien in Folge verschiedener Qualität sehr ungleich sein, während umgekehrt verschiedene Zellformen von gleicher Qualität Kolonien vom gleichen Wachstumstypus erzeugen können. Ähnliche Gesetzmäßigkeiten bestehen wahrscheinlich auch bei den wilden Hefen; exakte Untersuchungen nach dieser Richtung liegen noch nicht vor. Die gemischte Wachstumsform einer Hefenart erklärt sich also durch die Gegenwart von Zellen von verschiedenen »Generationen«, welche verschiedene Entwicklungszustände der Hefenart darstellen.

Zu berücksichtigen ist noch, daß bei den Kulturhefen die ursprüngliche Wachstumsform der Kolonien der Einzellkulturen nicht beibehalten wird; sie unterliegen vielmehr mit zunehmendem Alter unter bestimmten äußeren Verhältnissen sehr weit umfassenden Veränderungen, indem sie sehr häufig weit ausgedehnte Sproßverbände von Zellen, deren Form und Größe in den einzelnen Abschnitten des »Auswachsens« der Kolonien eine verschiedene ist, nach allen Richtungen hin aussenden. Diese Veränderungen treten jedoch in der Regel erst nach längerer Zeit auf, brauchen also für den vorliegenden Zweck nicht weiter in Betracht gezogen zu werden. Bemerkt sei jedoch, daß das Auswachsen in zwei Phasen erfolgt. Die erste ist dadurch gekennzeichnet, daß in der Regel das Auswachsen nur mit ovalen oder rundlichen Zellen geschieht

während in der zweiten fast ausschließlich wurstförmige oder
mycelfadenförmige, überhaupt mehr oder weniger gestreckte
Zellen zum Vorschein kommen. Es besteht also ein Paral-
lelismus zwischen dem Auswachsen der Kolonien auf festem,
und der Hautbildung auf flüssigem Nährboden.

So durchgreifend sind also die Unterschiede in der Wachstumsform zwischen Kultur- und wilden Hefen nicht, daß sie
völlig sicheren Anhaltspunkt geben, immerhin läßt sie sich
im Zusammenhalt mit anderen Erscheinungen mit zur Unterscheidung der Arten heranziehen. Jedenfalls können nur
völlig gleichwertige Kulturen miteinander verglichen werden.
Für analytische Zwecke ist die Wachstumsform der Hefen in
Einzellkulturen kaum verwertbar.

Die Kolonien der Kulturhefen erscheinen im durch-
fallenden Licht unter dem Mikroskop im allgemeinen dunkler
als diejenigen der wilden Hefen. Diese Erscheinung ist darauf zurückzuführen, daß die Zellen der Kulturhefe sehr viele
Granula enthalten, während bei den wilden Hefen der Zellinhalt gleichmäßiger beschaffen ist.

**3. Die Wachstumserscheinungen der Kolonien in kleinen
Tröpfchen Nährflüssigkeit („Tröpfchenkultur" oder „Feder-
strichkultur" nach P. Lindner) in Verbindung mit der Be-
schaffenheit des Zellinhaltes bieten insbesondere für die
Hefenanalyse wertvolle Unterscheidungsmerkmale für die
Kultur- und wilden Hefen sowie für die verschiedenen
Gruppen der Sproßpilze überhaupt dar.**

Wenn die Kulturen gegen stärkere Erschütterung geschützt
in horizontaler Lage aufbewahrt werden, so bleiben die einzelnen Zellen an der Stelle, an welcher sie beim Auftragen der
Tröpfchen zu liegen kamen, und sprossen dort aus. Früher
oder später, je nach der Temperatur, bei welcher die Kulturen
gehalten werden, und je nach der Zahl der ausgesäten Zellen
findet sich eine mehr oder weniger reiche Nachkommenschaft
vor. Selbst dann, wenn die Zellen verschiedener Sproßpilze
nahe beieinander liegen, vermischen sich die aus ihnen hervorgehenden Kolonien entweder überhaupt nicht oder nur

wenig. Darin liegt der Angelpunkt der Methode der Tröpfchenkultur. Die einzelnen Kolonien können also durch das verschiedene Aussehen, eine Folge ihrer eigenartigen Wachstums-
weise oder einer Umhüllung der sie zusammensetzenden
Zellen mit Luft und der Beschaffenheit des Zellinhaltes, aus-
einandergehalten werden.

Im Gegensatz zu den in festen Nährböden wachsenden
Kolonien ordnen sich die Zellen mehr in der Fläche an und
fast jede bleibt mit ihrem charakteristischen Aufbau, wie er
auch in anderen Kulturen in die Erscheinung tritt, kenntlich.

Schon am zweiten Tage lassen die bei Zimmertemperatur
liegenden Kulturen bei 50 facher Vergrößerung im durchfal-
lenden Licht unter dem Mikroskop Unterschiede an den mehr
oder minder herangewachsenen Kolonien in der Weise erkennen, daß einzelne von ihnen in ihrer ganzen Ausdehnung
tiefe, andere dagegen schwächere Schatten zeigen; diese Kolonien erscheinen also jenen gegenüber blaß. Bei 250—300 facher
Vergrößerung erkennt man, daß an den Stellen mit tieferem
Schatten sich in der Regel große Hefenzellen, welche meist zu
Sproßverbänden vereinigt sind und dichtere Haufen bilden,
befinden. Fallen die Sproßverbände auseinander, so bleiben
die Zellen gleichwohl durch Verschleimung der Zellhaut miteinander verbunden. Ihr Inhalt zeichnet sich durch seinen
großen Reichtum an Körnchen, die Ursache der tieferen Schatten-
bildung, aus. Die Zellen tragen also alle Merkmale von
Kulturhefe, insbesondere von untergäriger, an sich.

In den blasseren Kolonien mit ausgebreiteten, gut über-
sehbaren oder ziemlich dichten Sproßverbänden befinden
sich dagegen in der Regel entweder kleinere Zellen von sehr
verschiedener Form oder sehr langgestreckte, deren von
großen Vakuolen durchsetztes Plasma entweder überhaupt
keine oder nur sehr wenige Granula enthält. Diese Kolonien gehören, soweit nicht gewisse Erscheinungen den Zellen
ein bestimmtes Gepräge verleihen, wilden Hefenarten an.
Nach 3—4 Tagen erhalten die wilden Hefen infolge des
Auftretens einer größeren Anzahl, in einzelnen Fällen sogar
von reichlichen Mengen von Granulis im Plasma häufig eine
gewisse Ähnlichkeit mit Kulturhefe. *Sacch. turbidans* Hansen,

ein Bierschädling, ist selbst bei 250—300facher Vergrößerung schon nach 24 Stunden infolge seines ziemlich stark
gekörnten Zellinhaltes oft nicht ohne Schwierigkeit als
wilde Hefe zu deuten. Anderseits sind einzelne Arten von

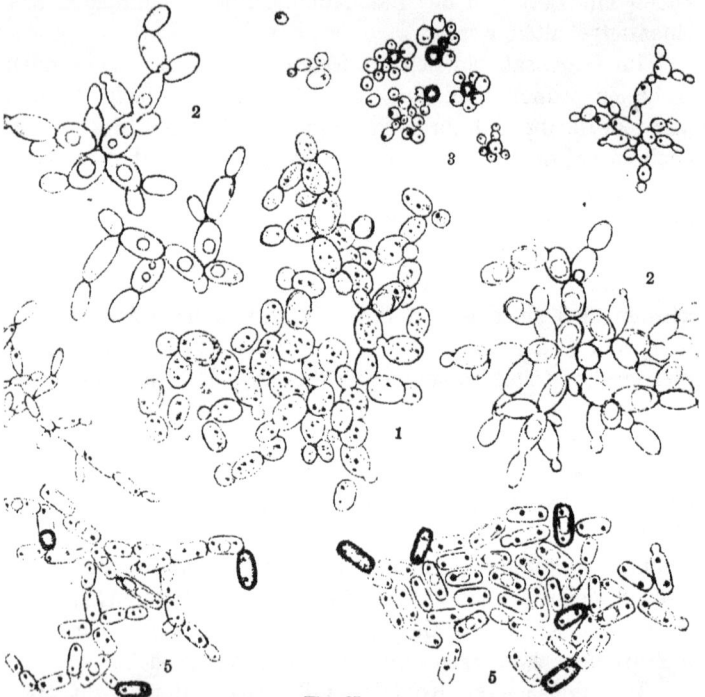

Fig. 27.

Wachstumsformen und Wachstumserscheinungen in Tröpfchenkulturen (gehopfte
Bierwürze). 1 Kulturhefe (untergärige Bierhefe), 2 Wilde Hefe, 3 und 4 zwei
Arten von Torula, die stärker umrandeten Zellen mit Lufthülle, 5 Mykoderma,
die stärker umrandeten Zellen mit Lufthülle.
Vergr. 590 : 1.

untergäriger Bierhefe mit großen Vakuolen sehr arm an
Körnchen, jedoch wird hier nach der Zellform und der Art,
wie sich die Kolonien aufbauen, der Eindruck von Kulturhefe verstärkt; gleichwohl ist die Entscheidung, ob Kultur-
oder wilde Hefe, hier sehr schwierig. Der Reichtum oder
Mangel an Körnchen innerhalb des Plasmas steht sehr wahr-

scheinlich mit der Glykogenbildung überhaupt und mit der aufgespeicherten Menge dieses Reservestoffes in der Zelle in Beziehung.

Im Gegensatz zu den Zellen der Kulturhefe lösen sich diejenigen der wilden Hefen, insbesondere bei Erschütterungen, sehr leicht aus dem Sproßverband los, und es breiten sich dann die Kolonien noch weiter aus, was auch teilweise mitwirkt, ihre Kolonien blasser erscheinen zu lassen. Ähnliche Erscheinungen treten zwar zuweilen auch bei Kulturhefe auf, wenn gewisse untergärige Bierhefen in weit ausgebreiteten Sproßverbänden wie wilde Hefen wachsen, aber in diesem Falle ist an der Beschaffenheit des Zellinhaltes die Zugehörigkeit dieser Zellen zu Kulturhefe, wenn auch manchmal nicht ohne Schwierigkeit, zu erkennen.

Durch Versuche mit verschiedenen Arten von Kultur- und wilder Hefe konnte festgestellt werden, daß, wenn die Tiefe des Schattens der Kolonien allein in Betracht gezogen wird, eine Unterscheidung zwischen Kultur- und wilder Hefe nicht in allen Fällen möglich ist. Beispielsweise zeigen *Sacch. ellipsoideus* Hansen ebenso wie *Sacch. validus* Hansen die gleiche Schattentiefe wie Kulturhefe. Die Unterscheidung ist für *Sacch. validus* bei schwacher Vergrößerung nur dadurch ermöglicht, daß diese Hefe durch die Wachstumsform in weit ausgebreiteten Sproßverbänden kenntlich ist. Außerdem kann die Schattentiefe der Kolonien bei der gleichen Hefenart je nach deren Dichtigkeit schwächer oder stärker sein.

Sowohl bei Kulturhefe als auch insbesondere bei wilder Hefe findet in älteren Tröpfchenkulturen zuweilen Sporenbildung statt.

Die Kolonien der Mykodermaarten sind bis zu einem gewissen Grad denjenigen der wilden Hefen ähnlich, unterscheiden sich jedoch von ihnen gut durch die sparrige Wuchsform der weitausgedehnten Sproßverbände und die charakteristische Zellform. Der Unterschied wird noch schärfer, wenn in den älteren Zellen 1—3 Ölkörperchen im Plasma an bestimmten Stellen auftreten. Das Plasma ist gleichmäßig, es enthält eine oder mehrere große Vakuolen. Nach dem Zerfall der Sproßverbände lagern die Zellen häufig mehr oder weniger parallel strichweise nebeneinander. Die Mykodermaarten sind luftliebend und wachsen daher meist nahe der Oberfläche des Tröpfchens. Einzelne Zellen oder größere Sproßverbände wölben diese empor, andere ziehen sie nach innen. Diese Zellen und Sproßverbände fallen durch breite dunkle Konturen und ihren Glanz auf; sie sind von einer Lufthülle umgeben. Andere wachsen auf dem Deckglas über den Rand des Tröpfchens hinaus, viel Flüssigkeit mit sich ziehend.

Die Williaarten wachsen in ähnlicher Weise wie die Mykodermaarten; die Unterschiede sind sehr gering. In unbekannten Gemischen ist der Nachweis von Arten jener Gattung nur durch die Sporenbildung zu erbringen.

Die kugelförmigen bis ellipsoidischen Torulazellen, welche bei einigen Arten so groß wie Bierhefenzellen sind, vermehren sich in den Tröpfchen im allgemeinen ziemlich rasch. Sie bilden anfangs mehr oder weniger dichte, unregelmäßige Haufen, deren Rand da und dort ein Sproßverband überragt. Die Zellen befinden sich anfangs noch in Sproßverbänden. Früher oder später zerfallen diese, und die dichten Zellenhaufen zerfließen vom Rand aus und breiten sich weit aus. Dabei kommen häufig R i e s e n z e l l e n, das heißt Zellen, welche die durchschnittliche Größe der Zellen um das Mehrfache überragen, zum Vorschein. Bei einigen Arten treten einzelne Partien der Haufen und später auch einzelne Zellen und Sproßverbände schärfer hervor, da sie Luft zwischen sich einschließen bzw. die Zellen von einer Lufthülle umgeben sind. Die Kolonien erhalten hierdurch, wie diejenigen von Mykoderma und Willia, ein besonderes Gepräge. Hierzu kommt noch, daß im Plasma ein oder mehrere stark lichtbrechende Körperchen (Ölkörperchen) von verschiedener Größe, in ähnlicher Weise wie bei Mykoderma, mit zunehmendem Alter der Zellen immer schärfer hervortreten. Die Ölkörperchen können auch fehlen; damit ist aber die Möglichkeit gegeben, die Torulakolonien mit solchen von wilder Hefe zu verwechseln. In den Vakuolen kommen zuweilen kristallähnliche und stark lichtbrechende Gebilde vor, welche sich in lebhafter Bewegung befinden. In älteren Zellen wird der Inhalt öfters krümelig und zart gekörnt oder es treten zahlreiche kleine Öltröpfchen oder

nur ein einziger großer Tropfen auf. Im übrigen ist der Zellinhalt gleichmäßig und blaß; er schließt häufig eine einzige
große Vakuole ein. Während in den zerfließenden Kolonien der
meisten Arten die Zellen dicht nebeneinander liegen, erscheinen
sie bei einigen durch Zwischenräume getrennt, die von Schleim
erfüllt sind. Die Schleimbildung geht manchmal soweit, daß
die Kolonien fadenziehend werden. Sie erhalten hierdurch ein
eigentümliches glasiges Aussehen. Die Verschleimung kann
von der Zellhaut ausgehen, und es ist dann diese nicht deutlich
sichtbar. Gewöhnlich sind die Zellen jedoch mit einer scharf
begrenzten Haut von verschiedener Stärke umgeben. Zuweilen
erfolgt die Ablösung einer äußeren Hautschicht. Die Sprossung
erfolgt in verschiedener Weise. Charakteristisch ist einmal
die Sprossung in Reihen und dann die sogenannte Kronenbildung. Bei jener bilden die Sproßgenerationen einreihige,
unverzweigte Ketten, wodurch die Verbände ein steifes, spar-
riges Aussehen erhalten. Die Glieder einer Kette nehmen
meist an Größe ab. Die Kronenbildung entsteht durch das
kurz aufeinander erfolgende Aussprossen an einer eng begrenzten Fläche der Mutterzelle; öfters befinden sich fünf und
mehr nahezu gleichgroße Zellen nebeneinander. Im übrigen
geht die Sprossung wie bei den Saccharomyceten vor sich.
Das Lichtbrechungsvermögen der Kolonien ist ein viel geringeres als bei den Kolonien der Kulturhefe und selbst der
wilden Hefen; sie sind im allgemeinen sehr blaß. Immerhin
bestehen auch hier gewisse Abstufungen.

Die zweite Gruppe der Torulaarten bildet auch ausgedehnte
und festzusammenhängende Sproßverbände langgestreckter
Zellen oder lange mycelartige Reihen von Zellen mit sehr
geringer seitlicher Verzweigung durch gedrungenere, kürzere
oder längere Zellen, oder jene erzeugen in größerer Zahl kugelförmige oder ellipsoidische typische Torulazellen an den Enden
der langgestreckten Stammglieder. Die Kolonien haben eine
gewisse Ähnlichkeit mit denjenigen mancher wilden Hefen
oder Mykodermaarten, unterscheiden sich jedoch von jenen,
abgesehen von der besonderen Wuchsform, durch ihr ungemein geringes Lichtbrechungsvermögen; sie sind sehr blaß,
zuweilen bei schwacher Vergrößerung kaum sichtbar.

Der größere Formenkreis der Torulaarten bedingt also eine viel größere Mannigfaltigkeit der Erscheinungen, welche auch die Erkennung der zu ihm gehörigen Arten wesentlich erleichtert.

Die Apiculatusarten sind auch in den Tröpfchenkulturen an der charakteristischen Zitronenform der Zellen leicht erkennbar. Die Kolonien sind meist flach ausgebreitet. Die Zellen enthalten große Vakuolen und in der Regel ein, zuweilen auch zwei starklichtbrechende Körperchen im Plasma. Einzelne Zellen werden abnorm groß (Riesenzellen) oder mißgestaltet; manchmal gleichen sie völlig den Zellen der ersten Untergruppe der Torulaceen.

Dichtere Kolonien von abgestorbenen Zellen sind nach ihrer Schattentiefe mit Kulturhefenkolonien leicht zu verwechseln, im übrigen ist die Schattentiefe von Kolonien toter Zellen sehr gering.

Es kommt vor, daß die Tröpfchen entweder infolge nicht genügender Feuchtigkeit in der Kammer oder zu langsamen Auftragens der Tröpfchen eintrocknen. In eintrocknenden oder eingetrockneten Tröpfchen erscheinen die Zellen glänzend, der Inhalt ist glänzend, gleichmäßig oder teilweise in kugelförmigen Gebilden verdichtet. Vakuolen sind nicht sichtbar. Die Umrisse der Zellen sind breit, dunkel.

Die Wachstumserscheinungen der für den Brauereibetrieb in Betracht kommenden Sproßpilze bieten also wertvolle Unterscheidungsmerkmale für die verschiedenen Gruppen dar. Aus der vorausgegangenen Erörterung ergibt sich aber, daß die Deutung der einzelnen Bilder durchaus nicht so einfacher Natur ist und daß auch hier nur Übung und Erfahrung Trugschlüsse vermeiden läßt. Von nicht zu unterschätzendem Wert für die richtige Deutung der Bilder ist die gleichmäßige Anwendung derselben schwachen Vergrößerung (250—300 fach).

Ausführung der Tröpfchenkultur. Die Tröpfchenkultur ist, wenn auch der Grundgedanke auf anderem Weg gefunden wurde, im wesentlichen eine modifizierte Tropfenkultur, wie sie in der zweiten Hälfte des vorigen Jahrhunderts von der de Bary schen Schule, insbesondere aber von Brefeld in weitem Umfang zur Untersuchung von Pilzen, insbesondere

aber zur Beobachtung der Entwicklung von einer einzigen
Spore ab, angewendet wurde. Die Pipette oder der Glasstab,
mit welcher der Tropfen Nährflüssigkeit auf den Objektträger
gegeben wurde, ist durch eine Zeichenfeder, durch einen
gespitzten Holzstift und ähnliches ersetzt. Die Tröpfchenkultur
unterscheidet sich von der Tropfenkultur dadurch, daß fast der
ganze Tropfen Nährlösung im Gesichtsfeld übersehen werden
kann.

Zur Ausführung der Tröpfchenkultur wird zweckmäßig
eine größere Anzahl sterilisierter, hohlgeschliffener oder flacher
Objektträger vorrätig gehalten. Die Sterilisation der zu je
zwei oder drei in gutem Filtrierpapier eingewickelten oder lose
in einem Blechkästchen liegenden Objektträger geschieht bei
120° C während einer Stunde im Heißluftsterilisator. Außerdem
können sie auch, wie bei der Kleingärmethode, auf dem Arbeitstisch direkt mit der Flamme sterilisiert werden. Die Deckgläschen von 18 mm Seite werden in Wasser und dann mit
70proz. Alkohol zwischen den Fingern gereinigt, so daß nach
dem Abreiben mit einem sauberen, weichen Leinwandlappen
noch eine Spur von Fett auf dem Glas zurückbleibt. Die
geringe Fettschicht ist notwendig, damit die aufgetragenen
Tröpfchen nicht ineinanderlaufen. Bei direkter Sterilisation
der Deckgläschen durch wiederholtes Durchziehen durch eine
Flamme (»flambieren«) darf also nicht so hoch erhitzt werden,
daß die Fettschicht zerstört wird. Die Deckgläschen können
außerdem in größerer Zahl gleichzeitig wie die Objektträger sterilisiert werden. Die erkalteten Objektträger bereitet man wie bei
der Kleingärmethode durch Bestreichen des Randes der Grube
mit Vaselinöl oder einer Mischung von Vaselin mit Vaselinöl
vor. Bei Verwendung von flachen Objektträgern wird ein
stärkerer, mehr hoch als breiter Ring oder ein Viereck von
der Mischung von Vaselin mit Vaselinöl aufgetragen. Der
Durchmesser des Ringes und der Umfang des Vierecks muß
der Größe des Deckglases entsprechen. Durch Auflegen des
Objektträgers auf eine Schablone von Karton, auf welcher
die Größe des Objektträgers und des Vaselinringes oder Vier-
eckes eingezeichnet ist, gelingt dies in leichter Weise bei sauber-
ster Ausführung.

Zum Auftragen der Tröpfchen eignet sich am besten eine Zeichenfeder, welche an einen direkt in der Flamme sterilisierten Glasstab gesteckt wird. Nach dem Reinigen der Feder und sorgfältigem Abspülen mit Wasser wird sie kurze Zeit in 70proz. Alkohol gelegt, dann an den Glashalter gesteckt und so lange durch eine Flamme gezogen oder in deren Nähe gehalten, bis alle Flüssigkeit verdampft ist. Ein Ausglühen der Feder ist zu vermeiden; man erspart sich hierdurch manche Unannehmlichkeit beim Auftragen der Tröpfchen, und die

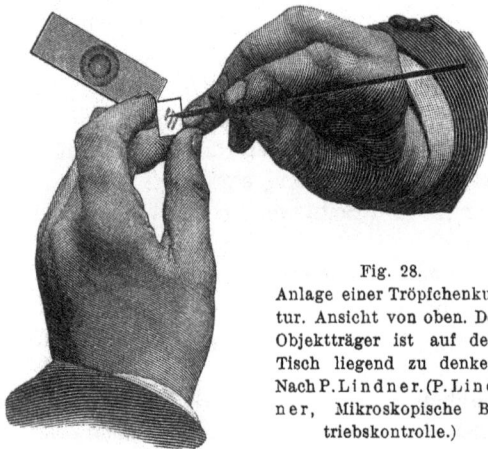

Fig. 28.
Anlage einer Tröpfchenkul-
tur. Ansicht von oben. Der
Objektträger ist auf dem
Tisch liegend zu denken.
Nach P. L i n d n e r. (P. L i n d -
n e r, Mikroskopische Be-
triebskontrolle.)

Feder ist länger zu gebrauchen. Nach jedesmaligem Gebrauch muß sie sofort vom Halter gezogen, sorgfältig mit Wasser, ferner mit 70proz. Alkohol gereinigt und schließlich an der Flamme getrocknet werden. Eine nicht gut gereinigte und nicht sterile Feder kann zu den folgeschwersten Irrtümern führen.

Nach dem Abkühlen taucht man die Feder in die Flüssig-keit, von welcher Tröpfchenkulturen angelegt werden sollen, ein, spritzt einen etwaigen Überschuß aus, erfaßt ein flam-biertes und abgekühltes Deckglas mit der linken Hand und trägt durch kurzes Berühren mit der Feder 30—40 kleine flache Tröpfchen oder Striche in möglichst regelmäßigen Ab-ständen und in mehreren Reihen in der aus der Abbildung

ersichtlichen Weise auf. Bei raschem Arbeiten trocknen die
Tröpfchen nicht ein. Vor dem Auflegen des Deckglases wird
der Objektträger angehaucht. Die geringen Mengen von Kondenswasser genügen als Schutz gegen das Austrocknen. Das
Deckglas wird so aufgelegt, daß ein Eck über den Objektträger hervorragt, wodurch es leicht wieder abgehoben werden
kann. Bei Verwendung einer Mischung von Vaselin mit
Vaselinöl muß das Deckglas zum luftdichten Abschluß der
Grube leicht angedrückt werden. Bei Verwendung von flachen
Objektträgern ist eine nachträgliche Dichtung durch wiederholtes Überstreichen der auf dem Vaselin aufliegenden Deck-
glasränder mit der verflüssigten heißen Mischung von Vorteil.

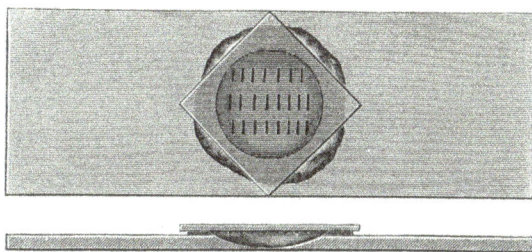

Fig. 29.
Tröpfchenkultur. Die Nährlösung ist in gleichmäßig dünnen
Strichen aufgetragen. Nach P. Lindner. (P. Lindner, Mikro-
skopische Betriebskontrolle.)

Die Flüssigkeiten, mit welchen die Tröpfchenkulturen angelegt werden, sind entweder die natürlichen, wie Bier und
Würze, in welchen sich die auf ihre Wachstumserscheinungen
zu prüfenden Organismen gerade befinden, oder es müssen,
wie bei der Untersuchung von Betriebshefe, erst solche zu-
gesetzt werden. Neben gehopfter Würze kommt nach der
Angabe von Stockhausen steriles destilliertes Wasser und
nach den Versuchen von Bettges endvergorenes Bier zur
Anwendung.
  Von Wichtigkeit ist die Frage nach der Anzahl der Zellen,
welche sich in einem Tröpfchen befinden dürfen, wenn ein
sicheres Urteil gewonnen werden will. Das zu erreichende

schwächt, wenn nicht ganz abgetötet. Einzelne Zellen sterben
ohnedies in den Tröpfchen ab oder ihre Entwicklung ist insofern eine abnorme, als die Tochterzellen schlauchartig werden
oder sonstwie unregelmäßige Formen zeigen. Zuweilen kommt
es auch vor, daß beim Sterilisieren der Feder der in der Hülse
zurückgehaltene Alkohol noch nicht völlig verdampft ist und
sich dann nach dem Eintauchen der Feder mit der zu untersuchenden Flüssigkeit mischt und die Zellen abtötet.

Bei Gegenwart von Bakterien in den Tröpfchen, sei es,
daß sie schon ursprünglich in dem Untersuchungsobjekt vorhanden waren, sei es, daß sie erst nachträglich durch nicht
genügende Vorsicht bei der Arbeit in jene gelangten, werden
durch deren starke Vermehrung und Ausbreitung geschwächte
Hefenzellen in der Entwicklung beeinträchtigt oder völlig be-

Fig. 30.
Rahmen zur Aufbewahrung von Tröpfchenkulturen. Nach P. Lindner.
(P. Lindner, Mikroskopische Betriebskontrolle.)

hindert, ja sogar abgetötet. In gleicher Weise ist die Vermehrung gesunder Hefenzellen gehemmt. Bakterienkolonien
bleiben vielfach auch kompakt beisammen.

Die fertigen Kulturen werden genau bezeichnet, bedeckt
und entweder in den Thermostaten zu 25° C gebracht oder
man läßt sie bei Zimmertemperatur stehen. Für die Aufbewahrung der Tröpfchenkulturen hat P. Lindner besondere
Rahmen angegeben.

Eine andere Frage ist noch von Bedeutung: wann ist
die mikroskopische Durchsicht der Kulturen geboten? Ein
sofortiges Mikroskopieren ist zwar zu empfehlen, aber nicht

unbedingt notwendig. Im allgemeinen muß nach den früheren Auseinandersetzungen als Regel gelten, daß die Untersuchung der Kulturen möglichst frühzeitig, unter Berücksichtigung der Temperatur, bei welcher sie gehalten wurden, und öfters vorzunehmen ist, solange der Unterschied im Aussehen der Kolonien noch scharf hervortritt.

Nach zahlreichen, bei Zimmertemperatur mit Gemischen von Reinkulturen der verschiedensten Arten durchgeführten Versuchen hat sich für die Durchsicht der Kulturen der zweite Tag als wichtig erwiesen, soweit Kultur- und wilde Hefe in Betracht kommen. Beobachtungen wie bei *Sacch. ellipsoideus* Hansen lassen es aber angezeigt erscheinen, auch schon nach 24 Stunden die Kulturen zu durchmustern. Für die Feststellung von Torula und Mykoderma ist ein weiter gelegener Zeitpunkt, der 3. oder 4. Tag, zuweilen selbst ein noch späterer maßgebend.

4. Die Hautbildung.

Eine ganz allgemeine Erscheinung bei den Sproßpilzen ist die Hautbildung, d. h. die Entwicklung auf der Oberfläche der Nährflüssigkeiten. Sie kommt bei den luftliebenden Willia-, Mykoderma- und vielen Torulaarten sofort zustande, die Organismen entwickeln sich ausschließlich oder nahezu ausschließlich auf der Oberfläche der Nährflüssigkeiten; es ist ihre Wuchsform. Die Mehrzahl der Hefen und manche Torulaarten vermehren sich dagegen zunächst mit oder ohne Gärungserscheinungen innerhalb der Nährflüssigkeit, und die Hautbildung tritt erst später ein.

Ebenso wie die Sporenbildung ist auch die Hautentwicklung von bestimmten Bedingungen abhängig.

In erster Linie müssen Zellen infolge einer besonderen Beschaffenheit ihrer Haut (schwere Benetzbarkeit, Verschleimung) oder, wenigstens während der ersten Zeit der Entwicklung, durch Ausscheidungen, welche infolge der Gärung entstehen, auf der Flüssigkeitsoberfläche oder längs deren Rand am Kulturgefäß festgehalten werden. Zweitens müssen die Kulturen sehr ruhig stehen. Schon geringe Erschütterungen geben Veranlassung, daß die auf der Flüssigkeitsoberfläche

7*

Die Hautbildung der meisten Saccharomyceten erfolgt nach Typus II a.

III. Typus. Haut gleichmäßig, schleimig (wenigstens anfangs).

Die Hautbildungen haben für die Analyse insofern Bedeutung, als sie hauptsächlich die Gegenwart von Mykoderma- oder gewissen Torulaarten oder, allerdings in sehr seltenen Fällen, von Williaarten anzeigen. Für die Analyse eines unbekannten Gemenges von Hefen hat dagegen die Oberflächen- vegetation der Saccharomyceten, abgesehen von dem bezeich- neten Falle, keinen Wert. Sie ist aber an sich und in ihrer Ab- hängigkeit von der Temperatur für die Charakterisierung der ein- zelnen Hefenarten sehr wichtig. Sie muß auch aus dem Grunde Beachtung finden, da sie sich häufig auf Kulturen bei längerer Beobachtung zumal dann einstellt, wenn jene wilde Hefen enthalten. Aber auch Kulturhefen, wie Reinkulturen von Bierhefe, überziehen sich verhältnismäßig rasch mit einer Haut. Die Kenntnis der sie zusammensetzenden Zellen ist erforderlich, wenn etwa die Notwendigkeit herantritt, von älteren Kulturen, bei welchen unter diesen Umständen schon die ganze Bodensatzhefe und der größte Teil der Hautzellen abgestorben ist, Abimpfungen zur Herzüchtung von frischer Hefe zu machen. Außerdem ist die Kenntnis der Entwicklungs- geschichte der Hautbildung in Rücksicht auf ein anderes wichtiges Unterscheidungsmerkmal der Hefenarten, die soge- nannten Riesenkolonien, unerläßlich.

Bei den Kultur- und wilden Hefen, von welchen die Entwicklungsgeschichte der Hautvegetationen näher bekannt ist, verläuft diese in folgender Weise.

Wenn die Hauptgärung in Bierwürze ihrem Ende ent- gegengeht, so fallen die Schaumblasen, insonderheit die sie zusammensetzenden bläschenförmigen Eiweißhäute in sich zu- sammen; sie schwimmen teils auf der Flüssigkeitsoberfläche, teils bilden sie längs des Flüssigkeitsrandes an der Wandung des Gärgefäßes einen dunkelbraunen Ring. Von diesen Aus- scheidungen werden Hefenzellen in größerer Zahl, welche auf und zwischen ihnen gelagert sind, auf der Flüssigkeitsober-

fläche zurückgehalten; sie bilden den Ausgangspunkt der Hautentwicklung.

In Nährlösungen, in welchen Ausscheidungen nicht statt-
haben, kann zwar ebenfalls eine Hautvegetation entstehen,
sie geht jedoch in diesem Falle nur vom Rand der Flüssigkeitsoberfläche aus, vorausgesetzt, daß eine Ablagerung von
Zellen an der Wandung des Gärgefäßes derart stattgefunden
hat, daß der Hefenbelag bis zur Flüssigkeitsoberfläche reicht.

Die Hefenzellen auf der Flüssigkeitsoberfläche vermehren
sich zunächst in der gewöhnlichen Weise, wie die während
der Hauptgärung entstandene Bodensatzhefe. Die Tochterzellen gleichen anfangs den
Mutterzellen noch vollständig.
Die Hefenflecke sind noch
unregelmäßig gestaltet. Früher
oder später ändert sich die
Sprossung nach zwei Rich-
tungen hin. Erstens entstehen
kleine ovale Zellen (6—7 μ
Durchmesser gegenüber etwa
8—10 μ bei Kulturhefe), welche in ihrer späteren Nachkommenschaft auch Wurst-
form annehmen. Zweitens entstehen diese Zellen im Gegensatz zur Vermehrung der
Bodensatzhefe meist nahezu

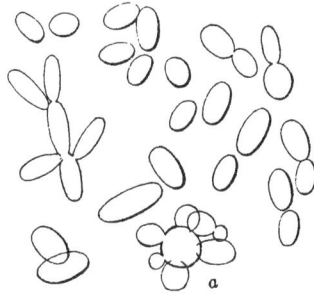

Fig. 81.
Hautbildung. Erste Generation der
echten Hautzellen. Bei *a* »Kronen-
bildung«. Würzekultur. Untergärige
Bierhefe Stamm 2.
Vergr. 750 : 1.

gleichzeitig in reichlicher Zahl; die Art und Weise der
Vermehrung führt also zur Kronenbildung.

Die kleinen Zellen unterscheiden sich von ihren Mutterzellen durch eine zartere Zellwand und durch einen blassen,
anscheinend oft vakuolenlosen, gleichmäßigen Inhalt; das
Plasma enthält nur wenige kleine Granula. Sie bleiben meist
in Sproßverbänden vereinigt.

Die Vermehrung der kleinen Zellen schreitet bei den
verschiedenen Hefenarten in verschiedenem Tempo fort; je
schneller sie erfolgt, um so schneller ändert sich die Farbe
der Hefenflecke, sie wird heller, und um so früher nehmen

sie eine schleimige Beschaffenheit an. Gleichzeitig wird aber
ihre Form regelmäßiger; sie runden sich ab und nehmen
Scheibenform an. Die Hefenflecke haben sich zu »Hautinselchen« umgebildet.

Das Auftreten der kleinen Zellen bezeichnet den Beginn
der Hautbildung; sie sind die »erste Generation der echten
Hautzellen«. Sie setzen die im ersten Abschnitt der Entwicklung der Oberflächenvegetation auftretenden Hautinselchen
vorherrschend, in vielen Fällen fast ausschließlich, zusammen.

In gleicher Weise wie die Zellen auf der Flüssigkeitsoberfläche vermehren sich auch die längs des Flüssigkeitsrandes an
der Gefäßwandung zurückgehaltenen oder über jenen hervor-
gewachsenen. Aus anfangs isolierten Kolonien entsteht allmählich ein geschlossener »Hefenring«.

Nach der Schnelligkeit, mit welcher Hautzellen erster
Generation auftreten, können bei den Kulturhefen verschiedene Typen unterschieden werden.

Während die zuerst sichtbar gewordenen Hautinselchen
an Größe zunehmen, vermehrt sich auch ihre Zahl; sie erscheinen über die ganze Flüssigkeitsoberfläche zerstreut.
Durch ihren Zusammenschluß und ihre gegenseitige Verschmelzung überziehen sie die Flüssigkeitsoberfläche in einem
späteren Abschnitt der Entwicklung mit einer schleimigen
Haut, die infolge der ungleichen Dichte wie marmoriert erscheint.

Schon im ersten Abschnitt der Entwicklung der Haut
machen sich zwischen den Zellen, welche der Bodensatzhefe noch
vollständig gleichen, in größerer oder geringerer Zahl meist
rundliche oder ovale Zellen, durch eine sehr starke Zellwand
bemerkbar. Die Verdickung der Zellwand kann soweit vor-
schreiten, daß an ihr entweder direkt oder nach Einwirkung
von Salzsäure zwei oder mehrere Schichten sichtbar werden.
Zuweilen finden sich solche Zellen, an welchen die äußere
Hautschicht in verschiedenem Umfang abgelöst ist. Außerdem enthalten sie Ölkörperchen in reichlicher Zahl, welche
sich mit konzentrierter Schwefelsäure graugrün und zuletzt
schwarzbraun färben. Meist sind die dickwandigen Zellen
auch reich an Glykogen. Sie stammen von den ursprünglich

auf und längs des Randes der Flüssigkeitsoberfläche abgelagerten Hefenzellen ab.

Diese Zellen besitzen eine große Widerstandskraft und lange
Lebensdauer; sie werden daher als D a u e r z e l l e n bezeichnet. Nach langjährigen Beobachtungen erscheint der Bestand
einer Hefenkultur, wenn auch alle anderen Zellformen abgestorben sind, durch die Gegenwart der als Dauerform an-
gesprochenen Zellen gesichert.

Bei der Keimung der Dauerzellen von untergäriger Bierhefe treten sehr charakteristische Erscheinungen auf. Zunächst
sproßt eine keimschlauchartige oder keulenförmige Tochter-

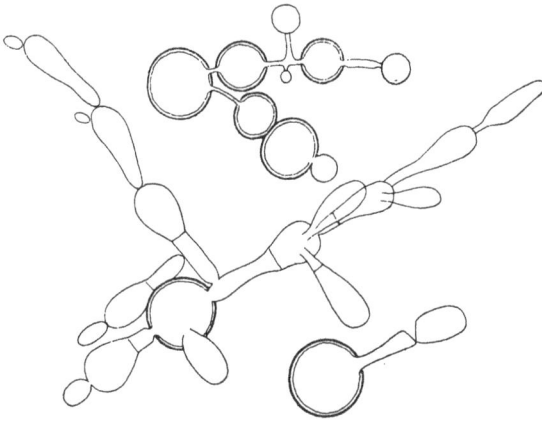

Fig. 32.
Keimende Dauerzellen. Untergärige Bierhefe Stamm 2.
Vergr. ca. 800 : 1.

zelle hervor. Die Tochterzelle wird im ersten Falle häufig
knopfförmig. Innerhalb der keulen- und wurstfömigen Zellen
tritt dann nicht selten eine Querwand nahe dem freien
Ende der Zelle auf; wurstförmige Zellen sind zuweilen in
zwei gleiche Hälften geteilt. Die bei der Keimung auftretende
Querwandbildung wiederholt sich bei den späteren Tochter-
generationen. Bei Dauerzellen mit stark verdickter Wand
findet das Auskeimen an der Berührungsstelle mit einer ebenfalls als Dauerform ausgebildeten Tochterzelle statt, da hier
die Zellhaut am schwächsten ist. Zwei Dauerzellen erscheinen

dann durch eine kurze, schlauchartige und zartwandige Zelle
miteinander verbunden. (»Hantelform«). An den kurzen
Zwischengliedern entstehen seitlich oder an der Basis durch
Sprossung Tochterzellen, welche den Ausgangspunkt eines
neuen Sproßverbandes bilden.

In älteren Hautkulturen tritt zu der ersten Generation der
echten Hautzellen noch eine zweite von sehr charakteristi-
schem Gepräge hinzu: derbe, mehr oder weniger langgestreckte,
wurstförmige Zellen, deren Größe und Form innerhalb weiter
Grenzen wechselt; nicht selten werden sie dem Mycel von
Fadenpilzen ähnlich. Die Zellen stehen im weit verzweigten
Sproßverband, welcher die Oberflächenvegetation durchzieht,
in sehr festem Zusammenhang miteinander.

In den Hautbildungen verschiedener Hefearten befinden
sich zwar ähnliche Zellformen, jedoch kommen, ebenso wie
bei der Bodensatzhefe, auch besondere, für die Art charakteristische Formen vor. Sie sind als Unterscheidungsmerkmal
verwertbar.

Bei verschiedenen Temperaturen kann die Form der
Hautzellen bei der gleichen Art eine verschiedene sein.

In älteren Hautvegetationen herrschen die Sproßverbände
der »zweiten Generation der Hautzellen« vor. Entstandene
Lücken in der Haut werden durch die kleinen Hautzellen erster
Generation wieder ausgefüllt. In viele Jahre alten Kulturen, in
welchen sich hauptsächlich nur mehr ein mächtiger Hefenring
befindet, der nahezu die ganze Wandung des Kulturgefäßes
oberhalb des Flüssigkeitsrandes überzieht, fehlt die erste
Generation der Hautzellen. Der Hefenring besteht aus der
zweiten Generation der Hautzellen und, insbesondere an seinem
oberen Rand, aus Dauerzellen.

Die Hautgenerationen können wieder in die Bodensatz-
oder Gärungsform zurückgeführt werden. Der Übergang
erfolgt jedoch schwieriger und langsamer als der Übergang
der Gärungsform in die Hautgenerationen.

Die Hefen durchlaufen also, soweit ihre Wuchsform nicht
von vorneherein die Hautbildung ist, einen sehr formen-
reichen Entwicklungskreis, der nach der Mycelbildung hin-
strebt.

Ausführung der Hautkulturen. Sie werden zweckmäßig in Erlenmeyer- oder Pasteur-Kölbchen angelegt. Als

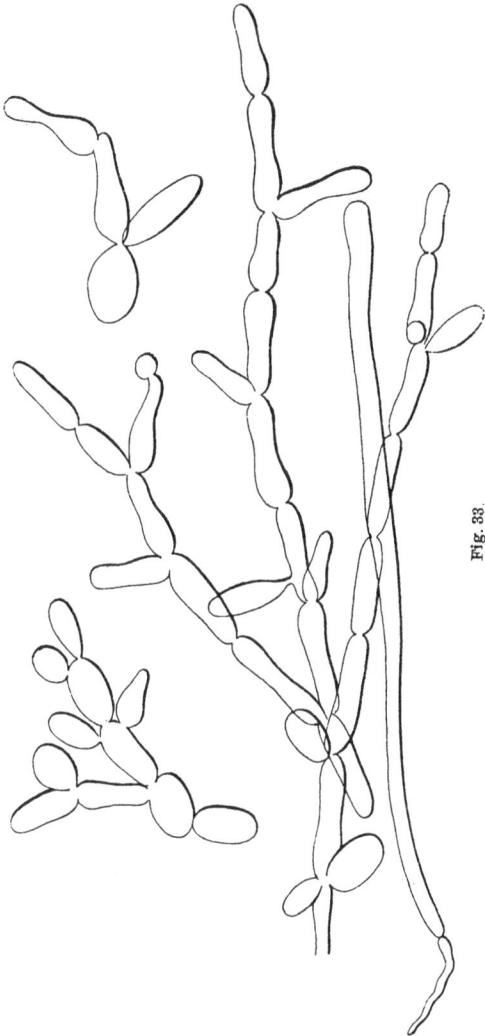

Fig. 33. Hautbildung. Zweite Generation der Hautzellen. Würzekultur. Untergärige Bierhefe Stamm 2. Vergr. 750 : 1.

Nährlösung für die Hefen und Mykoderma dient mit Vorteil
gehopfte Bierwürze von 11—12 % Ball. Die Mykoderma- und

Torulaarten wachsen auch auf Reinhefenbier, Mykoderma auf Sauerkrautbrühe. Die Torulaarten gedeihen ebenfalls auf gehopfter und ungehopfter Bierwürze, sehr gut auf Hefenwasser mit 6% Saccharose ohne und gut mit Zusatz von 0,5% Pepton. Hautvegetationen wurden auch in einer wässerigen mineralischen Nährlösung von folgender Zusammensetzung erhalten: $CaHPO_4 = 0,05\%$, $KH_2PO_4 = 0,455\%$, $MgSO_4 = 0,21\%$, Pepton Witte $= 2\%$.

Die Bierwürze soll, wie die übrigen Nährlösungen, im strömenden Dampf sterilisiert werden. Das Kochen auf dem Sandbad ist zu vermeiden, da sich hierbei eine viel größere Menge von den für die Schaumbildung notwendigen Eiweißkörpern ausscheidet als bei der Sterilisierung im Dampf. Die Kulturgefäße werden mehrere Zentimeter hoch mit der Nährflüssigkeit gefüllt, so daß diese eine möglichst große Oberfläche bei viel Luftraum erhält. Der Wattepfropfen auf dem Erlenmeyer-Kolben sei locker, die Öffnung des doppeltgebogenen Rohres am Pasteur-Kolben nicht zu eng, um den Luftaustausch nicht zu behindern. Die Nährflüssigkeit wird mit einer Platinöse oder einem Tropfen einer jungen Kultur geimpft.

5. Die Riesenkolonien.

In sehr naher Beziehung zu der Hautbildung auf Nährflüssigkeiten stehen die sog. Riesenkolonien auf festen Nährböden.

Als Riesenkolonien bezeichnet P. Lindner Oberflächenvegetationen von Sproßpilzen, welche entstehen, wenn größere Mengen der Organismen in Form eines kleinen Tropfens auf einen festen Nährboden, in erster Linie Würzegelatine, aufgetragen werden. Bleiben die Kulturen ruhig stehen, so wird zunächst die mit dem Tropfen aufgetragene Flüssigkeit von der Unterlage aufgesaugt, so daß die in ihm enthaltenen Zellen einen nahezu gleichmäßigen, festen, auf der Oberfläche glatten und ziemlich scharf begrenzten Belag bilden. Die Form dieses Belages ist zunächst von der Form des aufgetragenen Tropfens und von der Art, wie sich dieser auf der Unterlage ausbreitet, abhängig. Durch Vermehrung der Zellen nimmt er an Um-

Verschiedene Grundformen von Riesenkolonien.

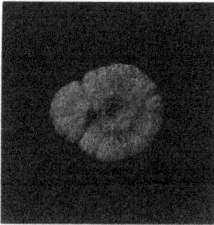

1.
Untergärige Bierhefe Stamm 2.
Würzegel. 20⁰ C.

2.
Obergärige Bierhefe Nr. 28.
Würzegel. 15⁰ C.

3.
ntergärige Bierhefe Stamm 6.
Würzegel. 12⁰ C.

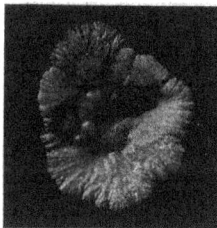

4.
Untergärige Bierhefe Stamm 7.
Würzegel. 20⁰ C.

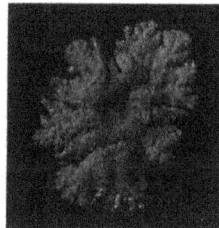

5.
Obergärige Bierhefe Nr. 170.
Würzegel. 20⁰ C.

6.
Wilde Hefe Nr. 1.
Würzegel. 12⁰ C.

7.
Wilde Hefe Nr. 2.
Würzegel. 15⁰ C.

Grundform Ia, ungeteilte Ströme, 1—2. Grundform Ib, geteilte Ströme, 3—7.

Druck und Verlag von R. Oldenbourg, München und Berlin.

Verschiedene Grundformen von Riesenkolonien.

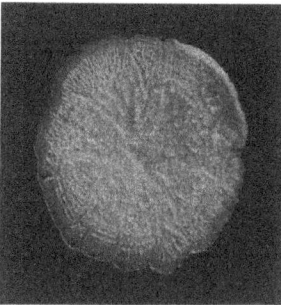

13.
Sacch. Marxianus Hansen.
Würzegel. 20⁰ C.

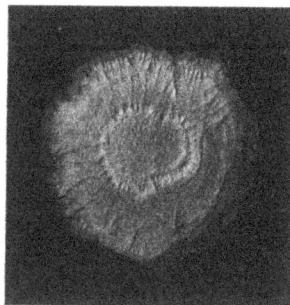

14.
Mycoderma Will.
Würzegel. 24⁰ C.

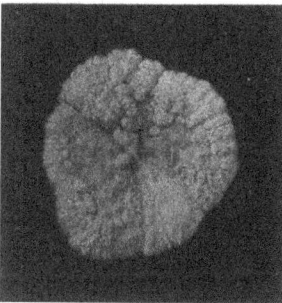

17.
Torula 2 Will.
Rübenwassergel. 12⁰ C.

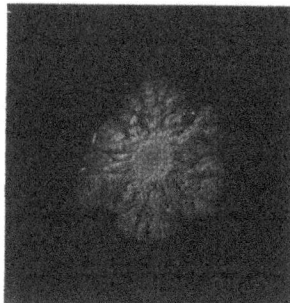

18.
Torula 15 Will.
Würzegel. 20⁰ C.

Grundform II 13—14. Grundform III 17. Grundform IV 18.

Druck und Verlag von R. Oldenbourg, München und

fang und Dicke zu. Dabei treten verschiedene Wachstumsformen auf, durch welche der Belag ein bestimmtes Gepräge
erhält. Er gestaltet sich entweder durch die Mannigfaltigkeit
der Formerscheinungen am Rand und auf der Oberfläche
zur wohlcharakterisierten Riesenkolonie oder er breitet sich
gleichmäßig und in der gleichen Form wie anfangs über die
Unterlage hin aus. So verschiedenartig auch im ersten Falle
die äußeren Erscheinungen sind, so lassen sie sich doch auf
wenige Grundformen zurückführen. (Vgl. Tafel 1—3: Verschiedene Grundformen von Riesenkolonien.)

Die meisten Hefen, wenigstens die untergärigen und obergärigen Bierhefen, bei welchen die Verhältnisse näher erforscht
sind, nehmen dadurch eine besondere Stellung ein, daß im
Laufe der Entwicklung der Riesenkolonien verschiedene, in
dem Tropfen der Aussaat nicht vorhandene, aber aus dieser
hervorgehende Zellgenerationen entstehen, welche in erster
Linie formgebend für die Riesenkolonien sind. Die Entwicklung der Riesenkolonien erfolgt außerdem wie diejenige der
Hautbildungen deutlich in zwei Phasen, und zwar mit den
gleichen Zellformen. Bemerkenswert ist, daß auch beim Auswachsen der Einzellkolonien auf festen Nährböden die gleichen
Zellformen und Zellgenerationen zu erkennen sind.

Bei den übrigen Sproßpilzen, insbesondere bei den haut-
bildenden Williaarten, den Mykoderma- und Torulaarten, finden
sich dagegen, soweit wir hierüber unterrichtet sind, alle in
den Riesenkolonien wie in den Hautbildungen auftretenden
Zellformen in der Hauptsache schon von Anfang an in
den Kulturen vor, und es kommt nicht erst allmählich zur
Entwicklung besonderer, von der Aussaat wesentlich verschiedener Zellgenerationen, welche auf die Wachstumsform
einen Einfluß ausüben. Die Riesenkolonien zeigen daher in
jenem Falle in der Regel schon von Anfang an ihre endgültige
Gestaltung und lassen verschiedene Entwicklungsphasen nicht
erkennen.

Bei den untergärigen Bierhefen erscheint der Belag auf
10 proz. Würzegelatine nach 24 Stunden entweder gleichmäßig
ausgebreitet oder etwas in die Gelatine eingesenkt; die zentrale Partie ist dann meist noch etwas mehr eingesenkt und

die Kolonie infolgedessen flach schalenförmig vertieft. In einzelnen Fällen macht sich auf dieser Entwicklungsstufe an dem Rande der Kolonie eine in weiten Abständen voneinander auf·tretende Streifung geltend, welche sich bis in die Vertiefung der Kolonie hinzieht. Diese Streifung ist nicht durch eine besondere Struktur, sondern jedenfalls nur durch eine in dem wachsenden und sich einsenkenden Hefenbelag infolge Schiebungen in den Oberflächenschichten entstehende Spannung veranlaßt. Die Form und Größe der Zellen ist gegenüber derjenigen der Aussaathefe mannigfaltiger geworden. Kleine ovale, gestreckt-ovale und selbst wurstförmige Zellen sind bei den verschiedenen Rassen der Bierhefe in wechselnder Zahl vorhanden. Sie gehen in gleicher Weise wie die erste Generation der Hautzellen aus Zellen der Einsaat und den ihnen gleichenden Tochterzellen hervor, wobei sie häufig wie in den Hautbildungen gleichzeitig oder nahezu gleichzeitig in größerer Zahl aus einer Mutterzelle hervorsprossen (Kronenbildung). Die gestreckten Zellformen treten bei den verschiedenen Hefen in den Riesenkolonien zu verschiedenen Zeiten auf, und es besteht auch nach dieser Richtung hin, wenn auch mit gewissen Modifikationen, wieder Übereinstimmung zwischen den Vorgängen in den Riesenkolonien und den Hautinselchen. Das Auftreten der kleinen Zellen bezeichnet den Beginn der ersten Entwicklungsphase. Die verschiedenen Zellformen sind in dem Hefenbelag in ganz bestimmter Weise angeordnet. Die langgestreckten Zellen befinden sich auf der Unterseite des Belages, die oberflächlichen Schichten enthalten vorherrschend große Zellen wie in der Aussaathefe.

Nach etwa 48 Stunden erscheint der Rand der Kolonie wallartig aufgewulstet, radial gestreift und scharf gebuchtet. Die Kolonie beginnt ihre charakteristische Wachstumsform anzunehmen, und es herrschen dann gestreckt-ovale bis wurstförmige Zellen an der Randpartie vor.

Am dritten Tag zeigen sich weitere Fortschritte in der Ausbildung der Riesenkolonien, die sich wesentlich in der Randpartie durch Erhöhung des Walles und schärfere Ausprägung seiner radialen Streifung auf der Außenseite geltend machen.

Die radiale Streifung der Randpartie kommt in der Weise zustande, daß sich die langgestreckten, wurstförmigen Zellen auf der Unterseite des Belages zu Bündeln vereinigen und, nachdem diese erstarkt sind, an der Randpartie zunächst als einfache warzige, mehr oder weniger abgerundete, oder als traubige Anhänge, welche in die Gelatine hineingewachsen sind, erscheinen. Diese Anhänge brechen dicht gedrängt stromartig von unten her über den Rand des Hefenbelages hervor. Hierdurch entsteht die Aufwulstung, der »Wall«. Mit dem Hervorbrechen der Ströme erhält der Belag das für die Hefenart charakteristische Gepräge. Je später bei den Hefen die gestreckt-wurstförmigen Zellen auftreten, desto später nimmt die Riesenkolonie die charakteristische Form an.

Die Ströme wachsen nach dem Hervorbrechen zunächst in der Gelatine über den Rand der Kolonie in radialer Richtung und dann nach abwärts weiter.

Erst wenn diese Abzweigungen innerhalb der Gelatine erstarkt sind, wenn sie eine gewisse Größe erreicht haben, wachsen sie wieder über die Gelatineoberfläche hervor. Die Randpartie des Stromes, welche bis dahin einen gewissen Stillstand in der Weiterentwicklung gezeigt, nimmt dann verhältnismäßig rasch an Umfang zu. Das Wachstum der Randpartie erfolgt also gewissermaßen sprungweise. Es entstehen am Rand der Kolonie mehr oder weniger scharf voneinander getrennte Zuwachszonen, welche auf der Oberfläche der von dem äußeren Rand des Walles fächerförmig sich ausbreitenden Ströme ihren äußerlichen Ausdruck durch eine konzentrische Streifung erhalten.

Die einzelnen Ströme sind durch mehr oder weniger tiefe, radial verlaufende und gleichlange Einschnitte und Furchen in der Randpartie voneinander getrennt; sie sind selbst entweder einfach oder gelappt, durch radial verlaufende Einschnitte von verschiedener Länge geteilt. Ihre Oberfläche ist glatt, höchstens radial gestreift oder in verschiedener Weise und verschiedenem Umfang gekräuselt.

Die Abzweigungen der Ströme innerhalb der Gelatine erscheinen auf der Unterseite der herangewachsenen Riesenkolonie als trauben- oder warzenförmige Anhänge. Sind diese

Anhänge einfach, so sind die Ströme ungeteilt; besitzen sie
dagegen traubige Form, so erscheinen auch die Ströme und
damit die Randpartie der Riesenkolonie vielfach gelappt.
Spült man den Oberflächenbelag der Riesenkolonie von der
Gelatine vorsichtig ab, so kommen die Anhänge in Quer-
schnitten zum Vorschein. Sie sind radial und konzentrisch
angeordnet.

Die zweite Entwicklungsphase der Riesenkolonien macht
sich äußerlich erst nach mehreren Monaten geltend. Auf
der zentralen Partie werden kleine »Schleimkrater«, d. h.
warzige Erhebungen einer klaren schleimigen Substanz, sichtbar,
welche oben eine Vertiefung besitzen. In der Umgebung
dieser Schleimkrater befindet sich ein Netzwerk derber, wurst-
und mycelfadenartiger Zellen, die in Sproßverbänden vereinigt sind; sie sind auf Dauerzellen zurückzuführen, welche
in wechselnder Zahl in der zentralen Partie der Riesenkolonien angetroffen werden. Es treten also die gleichen Zellformen wie in der zweiten Entwicklungsphase der Hautbildungen der Hefen auf.

Im Aufbau der Riesenkolonien der Saccharomyceten
kann an der Randpartie eine Rindenschicht von einer
Markschicht unterschieden werden. Die oberflächlich ge-
legene Rindenschicht besteht aus gedrungenen Zellformen
(rundlich bis ellipsoidisch), deren charakteristisches Merkmal ein großer Reichtum an Ölkörperchen ist. Die Hauptmasse der Randpartie, das Mark, setzt sich dagegen vorherrschend oder fast ausschließlich aus sehr langgestreckten,
wurstförmigen, im Gegensatz zu den in der zweiten Entwicklungsphase auftretenden, zarteren Zellen zusammen. Diese
gehen unmittelbar in die Anhänge auf der Unterseite der
Riesenkolonien über. Sie enthalten meist sehr viel Glykogen.

Neben die durch die meisten Hefen vertretene Grundform des Wachstums der Riesenkolonien, welche in zwei
Unterabteilungen zerfällt (einfache und geteilte Ströme), stellt
sich als zweite die durch die Willia-, Mykoderma- und viele
Torula-Arten dargebotene. Das gleiche Bestreben, wie auf
Nährflüssigkeiten, sich möglichst rasch in Form einer Haut
auszubreiten, macht sich auch auf den festen Nährböden

geltend. Die Riesenkolonien suchen sich möglichst rasch in
der Fläche auszubreiten. Trotzdem erlangen die Kolonien bei
manchen Arten eine nicht unbeträchtliche Dicke. Die stark
wachsenden Oberflächenschichten des Belages führen durch
Schiebung bei im übrigen glatter Oberfläche zu einer radialen
Streifung oder zu radial verlaufenden einfachen Faltungen,
zu langgezogenen Erhebungen sowie Kräuselungen. Zuweilen
kommt es aus den gleichen Ursachen zu wallartigen Bildungen.
Einzelne radial verlaufende Ausschnitte der Oberfläche können
sich stärker entwickeln, und es kommt hierdurch wie auch
durch stärkere Faltungen eine stromartige Ausbildung der
Randpartie zustande, welche jedoch niemals auf ähnliche
Vorgänge wie bei der geschilderten Entwicklung der Riesenkolonien von Hefen oder auf die Gegenwart langgestreckter
Zellen zurückzuführen ist. Die Randzone kann infolgedessen
»gelappt« und die Randlinie schwach gebuchtet sein, regelmäßig oder unregelmäßig verlaufen. Eine sehr charakteristische Erscheinung bei vielen Torulaceen sind warzige
Erhebungen auf der Oberfläche der Riesenkolonien; ähnliche
Bildungen kommen auch bei Mykoderma vor.

Charakteristisch für diese Grundform der Riesenkolonien
ist, daß sie nicht in die Gelatine hineinwächst und infolgedessen auch keine Anhänge auf der Unterseite besitzt.

So gleichartig die Riesenkolonien verschiedener Arten zu
sein scheinen, so lassen sich doch oft kleine Besonderheiten
herausfinden, durch welche die Arten gut zu unterscheiden sind.

Der Bau dieser Riesenkolonien ist bei der Gleichmäßigkeit der Zellform, welche in der Regel die Arten charakterisiert, ein sehr einfacher. In allen Schichten finden sich die
gleichen Zellformen vor. Sind länger gestreckte Zellen vorhanden, so sind sie an keinen bestimmten Platz gebunden.
Manchmal werden in Kolonien, welche sich hauptsächlich
aus langgestreckten Zellen aufbauen, diese an der Randpartie
noch etwas länger; keinesfalls haben sie aber einen Einfluß
auf die Formgestaltung der Riesenkolonie, ebensowenig wie
die im Belag selbst verteilten.

Eine dritte Grundform der Riesenkolonien unterscheidet
sich von der zweiten äußerlich nur dann, wenn an verschiedenen

Stellen der Oberfläche »krater«artige Erhebungen auftreten,
welche später in gekröseartige Faltungen und Kräuselungen
übergehen. Eine wesentliche Verschiedenheit besteht jedoch
darin, daß die Kolonien, welche sich aus gemischten Zellformen aufbauen, in die Unterlage mit weit verzweigten Sproßverbänden langgestreckter Zellen hineinwachsen, welche entweder gleichmäßig verteilt oder in großer Zahl dicht aneinander-
geschmiegt sind, ohne jedoch zunächst getrennte Bündel zu
bilden; bei anderen Arten treten diese als Anhänge der Unterseite der Riesenkolonien auf. Mit der weiteren Ausgestaltung
der Oberfläche durch stärkere Entwicklung der Kräuselungen
und radial verlaufender Faltungen vollzieht sich hier auch
eine solche der Unterseite.

Die Riesenkolonien der dritten Grundform, die, soweit
bekannt, hauptsächlich bei gewissen Torulaarten vorkommt,
zeigen auf dem Höhepunkt der Entwicklung ungemein zierliche
Formen.

Der Bau dieser Riesenkolonien ist ebenfalls ein sehr einfacher. Die äußersten Schichten der Oberfläche setzen sich
ausschließlich oder fast ausschließlich aus gedrungeneren,
kugelförmigen oder ellipsoidischen Zellen zusammen. In den
tieferen Schichten finden sich langgestreckte Zellen in geringer Anzahl oder es herrschen diese Zellen vor; in den
untersten Schichten sind sie ausschließlich vorhanden. In
der Randpartie sind die Zellformen gemischt oder es haben
langgestreckte, wurstförmige das Übergewicht, ohne jedoch in
diesem Falle auf die Formgestaltung der Riesenkolonie einen
Einfluß auszuüben; eine Oberflächenzeichnung irgendwelcher
Art kann vollständig fehlen. Die gekröseartigen Faltungen auf
der Oberfläche bestehen aus gemischten Zellformen und zwar
entweder vorherrschend aus gestreckten, wurstförmigen oder
aus kugelförmigen und ellipsoidischen, welche von jenen
abstammen.

Bei einem genaueren Studium der Riesenkolonien werden
sich sicher noch andere Grundformen ableiten lassen.

Die Form der Riesenkolonien wird von dem Nährboden,
auf welchem jene wachsen, nach zwei Richtungen hin beeinflußt. Erstens ist die Zusammensetzung der dargebotenen

Nährlösung bestimmend, zweitens das Bindemittel, durch welches die gleiche Nährlösung in feste Form gebracht wird. So verschiedenartig aber in einzelnen Fällen die Wachstumsform der gleichen Art auf verschiedenen Nährböden zu sein scheint, so wird sie doch von demselben Wachstumsgesetz beherrscht. Es handelt sich nicht um prinzipielle, sondern nur um graduelle Verschiedenheiten. Diese Gesetzmäßigkeit kommt bei den Hefen, wenigstens für die erste und auch für spätere Entwicklungsstufen, am schärfsten auf 10 proz. Würzegelatine zum Ausdruck. Die zweite Entwicklungsphase gibt sich besser auf Würzegelatine, welche einen Zusatz von stickstoffhaltigen Körpern wie Asparagin und Pepton erhalten hat, zu erkennen. Auch für viele andere Sproßpilze bildet 10 proz. Würzegelatine für die Riesenkolonien eine sehr gute Unterlage, jedoch erreichen sie vielfach den Höhepunkt ihrer Entwicklung auf Rübenwassergelatine oder Kartoffelwassergelatine.

Agar bindet die Nährlösungen zu wenig und beeinflußt hierdurch die Wuchsform, indem er die Riesenkolonien beispielsweise bei den Hefen lange Zeit im Jugendstadium verharren läßt. Agar ist daher für die Erkennung der charakteristischen Wachstumsform, wenigstens derjenigen der Hefen, nicht geeignet. Außerdem trocknen Agarnährböden rasch aus, und es treten als Folgeerscheinungen Spaltungen und Zerklüftungen auf.

Von physikalischen Einflüssen auf die Wachstumsform macht sich ferner die Konsistenz des Nährbodens bemerkbar. Weiche Nährböden, wie sie infolge eines geringen Zusatzes von Gelatine oder der Zusammensetzung der Nährlösung bei einem Zusatz von 10 % Gelatine erhalten werden, verhindern die normale Entwicklung. Die Riesenkolonien wachsen hauptsächlich innerhalb der Gelatine, wodurch zwar ein sehr guter Überblick über die Ausbreitung der Ströme mit ihren Anhängen gewonnen wird, aber der charakteristische Oberflächenbelag fehlt. Auf konzentrierten Nährböden, wie sie sich auch durch zu starkes Austrocknen ergeben, bleiben die Kolonien zwar klein, erscheinen jedoch mit der gewohnten Form. Bei höherer Konzentration der Gelatine nehmen Hefenkolonien häufig eine

weiße Farbe an, die Kolonien sehen wie bereift oder bestäubt aus.

Die Temperatur übt auf die Wachstumsform keinen wesentlichen Einfluß aus. Diese ist auf dem gleichen Nährboden
in den Hauptzügen bei allen Temperaturen, bei welchen die
Riesenkolonien bis jetzt untersucht wurden, die gleiche. Bei
niederen Temperaturen werden die Riesenkolonien naturgemäß
infolge der herabgeminderten Vermehrungsenergie der Zellen
kleiner, außerdem auch gedrungener, selbst bei solchen Arten,
welche sich bei höherer Temperatur rasch in der Fläche ausbreiten. Die Veränderungen, welche etwa eintreten, sind
auch hier keine prinzipiellen, sondern nur graduelle.

Die Form der Riesenkolonien ist unter den gleichen Bedingungen, bei dem gleichen Aussaatmaterial und dessen
gleicher Behandlung auch nach Jahren die gleiche. Die Riesenkolonien stellen also ein sehr beständiges und deshalb um so
wertvolleres Merkmal dar.

Wenn die Riesenkolonien der gleichen Hefe auf verschiedenen Nährböden verschiedene Wachstumsformen zeigen,
so kann dies darin begründet sein, daß sie 1. lange im Jugend-
zustand verharren, 2. eine Verschiebung des gegenseitigen
Mengenverhältnisses der die Kolonie aufbauenden Zellelemente
stattfindet, 3. bald die erste, bald die zweite Entwicklungsphase stärker zum Ausdruck gelangt oder übersprungen wird,
4. die formgebenden Zellelemente fehlen oder nur in geringem
Maße oder sehr spät zur Ausbildung gelangen.

Für die Unterscheidung von Arten bezw. von Gruppen
von solchen ist aber nicht nur die Formgestaltung, sondern auch
die Beschaffenheit und Färbung der Riesenkolonien von Wert.
Bei gleicher oder ähnlicher Form kann die Beschaffenheit der
Kolonien verschieden sein. Der Belag ist entweder fest, mit
glatten Rändern durchschneidbar oder brüchig, käsig trocken
oder wachsartig, bei anderen Kolonien dagegen gallertartig
zähe. Zuweilen bildet die Riesenkolonie eine zähe, hautartige,
fest zusammenhängende Masse.

Die Oberfläche der Riesenkolonien ist schleimig oder matt-
glänzend, matt, kreidig bestäubt usw.; häufig tritt eine für
die Art charakteristische Färbung, wie rosarot, kirschrot, gelb,

gelbbraun oder lederbraun, an den Riesenkolonien überhaupt
erst oder mit größerer Tiefe als in den Hautvegetationen hervor. Hierdurch gewinnen aber die Riesenkolonien für die
Unterscheidung der Arten an Bedeutung. Manche Kolonien
zeigen auf Kartoffelwassergelatine Perlmutterglanz.

Die Erfahrung hat gezeigt, daß bei den Bierhefen und
den Weinhefen Arten, welche in ihren hauptsächlichsten
physiologischen Eigenschaften einander gleichen oder wenigstens sehr nahe stehen, sich auch in der Wuchsform der
Riesenkolonien gleichen oder einander sehr ähnlich sind.

Für die gewöhnliche Hefenanalyse haben die Riesenkolonien keine Bedeutung. Diese erlangen sie erst bei der
genaueren biologischen Analyse von Hefengemischen oder
gärenden Flüssigkeiten, bei welcher zunächst nur festgestellt
werden soll, welche Gruppen von Sproßpilzen überhaupt und
ob verschiedene Gruppen von Arten in jenen enthalten sind.
Durch Anlage von Plattenkulturen mit darauffolgender Einzell-
kultur läßt sich leicht das Material gewinnen, welches zur Anlegung der Riesenkolonien notwendig ist. Ihren vollen Wert
erhalten sie bei der Beschreibung einer Art; hier dürfen Angaben über die Wuchsform der Riesenkolonie auf verschiedenen
Nährböden und bei verschiedener Temperatur niemals fehlen.

Die Möglichkeit der photographischen Aufnahmen erhöht
ihren Wert.

Anlegung der Riesenkolonien. Die Kulturen werden
in kleinen Erlenmeyer-Kölbchen von ca. 100 ccm Inhalt
angelegt, welche mit Watte verschlossen sind. Zwecks photo-
graphischer Aufnahme und näherer Untersuchung wird das
Glas oberhalb der Gelatineschicht abgesprengt. Die Höhe der
Gelatineschicht soll nach der Angabe von Lindner, die
sich nach allen bis jetzt gemachten Erfahrungen bewährt hat,
etwa 2 cm betragen. Eine niederere Schicht trocknet insbesondere bei höherer Temperatur bald ein.

Die Aussaat geschieht in Form eines kleinen Tropfens mittels einer fein ausgezogenen Pipette oder mittels einer nicht zu
engen Haarröhre, welche, um sie steril zu erhalten, bis zur
Benutzung an beiden Enden zugeschmolzen bleibt. Der Tropfen
muß so aufgetragen werden, daß die Gelatineoberfläche nicht

verletzt wird; er darf nicht zu dünnflüssig sein, da er sonst
leicht zerfließt und infolgedessen auch ein regelmäßiges Wachstum der Kolonien nicht stattfinden kann. Ferner darf die
Gelatine nicht eingetrocknet sein; sie ist also bald nach dem
Einfüllen in die Kölbchen und dem Erstarren zu beimpfen.
Die Gelatine darf nicht zu weich sein. Zur Aussaat sind nur
junge Kulturen zu verwenden. Zu Vergleichszwecken können
mit Vorteil in den gleichen Kulturkolben mehrere Organismen
eingeimpft werden.

Während der Entwicklung der Kolonien ist darauf zu
achten, daß weder Sonnenschein noch strahlende Wärme ein-
seitig auf die Kulturen wirkt, da sich sonst an den Wandungen Wasserdampf niederschlägt, der sich schließlich zu
Tropfen vereinigt und auf die Kolonien herabgleiten kann.
Diese Maßregeln sind leicht einzuhalten und schließen von
vornherein Mißerfolge soweit als möglich aus. Durch Gärungserscheinungen, durch Anhäufung von Kohlensäure in der
Gelatine unterhalb der Riesenkolonien wird deren regelmäßiges
Wachstum zuweilen gestört.

Die Riesenkolonien lassen sich also, wenn nur die gegebenen Vorschriften eingehalten werden, ohne viele Mühe
heranzüchten.

Als Nährboden für die Heranzüchtung von Riesenkolonien
wird in erster Linie 10 proz. Würzegelatine (gehopft oder
ungehopft) angewendet. Ferner ist für manche Organismen
Kartoffelwassergelatine ein guter Nährboden.

Verflüssigung der Würzegelatine unterhalb der Riesenkolonien erfolgt im allgemeinen spät, und es bietet gerade
die Würzegelatine nach dieser Richtung gewisse Vorteile.

Die Riesenkolonien auf Kartoffelwassergelatine lassen öfters
einzelne Charaktere viel schärfer als auf anderen Nährböden
hervortreten, und es führen daher gerade jene Kolonien zur
leichten Unterscheidung mancher einander im übrigen ähnlicher Arten. Sehr störend wirken dagegen auf das Bild der
Riesenkolonien zahlreiche, oft sehr große Kristalle, welche
dem Zellenbelag eingestreut und an seiner Unterseite ange-
schossen sind. Sehr häufig erblindet auch die von dem Zellenbelag freie Gelatineoberfläche.

Für die Riesenkolonien von Torulaceen wurde eine aus dem Saft der gelben Rübe *(Daucus carota)* hergestellte Gelatine mit vorzüglichem Erfolg verwendet. Die wenig gefärbte, sehr durchsichtige Rübenwassergelatine bietet den großen Vorteil, daß die allmähliche Ausbildung der Unterseite der Riesenkolonien sehr gut verfolgt werden kann. Das Wachstum auf der Oberfläche ist meist ein sehr üppiges und die Form eine sehr scharf ausgesprochene. Einen Nachteil hat sie insofern, als sie durch einige Organismen bei höherer Temperatur verhältnismäßig frühzeitig verflüssigt wird.

Nach dem Verteilen der sterilen Gelatine in die Kölbchen werden diese an zwei aufeinanderfolgenden Tagen je 10 Minuten lang im Dampftopf sterilisiert und bleiben dann mehrere Tage zur Beobachtung stehen.

6. Die Sporenkurve. Unterschied im Aussehen der Sporen von Kultur- und wilder Hefe.

Auf die hervorragende Bedeutung der Sporenbildung für die Unterscheidung der Hefenarten ist schon früher hingewiesen worden; sie ist das einzige sichere Unterscheidungsmerkmal. Bisher sind nur wenige Fälle *(Sacch. Carlsbergensis* und *Sacch. Monacensis* Hansen) bekannt geworden, in welchen dieses Merkmal versagt hat, da sich die Sporenbildung nur sehr schwer und dann nur in wenigen Zellen vollzieht. Infolgedessen ist es unmöglich, die drei Hauptpunkte der Temperatur für ihr Auftreten festzustellen.

Die Angaben über die Zeiten, nach deren Verlauf bei verschiedenen Temperaturen, im übrigen aber unter gleichen äußeren Bedingungen die ersten Sporenanlagen bei einer Hefenart sichtbar werden, lassen sich auf einer horizontalen Linie (Abscisse) und die dazu gehörigen Temperaturgrade auf senkrecht zu jener stehenden (Ordinaten) auftragen. Verbindet man die Temperaturpunkte durch eine Linie miteinander, so erhält man eine Kurve, die Sporenkurve, deren Verlauf für jede Hefe charakteristische Momente aufweist. Wichtig ist in dieser Beziehung die Vergleichung der drei Hauptpunkte der Temperatur verschiedener Hefenarten. Hierbei ergeben

sich unter Hinweis auf die Tabelle S. 121 folgende Möglichkeiten: 1. Die drei Hauptpunkte sind verschieden. 2. Das
Maximum oder Minimum ist gleich, dann ist das Optimum
und Minimum oder das Optimum und Maximum verschieden.
3. Das Maximum und Optimum ist gleich und das Minimum
verschieden. 4. Das Minimum und Optimum ist gleich und
das Maximum verschieden. 5. Das Maximum und Minimum
ist gleich und das Optimum verschieden. 6. Das Maximum
und Minimum ist verschieden und das Optimum gleich.

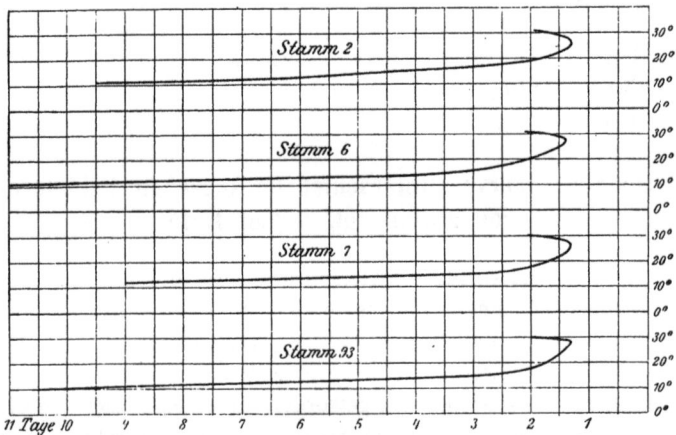

Fig. 34.
Sporenkurven der vier untergärigen Bierhefen Stamm 2, 6, 7 und 93.

Bei Übereinstimmung eines oder mehrerer Hauptpunkte
der Temperatur kommt noch die Verschiedenheit der Zeit,
nach deren Verlauf die ersten Sporenanlagen sichtbar werden,
in Betracht.

Auch bei einem ganz ähnlichen Verlauf der Kurven ergeben sich also in der einen oder der anderen Richtung
Unterschiede, welche für die Unterscheidung der Hefenarten
sehr brauchbare Anhaltspunkte abgeben.

Der Zeitpunkt, zu welchem die Sporen ihre volle Reife
erlangt haben, kann für die Sporenkurve nicht verwertet
werden, da er nicht mit der Sicherheit zu ermitteln ist, als
derjenige des Auftretens der ersten Anlagen.

Sporenbildung.

Hefenart	Maximum		Optimum		Minimum	
	°C	Zeit Stunden	°C	Zeit Stunden	°C	Zeit Tage
Untergärige Bierhefen.						
Stamm 2. ⎫	31	47	25	31	11	9¹/₂
» 6. ⎪ Will	31	51	28	33¹/₂	11	11
» 7. ⎪	30	50	26	31¹/₂	12	9
» 93. ⎭	30	48	28	31	10	10¹/₂
Obergärige Bierhefen.						
Sacch. cerevis. Hansen	36—37	29	30	20	11—12	10
Rio ⎫	34—35	26	27—28	22	11—12	8—9
25 ⎬ Regensburger	32—33	26	27—28	23	11—12	10
170 ⎭	34—35	42	29—30	33	11—12	10—11
Wilde Hefen.						
Sacch. Pastorianus ⎫	29.5—30.5	30	27.5	24	3—4	14
» intermedius ⎪ Hansen	27—28	34	25	25	3—4	17
» validus ⎪	27—28	35	25	28	8.5	9
» ellipsoideus ⎪	30.5—31.5	36	25	21	7.5	11
» turbidans ⎭	33—34	31	29	22	8	9
Wilde Hefe Nr. 1 ⎫ Will	39	23	34	11	8—9	9
» » » 2 ⎭	30—31	48	23.5—24.0	29	3	21

Von wesentlicher Bedeutung ist, daß sich die Sporenbildung unter völlig gleichen äußeren, und zwar den günstigsten
Bedingungen vollzieht, sowie daß die Vorbereitung der Hefen
ebenfalls unter möglichst gleichen Bedingungen geschieht.

Die Festlegung der Sporenkurve ist eine sehr mühsame
und zeitraubende Arbeit. Durch einen Thermostaten, welcher
die Beobachtung der Sporenkulturen gleichzeitig bei verschiedenen Temperaturen, wie beispielsweise in dem Panum-
schen gestattet, wird wesentlich an Zeit gespart. Die Untersuchungen erfordern aber trotzdem viel Geduld und Ausdauer.

Die Sporenkurve wird in der Weise festgelegt, daß zu
den verschiedenen gegebenen Temperaturen, welche während
der Untersuchung auf möglichst gleicher Höhe gehalten
werden müssen, gleichzeitig eine größere Anzahl (3—4) von

Sporenkulturen gebracht wird. Nach Verlauf einer bestimmten Zeit, beispielsweise bei untergäriger Bierhefe nach 24 Stunden bei 25 ⁰ C, bei wilden Hefen schon nach etwa 20 Stunden, wird die erste Kultur, eine zweite nach Ablauf der nächsten Stunde usw. untersucht. Besser ist es, durch den ersten Versuch nur eine allgemeine Orientierung vorzunehmen. Werden nach 24 Stunden schon reife Sporen gefunden, dann ist die nächste Versuchsreihe etwa 6 Stunden früher zu untersuchen. Finden sich dagegen nach Verlauf von 24 Stunden weder Sporen noch Sporenanlagen, so ist eine zweite Kultur nach etwa 6 Stunden dem Thermostaten zu entnehmen. Weisen die Zellen dann schon reife Sporen auf, so müssen die ersten Sporenanlagen bei der gegebenen Temperatur zu einer Zeit auftreten, welche innerhalb des eingehaltenen Zeitraumes liegt. Bei Wiederholung der Versuchsreihe wird dann dieser Zeitpunkt durch stündliche Beobachtungen oder durch wiederholte Halbierung des gefundenen größeren Zeitraumes und schließlich durch wiederholte Untersuchungen in sehr kurzen Zwischenräumen festgelegt.

Zu beachten ist, daß Anhäufungen von körniger Substanz in der Zelle zuweilen erste Sporenanlagen vortäuschen können und daß auch kleinere ähnlich wie die Sporenanlagen in der Zelle seitlich in einem sehr wässerigem Cytoplasma gelagerte Vakuolen, welche von vielen Granulis umgeben sind, zuweilen für Sporenanlagen gehalten werden können. Jedenfalls ist ein geschultes Auge zur Erkennung notwendig.

Bei untergäriger Bierhefe treten, wie schon angegeben, Sporen meist nur in mäßiger Zahl auf. Jedenfalls ist eine größere Anzahl von Präparaten, insbesondere aber zur Feststellung der Maximal- und Minimaltemperatur, bei welcher das Sporenbildungsvermögen ein viel geringeres als bei der Optimaltemperatur ist, einer genauen Durchsicht zu unterziehen. Die Bestimmung des Zeitpunktes der Sporenbildung ist in diesem Falle auch deshalb schwierig, weil das Auftreten der Sporenanlagen kein allgemeines ist, sondern sich über einen längeren Zeitraum hinzieht.

Die wilden Hefen bilden dagegen in der Regel viel leichter und in einem viel höheren Prozentsatz von Zellen, zuweilen bei der günstigsten Temperatur fast in jeder Zelle, Sporen.

Keinesfalls darf aber auch in diesem Falle aus einem einzigen Versuch ein Schluß auf das Auftreten der ersten Sporenanlagen gezogen werden.

Die wilden Hefen entwickeln außerdem die Sporen bei der gleichen Temperatur im allgemeinen schneller als die Kulturhefen, insbesondere die untergärigen Bierhefen. Hansen hat auf diese Erscheinung ein Verfahren der biologischen Analyse der Bierhefen gegründet, welches das Ziel hat, die Gegenwart von wilden Hefenarten in einer Betriebshefe nachzuweisen. Ausnahmen von der angegebenen Regel kommen vor, und es kann in diesem Falle das Moment der Zeit, nach deren Verlauf die Sporenbildung erfolgt, nicht zur Unterscheidung von Kultur- und wilder Hefe verwertet werden. Es gibt beispielsweise untergärige Bierhefen, welche wie die wilden Hefen innerhalb sehr kurzer Zeit Sporen entwickeln; bei den obergärigen Bierhefen ist dies, soweit Untersuchungen vorliegen, in der Regel der Fall. Die Zeitunterschiede werden allerdings größer, wenn die Hefenanalyse nicht bei höherer Temperatur (ca. 25°C), sondern bei niederer (ca. 15°C) durchgeführt wird. Die Hefenanalyse nimmt dann aber längere Zeit in Anspruch. In Sporenkulturen eines Gemenges von Kultur- und wilder Hefe wird jene in den meisten Fällen höchstens erste Sporenanlagen aufweisen, wenn diese schon voll ausgereifte, durch ihren starken Lichtglanz dem Auge sich aufdrängende Sporen besitzt.

Nach den eingangs gemachten Ausführungen ist es wohl ohne weiteres klar, daß die Übereinstimmung der Zeit, nach welcher bei der Analyse eines unbekannten Hefengemenges Sporenbildung beobachtet wird, mit derjenigen bei einer bekannten Hefenart durchaus noch keinen Rückschluß auf die Art der vorliegenden Hefe erlaubt. Wenn also beispielsweise bei 25°C nach 28 Stunden in einer größeren Anzahl von Zellen Sporenanlagen vorgefunden werden, so darf hieraus nicht etwa auf die Gegenwart von *Sacch. validus* Hansen (vgl. die Tabelle) geschlossen werden. Abgesehen davon, daß es zweifellos außer den bisher näher bekannten Arten noch zahlreiche andere gibt, kann eine einzige Beobachtung zur Feststellung einer Art niemals Genüge leisten.

Von einschneidenderer Bedeutung als die Zeit, nach welcher reife Sporen in den Zellen der wilden Hefe ange- troffen werden, ist für die biologische Analyse der Bierhefe der Unterschied im Aussehen der Sporen zwischen den Kultur- und wilden Hefen, welcher sich auf deren Bau gründet. Die Beurteilung der Gegenwart von wilder Hefe stützt sich wesentlich auf diese Verschiedenheit.

a) Kulturhefensporen. Die relativ dicke Haut der Kulturhefensporen erscheint scharf nach innen und außen be- grenzt. Der schwach lichtbrechende Inhalt der Sporen zeigt eine oder mehrere Vakuolen von oft bedeutendem Umfang und in deren Umgebung einzelne Granula, welche sich mit 1 proz. Osmiumsäure schwarz bis schwarzbraun färben.

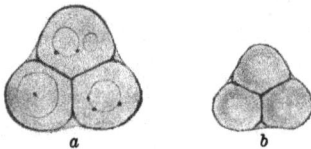

a   Fig. 35.   *b*
Hefenzellen mit Sporen. *a* Kulturhefe. *b* Wilde Hefe. Vergr. ca. 1700 : 1.

b) Sporen von wilder Hefe. Sporenhaut nach innen anscheinend nicht scharf abgegrenzt, geht scheinbar allmählich in den Sporeninhalt über. Der Grund hierfür liegt wahr- scheinlich in der relativ geringen Dicke der Sporenhaut und in ihrem dem Sporeninhalt gegenüber geringeren Lichtbrechungs- vermögen. Die Grenzlinie zwischen zwei aneinanderstoßenden und durch den starken Druck abgeplatteten Sporen erscheint infolgedessen auch nicht so stark wie bei den Sporen der Kulturhefen. Der Sporeninhalt ist sehr gleichmäßig, ungemein stark lichtbrechend und glänzend. Vakuolen sind auf dem Höhepunkt der Entwicklung der Sporen im Inhalt nicht vorhanden.

Das eben charakterisierte Aussehen der Sporen von Kultur- und wilder Hefe ist nur dann zu beobachten und zur scharfen Unterscheidung der beiden großen Gruppen der Hefen zu ver- werten, wenn sich die Sporenbildung unter normalen Verhält- nissen ungestört vollzieht. Außerdem tritt es nur bei den Sporen, die auf dem Höhepunkt der Reife stehen, in die Er- scheinung. Bei Überreife der Sporen, also bei älteren Sporen, kann sich bei den wilden Hefen die Beschaffenheit des Sporen- inhaltes ändern, indem auch hier Vakuolen und Granula, welche sich mit 1proz. Osmiumsäure färben, auftreten. Der dichtere Sporeninhalt behält aber auch in diesem Falle bis zu einem gewissen Grad noch das stärkere Lichtbrechungs-vermögen bei, wenngleich er an Glanz abnimmt. Anderseits kann das Aussehen des Inhaltes der Sporen von Kulturhefe unter noch nicht näher bekannten Bedingungen demjenigen der Sporen von wilder Hefe so ähnlich werden, daß es nach der Sporenbildung allein schwierig ist, eine Entscheidung darüber zu treffen, ob Kultur- oder wilde Hefe vorliegt. Mög-licherweise handelt es sich um Übergangsformen zwischen wilden und Kulturhefen.

Die Sporen der Williaarten zeigen nach kurzer Zeit sehr große Vakuolen, sehen daher sehr blaß aus. Sie sind jedoch, wie die Sporen mancher anderer wilder Hefenarten, welche uns jedoch hier nicht interessieren, allein schon an ihrer charakteristischen Form zu erkennen. Die Form der Sporen gleicht derjenigen eines Hutes, indem sich an den Rand der abgeplatteten Seite der halbkugelförmigen Sporen, ähnlich der Hutkrempe, ein Wulst ansetzt.

Wenn die Sporenkulturen zur richtigen Zeit, also bei der Hefenanalyse für praktische Zwecke, bei welcher es sich zu-nächst nur um die Unterscheidung der beiden großen Gruppen von Hefen handelt, bei 25 ⁰ C nach etwa 40 Stunden und bei 15 ⁰ C nach etwa 3 Tagen, untersucht werden, kommt das eben geschilderte Aussehen der Sporen in der Regel voll zur Geltung. Sollte es gleichwohl verändert sein, so ergeben sich aus den übrigen Erscheinungen des mikroskopischen Bildes, insbeson-dere aus der Verschiedenheit der Größe der Sporen, genügende Anhaltspunkte zur Unterscheidung.

Gemengteile des „Jungbieres" oder „fässigen Bieres".

Nach Beendigung der rasch verlaufenden Gärung im Gär-keller wird die vergorene Würze als »Jungbier« oder »fässiges Bier« bezeichnet. Sie ist reif zum »Fassen«, d. h. zur Über-führung (»Umschlauchen«) in die Fässer des auf Temperaturen von 0⁰ bis + 1⁰ gehaltenen Lagerkellers zur langsam verlaufenden

Nachgärung, zur Klärung und zur Nachreife. Das fässige Bier
ist nach normal verlaufener Hauptgärung nicht klar, sondern
mit Flocken durchsetzt. Diese sind groß, »grob« oder klein,
»fein«. Sie trüben das Bier nicht vollständig; zwischen ihnen
ist es blank, glänzend. Das Bier befindet sich im Zustand
des »Bruches«.

Die Flocken bestehen erstens aus Hefenzellen, welche durch
eine sie verkittende Substanz zu größeren (»grober Bruch«)
oder kleineren (»feiner Bruch«), unregelmäßig geformten
Klümpchen so fest miteinander verbunden sind, daß es eines
ziemlich starken Eingriffes (Druck auf das Deckglas des mikroskopischen Präparates) bedarf, um sie voneinander zu trennen.
Erscheinen die Flocken fest zusammengeballt, so spricht der
Praktiker von »griesigem« (grob-griesig, fein-griesig) Bruch.

Die in den Bruchklümpchen vereinigten, kräftigen, mit
Glykogen erfüllten Zellen sind nicht das Produkt einer einzigen Mutterzelle, sie stellen in der Regel nicht die Glieder
eines einzigen, völlig oder teilweise zerfallenen Sproßverbandes
dar, obwohl solche auch noch sichtbar sind, sondern ihre Abstammung ist auf verschiedene Mutterzellen zurückzuführen.
Häufiger sind Mutterzellen, welche mit einer noch nicht ganz
ausgewachsenen Tochterzelle in Verbindung stehen.

Die Substanz, welche die Hefenzellen miteinander zu den
Klümpchen verbindet, ist in der Regel nicht direkt sichtbar,
jedoch kann sie zuweilen, wenigstens teilweise, durch Färbung
eines Präparates mit der wässerigen Methylenblau- oder Methyl-
violettlösung sichtbar gemacht werden. Die Hefenklümpchen
färben sich äußerlich mehr oder minder an.

Die Ursachen und Erscheinungen, welche die Verkittung
der Hefenzellen zu den »Bruchklümpchen« herbeiführen, sind
noch nicht völlig klargelegt. Sehr viel Wahrscheinlichkeit
hat die Anschauung für sich, daß außer einer in verschiedenem Grade stattfindenden Verschleimung einer Schicht der
Zellwand Eiweißkörper, welche teilweise die verschleimte Haut
in gelöstem Zustande durchdringen, mit fortschreitender Gärung
auf die Hefenzellen niedergeschlagen werden und so deren feste
Verbindung herbeiführen. Damit würde auch die äußere An-
färbung der Hefenklümpchen mit Anilinfarben ihre Erklärung

finden. Es würden also die gleichen Verhältnisse bestehen,
welche beim Eintrocknen von ungewaschener Bierhefe zur
Entstehung des sogenannten gelatinösen Netzwerkes, in dessen
Maschen sich Hefenzellen befinden, führen.

Die Anzahl der Hefenzellen, welche sich im Jungbier befinden, ist eine größere oder kleinere, je nachdem das Bier
früher oder später gefaßt wird. Im ersten Fall sagt der
Brauer, er faßt »grün«, im zweiten, er faßt »lauter«. »Grün
gefaßte« Münchener Biere enthielten zwischen 19 600 000 und
1 920 000 Hefenzellen im Kubikzentimeter; häufiger kehrten
die Zahlen zwischen 4 000 000 und 6 000 000 wieder. Ein
»lauter gefaßtes« Bier mit schönem Bruch enthielt dagegen
in 1 ccm 880 000 Zellen. Ähnliche Zahlen werden von Schönfeld angegeben.

Nicht nur die Hefenzellen befinden sich im Jungbier im
Zustand des Bruches, sondern auch die Glutinkörperchen.
Während sie in der Würze isoliert oder nur zu wenigen vereinigt waren, sind sie zu mehr oder weniger umfangreichen,
traubigen Massen gehäuft, die sich ähnlich wie die Hefenklümpchen kaum zerteilen lassen. Dies weist auf einen
sehr festen Zusammenhalt hin. Zuweilen sind sie, deutlich
sichtbar, in eine unbestimmt geformte Eiweißsubstanz eingebettet.

Je besser der Bruch, desto fester sind die Zellenhaufen und
desto umfangreicher die Anhäufungen von Glutinkörperchen.
Untergeordnet finden sich neben den beiden geformten Haupt-
gemengteilen des Jungbieres, den Hefenzellen und den Glutinkörperchen, noch feine Eiweißflöckchen und -häutchen sowie
Kristalle von oxalsaurem Kalk vor. Diese sind zuweilen sehr
klein und kommen erst bei dem Auflösen der Glutinkörperchen mit 10 proz. Kalilauge zum Vorschein. Zuweilen finden
sie sich jedoch auch in ungemein großer, abnormer
Zahl vor.

Bei fehlendem Bruch enthält das Jungbier, abgesehen
von den Fällen, in welchen schon während der Hauptgärung
etwa wilde Hefe überhand genommen hat oder Stärketrübung
eingetreten ist, die gleichen Gemengteile. Die Kulturhefenzellen bilden jedoch höchstens zwei- bis dreigliedrige Sproß-

verbände; ebenso sind die Glutinkörperchen zum größeren
Teil isoliert oder nur zu wenigen vereinigt. Außerdem finden
sich zuweilen zahlreiche Eiweißausscheidungen in Form von
glänzenden Körnchen und feinen, unbestimmt geformten Massen,
welche erst auf Zusatz von wässerigen Anilinfarblösungen zum
Vorschein kommen.

Gemengteile des normalen Faßgelägers.

Das ins Lagerfaß geschlauchte Jungbier setzt, nachdem
es zur Ruhe gekommen ist, nicht nur die schon von Anfang
an in Schwebe gehaltenen Gemengteile, sondern auch die noch
nachträglich ausgeschiedenen (wesentlich Glutinkörperchen)
allmählich ab, es klärt sich mehr und mehr und wird schließlich vollständig blank. Nach mehrwöchentlichem Lagern hat
sich an der tiefsten Stelle des Fasses eine meist dunkelbraun
gefärbte Masse von breiiger oder etwas festerer Beschaffenheit,
das »Faßgeläger«, angesammelt. Seine dunkle Färbung ist
hauptsächlich auf die dunkel gefärbten Eiweißkörper zurückzuführen. Die Zusammensetzung des Faßgelägers ergibt sich
aus den Gemengteilen des fässigen Bieres; die Beschaffenheit
der Gemengteile ist jedoch zu der Zeit, wenn das ausgereifte
Bier dem Konsum zugeführt wird, wenn es zum Ausstoß
gelangt, nicht mehr die gleiche wie anfangs. Vorherrschend
sind umfangreiche Anhäufungen von Glutinkörperchen; seltener sind diese isoliert oder zu wenigen aneinandergelagert.
Meist kugelförmig, sind sie von verschiedener Größe. Offen-
sichtlich hat diese im allgemeinen zugenommen. Zuweilen
erscheinen sie wie entleert. Ihre Farbe ist satt-gelblichgrün-
braun; sie besitzen starken Glanz. Ein Teil der Glutinkörperchen färbt sich manchmal mit Goldchloridlösung intensiv
violett. Ob diese Färbung den Glutinkörperchen an sich zukommt oder nicht, erscheint zweifelhaft. Wenn die Reaktion
an Anhäufungen von Glutinkörperchen auftritt, ist sie meist
an deutlich sichtbare, höchstens körnige Eiweißausscheidungen
gebunden. Außerdem tritt Violettfärbung an verschiedenen
anderen Körpern eiweißartiger Natur, hauptsächlich Eiweiß-
gerinnseln, auf.

In geringer Zahl sind hautartige, vielfach gefaltete, teils nur wenig, teils sehr stark gelbbraun gefärbte Eiweißausscheidungen von verschiedenem Umfang vorhanden, zuweilen kommen sie erst auf Zusatz von Jod oder Anilinfarben zum Vorschein.

Neben den Glutinkörperchen treten die Bierhefezellen mit starker, dunkel gefärbter, dem wässerigen, glanzlosen Inhalt gegenüber scharf hervortretender Zellwand in den Vordergrund. Die normal gestalteten, also im allgemeinen kugelförmigen bis ellipsoidischen Zellen enthalten eine große oder mehrere kleinere Vakuolen; jedenfalls ist also die Masse des Cytoplasmas sehr verringert. Außerdem treten Granula in größerer Zahl und stärker als in den Hefenzellen des Jungbieres hervor. Der Zellinhalt färbt sich mit Jod meist nur gelb bis gelbbraun, doch kommt auch häufig, wenn auch nur schwach, eine Glykogenreaktion zustande. Einzelne tote Zellen färben sich dagegen noch satt rotbraun.

Vereinzelte tote Zellen mit reichlichem Plasmagehalt haben durch Speicherung von Farbstoffen aus dem Bier eine braune Färbung angenommen.

Der Gesamteindruck, welchen die Hefenzellen hervorrufen, ist der des Hungerzustandes.

Die Bruchklümpchen der Hefenzellen sind teilweise auseinandergefallen; ihr Zusammenhalt ist in der Regel kein so fester mehr wie im Jungbier; die Hefenzellen trennen sich bei einem Druck verhältnismäßig leicht voneinander. Sproßverbände sind nicht vorhanden; nur selten findet sich eine Zelle, welche noch mit einer nicht ausgewachsenen Tochterzelle verbunden ist.

Ein regelmäßiger Gemengteil des Faßgelägers sind wohlausgebildete, meist größere Kristalle von oxalsaurem Kalk; sie sind in der Regel zahlreicher als im Jungbier.

Häufig finden sich auch Harztröpfchen (Harzöl mit Pech) und Pechsplitter im Faßgeläger vor.

Die Absätze aus gelagertem und konsumreifem Bier.

Wenn das gelagerte und konsumreife Bier auch vollständig blank, ja glanzfein aus dem Lagerfaß fließt, so ist es doch nicht frei von schwebenden Bestandteilen. Es enthält erstens immer noch eine nicht unbeträchtliche Menge von Organismen, vorherrschend natürlich Hefenzellen. In einzelnen Fällen wurden von diesen zwar nur 10000 und selbst noch weniger in 1 l festgestellt, meist ist jedoch ihre Zahl bedeutend größer; sie bewegt sich zwischen 200000 und 600000 in 1 l, vielfach war sie noch höher, bis zu 39000000. Durch Filtrieren können die Organismen recht beträchtlich vermindert, aber selbst durch sehr scharfes Filtrieren nicht vollständig entfernt werden, abgesehen davon, daß ein allzu scharfes Filtrieren in anderer Beziehung nicht von Vorteil für das Bier ist.

Zweitens enthält selbst glanzfeines, filtriertes Bier neben den Organismen noch Eiweißausscheidungen; außerdem werden in normalen Bieren nachträglich noch Eiweißkörper und zwar hauptsächlich in Form von Glutinkörperchen ausgeschieden.

Es ist also ohne weiteres verständlich, daß aus jedem Bier bei längerem Stehen ein Absatz erzeugt wird, der sich, wenn die vorhandenen Keime nicht durch Erwärmen des Bieres bei höheren Temperaturen (50—60⁰ C), durch Pasteurisation, abgetötet oder wenigstens stark geschwächt werden, im Verlauf der Zeit nicht unbeträchtlich vermehrt.

a) Absätze aus nicht pasteurisiertem Bier.

Die Absatzbildung beginnt in der Regel damit, daß sich der Boden der Flasche, welche das Bier enthält, staubartig mit feinen Flöckchen bedeckt. Später entstehen hellfarbige Hefenkolonien, welche anfangs scharf umgrenzt und noch voneinander getrennt sind, sich jedoch später zu einem den Flaschenboden bedeckenden Belag entwickeln. Dieser haftet ziemlich fest, solange er hauptsächlich aus Bierhefenzellen besteht. Bei Gegenwart von wilder Hefe und von Bakterien sind die Absätze locker und mehr oder weniger flockig. Ein unzweifelhaftes Anzeichen für die Beimengung von wilder Hefe und von

Bakterien im Absatz ist jedoch die Flockenbildung nicht, da auch manche Bierhefenarten sich nicht fest, sondern flockig absetzen und außerdem durch Eiweiß- oder Gerbstoff-Eiweißverbindungen (Reaktion mit Goldchlorid), welche auf die Kulturhefenzellen aus dem Bier niedergeschlagen werden und diese einhüllen, grobe Hefenflocken entstehen können. Immerhin wird sich bei einiger Übung aus der Beschaffenheit des Absatzes eine ziemlich sichere Schlußfolgerung auf dessen Zusammensetzung ziehen lassen.

Zwischen den Hefenzellen befinden sich in geringer Zahl Glutinkörperchen und Eiweißausscheidungen von anderer Form wie beim Jungbier.

b) Absätze aus pasteurisiertem Bier.

Wenn auch in pasteurisiertem Bier die Hefenzellen abgetötet oder wenigstens so geschwächt sind, daß sie sich nicht vermehren, so müssen doch, wie früher bemerkt, schon aus den allmählich zu Boden sinkenden Hefenzellen Absätze in größerem oder geringerem Umfang entstehen.

Das Bestreben des Brauers geht dahin, durch eine entsprechende Arbeit im Sudhaus mit guten Malzen und starke Abkühlung der zur Pasteurisation bestimmten, lange gelagerten Biere die Ausscheidung von Eiweißkörpern zu vermeiden; gleichwohl bestehen die Absätze aus pasteurisierten Bieren in der Regel vorherrschend aus solchen Ausscheidungen von verschiedener Form. Untergeordnet finden sich dann noch sehr oft Harztropfen und Kristalle von oxalsaurem Kalk. Diese bildeten jedoch auch in sehr vereinzelten Fällen die Hauptmenge des Absatzes.

Die Eiweißausscheidungen lassen sich in folgender Weise einteilen

1. Glutinkörperchen. Unter diesen ist zwischen den sogenannten primären, also denjenigen, welche sich schon vor der Pasteurisation im Bier befanden, und den sekundären, welche erst nach der Pasteurisation entstanden, zu unterscheiden. Ihre Beschaffenheit sowie ihr Verhalten gegenüber Reagentien läßt erkennen, daß jene durch höhere Temperaturen verändert sind, daß sie den Pasteurisationsprozeß mitgemacht haben.

9 *

Sie sind teilweise zu anscheinend gleichmäßig beschaffenen, glänzenden, gelblich-braunen Körnchen zusammengeschrumpft, welche in Essigsäure und in 10 proz. Kalilauge nur mehr aufquellen, aber sich nicht auflösen. Die sekundären Glutinkörperchen verhalten sich dagegen genau so wie die aus der Würze während der Abkühlung ausgeschiedenen und die im Jungbier sowie im Faßgeläger enthaltenen.

2. Unbestimmt geformte und unbestimmt begrenzte Flocken eiweißartiger Natur, welche möglicherweise auch noch gummöse Stoffe enthalten und zuweilen Gerbstoffreaktion geben. Die Flocken sehen unter dem Mikroskop etwa wie verkleisterte, mit Körnchen durchsetzte Stärke aus. Sie enthalten auch vielfach, direkt erkennbar, entleerte Glutinkörperchen in größerer Zahl.

Geringe Mengen solcher Ausscheidungen finden sich auch bei im übrigen normalen Bieren vor.

3. Eiweißhäutchen. Sie erscheinen ebenfalls mehr oder weniger stark durch auf- und eingelagerte Glutinkörperchen körnig.

Auch diese Ausscheidungen bilden, allerdings ebenfalls nur in sehr geringer Menge, einen regelmäßigen Bestandteil der Absätze aus normalen Bieren.

4. Eiweißflöckchen. Im Gegensatz zu den unter 2. aufgeführten sind sie sehr fein und erst durch Färbung mit Anilinfarben nachweisbar. Meist handelt es sich zunächst nicht um Absätze, sondern um gleichmäßig feine Trübungen. Die Flöckchen werden beim Bewegen der Flasche in Form von Wölkchen, welche die Flüssigkeit durchziehen, sichtbar.

Die Form der die Absätze pasteurisierter Biere zusammensetzenden Eiweißausscheidungen gibt vielfach einen Fingerzeig dafür, ob ein normales oder wenigstens von gröberen Fehlern freies Bier vorliegt oder nicht.

Die Absätze normaler Biere bestehen in der Regel nur aus Glutinkörperchen, und zwar vorherrschend oder ausschließlich aus primären; daneben finden sich tote Hefenzellen von dem bekannten Aussehen (doppelte Konturen), deren Inhalt öfters durch aufgespeicherte Würzefarbstoffe tief dunkelbraun gefärbt ist, und vielleicht vereinzelte granulierte Bakterien.

Biere, welche sehr viele sekundäre Glutinkörperchen ausscheiden, können nicht als völlig normal bezeichnet werden.

Gerbstoffverbindungen sind in den Absätzen normaler Biere nicht nachzuweisen.

Bei der Bodensatzbildung pasteurisierter Biere scheint häufig ein gewisser Eisengehalt des Bieres eine nicht unwesentliche Rolle zu spielen.

Die verschiedenen Arten von Trübung des Bieres.

Trübungen im Bier können durch organische Substanzen und durch Organismen verursacht sein. Jene waren entweder in der Würze gelöst und wurden erst mit fortschreitender Gärung, mit Erhöhung des Alkoholgehaltes oder durch Entstehung von Säuren (bei Gegenwart von Bakterien) oder durch äußere Einflüsse, wie Erniedrigung der Temperatur, ausgeschieden, oder sie waren schon anfangs in der Würze in Form von Ausscheidungen vorhanden und am Absitzen verhindert.

Die überhaupt vorkommenden Trübungen können in verschiedenem Grade abgestuft sein: die Biere sind entweder schielig oder sie zeigen einen Schleier, eine gleichmäßige Trübung oder flockige Ausscheidungen von wechselndem Umfang, welche sich nach mehrstündiger Ruhe hauptsächlich in dem unteren Teil der Probe ansammeln und entweder einen festhaftenden oder lockeren Bodensatz bilden oder sich auch an der Flaschenwandung, insbesondere an deren unterem Teil, ansammeln. Nach der Natur der organischen Substanzen, welche Trübungen und Absätze verursachen, können folgende Trübungen des Bieres unterschieden werden.

1. Harz- oder Pechtrübung, Harzöltrübung. Kommt ungemein selten vor. Sicher sind mehrfach Trübungen durch Glutinkörperchen mit Harztrübung verwechselt worden. Eine Trübung durch »Hopfenharz« dürfte wohl ausgeschlossen sein Die Menge des mit dem Hopfen in die Würze eingeführten Harzes ist, abgesehen von anderem, viel zu gering, als daß durch dieses eine wirkliche Trübung oder auch nur eine Schleierbildung im Biere veranlaßt werden könnte. In den wenigen exakt untersuchten Fällen lag Harz- oder Pechtrübung bzw. Harzöltrübung vor.

Bei Harz- oder Pechtrübung ließen sich Harztröpfchen von dem bekannten charakteristischen Aussehen, von verschiedener Färbung und Konsistenz, welche aus ihrem Verhalten beim Verschieben des Deckglases unter leichtem Druck erschlossen werden kann, feststellen. Die Tröpfchen sind leicht- bis zähflüssig. Die verschiedene Konsistenz ist wahrscheinlich darauf zurückzuführen, daß es sich um Tropfen eines Lösungsmittels (Harzöl) handelt, welche eine verschiedene Menge von Harz enthalten.

Der Beweis, daß es sich um Harztröpfchen aus dem Pech handelt, läßt sich leicht durch die Reaktion mit einem Gemisch von Essigsäureanhydrid und konzentrierter Schwefelsäure (1—2 Tropfen Schwefelsäure auf etwa 5 Tropfen Essigsäureanhydrid) erbringen, wenn es gelingt, durch Zentrifugieren aus der trüben Bierprobe größere Mengen der Harztröpfchen zu gewinnen. Die Reaktion ruft an diesen eine violette Färbung hervor. Noch deutlicher und bequemer ist diese Färbung nachzuweisen, wenn die durch Zentrifugieren in größerer Menge ausgeschiedenen Harztröpfchen auf einer Gipsplatte gesammelt und hier mit 1—2 Tropfen des Reagens betupft werden. Die Reaktion wird um so deutlicher, je mehr die Harztröpfchen von Flüssigkeit frei sind, sie ist jedoch nur von vorübergehender Dauer. Hopfenharz gibt die Reaktion nicht.

In einem zweiten Fall waren neben den Harztröpfchen in großer Zahl im allgemeinen rundliche, jedoch unbestimmt begrenzte, wie geschrumpft aussehende und von Hohlräumen durchsetzte Ausscheidungen zu erkennen, die bei stärkerem Lichtbrechungsvermögen eine mehr oder weniger gelbliche bis gelblichbraune Färbung zeigten. Durch die verschiedensten Übergänge mit diesen verbunden, fanden sich noch farblose, blasse, ziemlich scharf begrenzte Körperchen von etwa der gleichen Größe wie die Glutinkörperchen vor, welche wahrscheinlich auf Harzöl zurückzuführen sind. Solche Harzöltröpfchen kommen zuweilen auch allein im Biere vor und können reichlichere Mengen eine Schleierbildung verursachen. Zuweilen sehen die Harztröpfchen wie alte abgestorbene Hefenzellen, deren Inhalt Würzefarbstoffe in sich aufgenommen hat, aus, oder sie sind den Organismen aus der Gruppe der Torulaceen ähnlich. Außerdem können sie mit Glutinkörperchen verwechselt werden. Um Täuschungen in dieser Richtung auszuschließen, prüft man ein Präparat mit einem Tropfen 10 proz. Kalilauge, durch welche Glutinkörperchen sofort gelöst werden. Hopfenharz wird viel schwieriger und erst nach längerer Einwirkung der Kalilauge angegriffen, und es ist die Lösung keine vollständige. Durch Alkannatinktur werden Hopfenharztröpfchen von Pechtröpfchen unterschieden.

2. Stärke- und Dextrintrübung. Sind meist gleichzeitig von Hefen- und Bakterientrübung, öfters auch von Eiweißtrübung begleitet. Schwache Stärketrübung kann mit dem Mikroskop kaum erkannt werden. Die Ausscheidungen von Stärke und den dieser noch nahestehenden Abbauprodukten kommen in der Regel in der Form von kleinen glänzenden Körnchen, welche zu traubigen Massen vereinigt sind, vor; sie werden durch Jodjodkaliumlösung blau bis blau- oder rotviolett gefärbt. Zuweilen finden sich neben den Körnchen, diese einschließend, feine, mit Jod ebenfalls sich blau färbende Flöckchen, zuweilen auch sehr dünne Häutchen vor, welche, oft eben noch erkennbar, die Stärkereaktion geben. Selten sind in stärketrüben Bieren vereinzelte noch völlig unversehrte oder verkleisterte und in Auflösung begriffene Stärkekörner vorhanden. Stärketrübung kann auch gleichzeitig mit Eiweiß- und Gerbstoff-Eiweiß-Trübung verbunden sein.

Bei stark vergorenen, lang gelagerten Bieren aus schlecht verzuckerten Würzen sowie bei niedriger Temperatur kann eine Ausscheidung von Dextrinen entstehen und Trübung verursachen. Bei starker Trübung erhält das Bier ein milchiges Aussehen. Mit dem Mikroskop ist die Ursache dieser Trübung nicht direkt erkennbar. Am besten geschieht der Nachweis im Reagensrohr mit Jodjodkaliumlösung.

3. Eiweißtrübung. Die Erscheinungsform der Eiweißtrübung ist sehr mannigfaltig und in ihren Ursachen noch nicht völlig klargelegt. Sicher ist, daß Eiweißausscheidungen durch Berührung des Bieres mit Metallen, insbesondere mit

Zinn und Eisen, entstehen. Die Eiweißtrübung tritt in ihren
verschiedenen Typen rein auf, meist sind diese aber gemischt.

Bei einem von diesen Typen erscheint das Bier gleichmäßig oder flockig durch sehr feine und vielfach gefaltete
hautartige Ausscheidungen, welche zuweilen Glutinkörperchen
einschließen, getrübt. Die trübenden Bestandteile sitzen, wenn
sie nicht flockig sind, sehr schwer ab.

Bei einer anderen Klasse von Eiweißtrübung werden feine
oder grobe Flocken im Bier in Schwebe gehalten, welche aus
unbestimmt geformten Massen bestehen. Diese schließen in
der Regel ein körniges Gerinnsel und Glutinkörperchen ein.
Bei ruhigem Stehen der Bierprobe ballen sich die Flocken
zusammen und setzen sich häufig schon nach wenigen Stunden,
meist aber erst nach längerer Zeit an der Wandung des Gefäßes
und am Boden in Form umfangreicher Niederschläge locker
ab. Obwohl das Bier hierdurch meist klar wird, enthält es
gleichwohl in der Regel noch größere Mengen von feinen
Eiweißausscheidungen. Beim Erwärmen in Wasser bis auf
30 ⁰ C werden die getrübten Biere klarer, indem sich die feinen
Flöckchen zusammenballen und dichter werden. An solchen
Flöckchen tritt manchmal mit Goldchlorid eine starke blau-
violette Färbung nach kurzer Zeit auf.

Eine eigenartige Form von Eiweißtrübung findet sich
nicht selten bei gewissen hellen Bieren. Diese sind entweder
nur schielig oder sehr schwach durch ungemein feine Flöckchen getrübt. Bei der mikroskopischen Untersuchung werden
die trübenden Bestandteile zum größten Teil erst durch
Färbung mit wässerigen Lösungen von Anilinfarben als ungemein feine, in [der Flüssigkeit oft in eigentümlicher Weise
verteilte Flöckchen sichtbar. Neben feinen Flöckchen findet
man noch verhältnismäßig grobe Eiweißausscheidungen, entleerte Glutinkörperchen usw. Beim Erwärmen in Wasser
findet kein Aufklaren, kein Auflösen der trübenden Bestandteile statt. Die feinen Eiweißausscheidungen sitzen ungemein
schwer ab. Nach den bis jetzt vorliegenden Erfahrungen ist
diese Form von Eiweißtrübung in hellen Bieren in der Regel
durch größere Mengen von Gummi, als sie normal im Bier

vorhanden sind, verursacht; sie möge als Gummitrübung bezeichnet werden.

Eine andere Art von Eiweißtrübung wird durch Glutinkörperchen veranlaßt; sie kommt sehr selten vor und tritt insbesondere bei sehr starker Abkühlung des Bieres auf. Kälteempfindliche Biere sind auch gegen Metalle empfindlicher. Das Bier erscheint in diesem Falle ungemein feinflockig oder durch einen schwachen Schleier getrübt. Sind Flocken vorhanden, so bestehen diese fast ausschließlich aus einer unbestimmt geformten Eiweißsubstanz, in welche eine sehr große Anzahl von Glutinkörperchen eingeschlossen ist. Diese Eiweißausscheidungen sitzen nur sehr mangelhaft ab.

Durch Glutinkörperchen getrübte Biere klaren beim Erwärmen zwischen 30 und 40° C auf; sie werden durchsichtiger, aber nicht völlig blank. Diese Erscheinung ist darauf zurückzuführen, daß beim Erwärmen zwar der Inhalt der Glutinkörperchen, nicht aber ihre Hülle gelöst wird. Sind die Hüllen sehr fein und die Glutinkörperchen von sehr geringem Durchmesser, so kann das Bier nach dem Erwärmen nur noch sehr schwach verschleiert sein.

Kühlt man das Bier wieder ab, so erscheinen wiederholt Ausscheidungen mit wenig scharf begrenzten Rändern in größerer Menge; gleichwohl tritt noch keine wahrnehmbare Trübung auf. Mit fortschreitender Abkühlung erhalten die neu entstandenen Ausscheidungen, während sie sich durch Verschmelzung vergrößern, bestimmtere Umrisse und zeigen schließlich wieder die Form und das Verhalten der ursprünglich vorhandenen Glutinkörperchen. Sobald die Ausscheidungen in diesen Zustand eingetreten sind, erscheint das abgekühlte Bier auch wieder getrübt.

Fügt man zu einem durch Glutinkörperchen getrübten Bier Alkohol hinzu, so wird, bevor eine Ausscheidung von Dextrinen stattfindet, die Trübung aufgehoben; das Bier wird durchscheinend. Der Alkohol löst den Inhalt der Glutinkörperchen.

Eiweißtrübungen treten bei pasteurisierten Bieren nicht selten auf; sie werden durch feine oder grobe Flocken, zwischen welchen das Bier blank erscheint, verursacht. Die

Flocken sind teils hautartig, vorherrschend bestehen sie aber
aus unbestimmt geformten feinkörnigen Massen, welche häufig
entleerte primäre Glutinkörperchen einschließen. Die Körnchen
sind zum Teil ebenfalls nur geschrumpfte primäre Glutinkörperchen, zum Teil sind es auch sekundäre. Diese sind
oft in großer Zahl vorhanden. Pasteurisierte trübe Biere sitzen
meist sehr langsam ab, und es entstehen bräunliche, leicht
sich hebende Bodensätze.

Der Nachweis von Eiweißausscheidungen geschieht in
erster Linie mittels der verdünnten wässerigen Lösungen von
Anilinfarben. Bei gleichzeitiger Gegenwart von Bakterien,
welche Säurebildung veranlaßten, genügen die Anilinfarben
nicht, da sie entfärbt werden. Die Glutinkörperchen werden
an den charakteristischen Erscheinungen bei Einwirkung von
Essigsäure erkannt, Gerbstoff-Eiweißverbindungen an der rot-
bis blauvioletten Färbung bei Behandlung mit 0,5 proz. Goldchloridlösung. Soweit nicht schon Absätze der Eiweißausscheidungen vorhanden sind oder durch mehrtägiges Stehen-
lassen der Bierprobe gewonnen werden können, wird der Versuch gemacht, durch Ausschleudern des Bieres die trübenden
Bestandteile in größerer Menge zu erhalten. Mehrere Tropfen
der Absätze werden in einer Uhrschale oder in einem Glas-
näpfchen mit etwa 1—2 ccm der Goldchloridlösung gemischt.
Sind Gerbstoff-Eiweißverbindungen vorhanden, so tritt nach
1—2 stündiger Einwirkung die Färbung an einzelnen den Absatz zusammensetzenden Ausscheidungen auf.

4. Trübung durch oxalsauren Kalk. Es sind vereinzelte
Fälle bekannt geworden, in welchen oxalsaurer Kalk im Bier
in großer Menge ausgeschieden war. P. Lindner berichtet
über ein Flaschenbier, welches sogar durch zahlreiche kleine
Kriställchen des Salzes trübe geworden war. Wir selbst
hatten Gelegenheit ein Jungbier zu untersuchen, in welchem
sich außergewöhnlich viele große Kristalle vorfanden.

Von den durch Organismen verursachten Trübungen
kommen hauptsächlich Bakterien- und Hefentrübung in Betracht.

1. Bakterientrübung. Die Entwicklung von Bakterien
in Bier hat in der Regel Trübungen in den verschiedensten

Abstufungen zur Folge, bei welchen eine Klärung nicht oder
nur sehr schwierig eintritt; bei hellen Bieren tritt auch Flok-
kenbildung (Milchsäurestäbchen) auf. Häufig bilden sich
gleichzeitig auf der Oberfläche schleimige Häute; zuweilen
wird das Bier auch »lang« oder »fadenziehend«.

2. Hefentrübung. In den meisten Fällen sind Trübungen
im Bier durch Hefe verursacht, welche häufig von Bakterien,
zuweilen auch von hefenähnlichen Organismen, wie Apiculatusarten, Torula und anderen, sowie Ausscheidungen verschiedener Art, vorherrschend von Eiweißkörpern, begleitet wird.

Hefentrübung kann ausschließlich durch Kulturhefe verursacht sein, meist aber wird sie durch die Entwicklung von
wilder Hefe hervorgerufen, welche ebenfalls rein auftritt, sehr
häufig jedoch in verschiedenem Grade mit Kulturhefe vermischt ist. Dementsprechend sind auch die Bilder, welche
hefentrübe Biere und Absätze aus solchen unter dem Mikroskop darbieten, sehr wechselnd.

Die Trübung des Bieres kann eine gleichmäßige sein, sie
kann aber auch durch gröbere oder feinere Flocken, wie sie
bei Eiweißtrübung auftreten, veranlaßt sein. Zwischen den
Flocken ist das Bier nicht blank. Bei längerem Stehen ver-
dichten sich die Flocken, sie werden gröber. Diese Art der
Trübung wird durch manche wilde Hefen hervorgerufen.

Hefentrübe Biere können sich bei längerem Stehen unter
Bildung eines umfangreichen, grobflockigen, leicht sich hebenden
oder eines gleichmäßig abgelagerten und festeren Bodensatzes
von gelblichweißer oder bräunlicher Farbe vollständig oder
wenigstens in den oberen Schichten klären. Wilde Hefe hängt
sich in Flocken auch an die Gefäßwandung.

Von anderen Sproßpilzen, welche in ober- und untergärigem Bier vorkommen, seien noch die Mykodermaarten
erwähnt.

Mykodermazellen bilden eine fast regelmäßige Verunreinigung des Bieres. Gewöhnlich ist jedoch deren Zahl
eine so geringe, daß sie nur unter besonders günstigen Bedingungen, vor allem bei Luftzutritt, und zwar durch die Entwicklung von Häuten auf der Flüssigkeitsoberfläche, zur Geltung kommen.

Nach vorliegenden Literaturangaben scheinen jedoch gewisse Mykodermaarten sich nicht nur auf der Flüssigkeits-oberfläche, sondern bei schwach eingebrauten Bieren auch innerhalb der Flüssigkeit, und zwar so stark zu vermehren, daß sie zu Trübung Veranlassung geben. Allerdings sind alle derartigen aus früherer Zeit stammenden Angaben mit Vorsicht aufzunehmen.

Schimmelpilze werden in trüben Bieren im allgemeinen sehr selten gefunden; verhältnismäßig häufig scheint allerdings *Oidium lactis*, der Milchschimmel, vorzukommen. Bis jetzt ist jedoch kein Fall bekannt geworden, in welchem dieser Pilz an einer beobachteten Trübung wesentlich beteiligt gewesen wäre. Meist tritt er erst im Gange der Analyse in die Erscheinung.

II. Abschnitt.

Gang der Untersuchung von Bierhefe, Jungbier, Haltbarkeitsproben, kranken Bieren, Faßgeläger und Würze.

Eine Grundbedingung für die Zuverlässigkeit der Untersuchungsergebnisse und der aus ihnen zu ziehenden Schlußfolgerungen ist eine zweckentsprechende Entnahme der Proben, bei welcher jede nachträgliche Verunreinigung und jede nachträgliche Veränderung ausgeschlossen ist. Aus diesem Grund kann nicht dringend genug darauf hingewiesen werden, nur gut gereinigte und sterilisierte Gefäße zur Aufnahme der Proben zu verwenden und bei deren Entnahme selbst alles zu vermeiden, was eine Verunreinigung durch die umgebende Luft, Berührung mit unsauberen Gerätschaften, durch die Kleidung oder durch die Hände veranlassen könnte. Gar manche Probe wird sicher ungünstiger beurteilt, als sie es verdient hätte, weil durch Unvorsichtigkeit bei der Entnahme eine Verunreinigung hinzugekommen ist oder weil sie während der Zeit von der Entnahme bis zur Untersuchung in ungeeigneter Weise behandelt worden war.

Zweckmäßig werden zur Aufnahme der verschiedenartigen Proben verschiedene Gefäße verwendet. Für Hefe, Geläger, Jungbier und Würze eignen sich Gläser von etwa 150 ccm Rauminhalt mit weiter Öffnung und Verschluß durch einen eingeriebenen Glasstöpsel, sogenannte Pulvergläser. Der Stöpsel wird, wie aus der Fig. 36 ersichtlich, durch eine federnde Klammer auf dem Glase festgehalten. Entsteht in dem Glase durch Gasentwicklung (durch Selbstgärung der Hefe, aus

Jungbier) ein Druck, so wird, sobald dieser eine gewisse Höhe erreicht hat, der Stöpsel emporgehoben und nach erfolgtem Ausgleich des Druckes wieder luftdicht auf das Glas gedrückt.

Vielfach bewährt für die Aufnahme von Würzeproben vom Kühlschiff, aus der Wanne des Kühlapparates und vom Bottich sowie von Jungbier aus dem Gärbottich ist der sog. Vakuumkolben, dessen Form die nebenstehende Figur 37 darstellt; ein Rundkolben ist zu einer langgestreckten Spitze ausgezogen. Der Kolben wird mit Wasser gefüllt und dann so lange über einer Flamme erhitzt, bis das Wasser nahezu vollständig ver-

Fig. 36.

a Pulverglas zur Aufnahme von Proben mit Verschluß durch eine federnde Klammer; *b* die federnde Klammer allein.

dampft ist. Im gegebenen Moment wird die Spitze des durch den entwickelten Wasserdampf sterilisierten und luftleer gemachten Kolbens in der in Fig. 38 dargestellten Weise mit einem Gebläse zugeschmolzen. Ein kurzes, nicht zu starkes Aufstoßen der Spitze des Vakuumkolbens auf der Wandung des Kühlschiffes, der Wanne des Kühlapparates usw. genügt, um jene abzubrechen; die Würze oder das Jungbier strömt mit Heftigkeit in den luftleeren Kolben hinein. Gegebenen Falles muß die Spitze des Kolbens mit einer sterilen Zange abgebrochen werden. Vor der Benützung werden die Kolben mittels Watte, welche in 70proz. Alkohol getaucht war, gewaschen.

Zur Aufnahme von Bierproben vom Abfüllbock, vor und
nach dem Filter werden Flaschen aus weißem Glas mit glattem
Boden oder gewöhnliche Bierflaschen aus hellem Glas verwendet. Der Verschluß geschieht entweder mit sterilisierten
Korken oder mittels eines
Bügelverschlusses (sog. Patentverschluß).

Die sterilen Gefäße werden
in größerer Zahl vorrätig gehalten.

Das Sterilisationsverfah-
ren ist folgendes. Die gut
ausgetrockneten Pulvergläser
werden offen im Heißluftsterilisator zunächst 1 Stunde lang
bei 120⁰ C erhitzt, dann mit
dem Glasstöpsel verschlossen
und nochmals während 2 Stunden bei der gleichen Tem-
peratur sterilisiert. Nach dem
langsamen Erkalten innerhalb
des Sterilisators verbindet man
die Stöpsel mit dem Glas
durch die federnde Klammer
und befestigt um den Hals
des Glases eine Anhänge-
etikette. Zum Schutze gegen
Staub und andere Verunreinigungen wird das Glas in sauberes
Papier eingewickelt.

Fig 37.
Vakuumkolben
nach Hansen
('a ¹/₄ nat Größe.

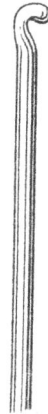

Fig 38.
Zugeschmolzene
Spitze des Vaku-
umkolbens

Beim Sterilisieren der Flaschen verfährt man in ähnlicher
Weise Die Flaschen, und zwar die mit Bügelverschluß ver
sehen ohne Gummischeibe, werden zunächst mit einem
Wattepfropfen geschlossen, während zwei Stunden im Heiß-
luftsterilisator bei 120⁰ C gehalten und dann erkalten lassen.
Inzwischen wurden die Gummischeiben, welche mehrere
Stunden in 70 proz. Alkohol gelegen hatten, zwischen steriles
Filtrierpapier gebracht und bei ca. 40⁰ C getrocknet. Sollen
zum Verschluß Korke verwendet werden, so läßt man diese

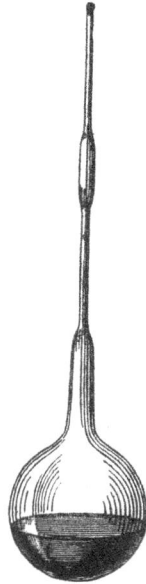

ebenfalls mehrere Stunden in 70 proz. Alkohol liegen und trocknet sie dann zwischen Filtrierpapier bei 60—70°C. Unmittelbar vor dem Gebrauch können sie auch noch schwach in der Flamme eines Bunsenbrenners abgesengt werden.

Der Verschluß der Flaschen nach der Sterilisation geschieht in der Weise, daß beim Bügelverschluß zuerst rasch eine der, wie oben angegeben, vorbereiteten Gummischeiben auf den Verschlußkopf aufgesetzt, dieser über die Mündung geschoben und nach Entfernung des Wattepfropfens auf die Flasche aufgepreßt wird. In ähnlicher Weise vollzieht sich der Verschluß mit den Korkstopfen. Die Flaschen werden beim Herausnehmen des Wattepfropfens mit der Mündung nach abwärts gehalten.

Flaschen mit Korkverschluß können auch in der Weise sterilisiert werden, daß man sie offen 1 Stunde bei 120°C beläßt, hierauf den sterilen Kork aufsetzt und festbindet; zum Schlusse wird nochmals bei 120°C während zwei Stunden sterilisiert.

Auch die Flaschen werden· mit einer Anhängeetikette versehen und in sauberes Papier eingewickelt.

Für die Etiketten, welche für Haltbarkeitsproben bestimmt sind, empfiehlt sich folgender Vordruck:

> Nr. der Probe:
> Lagerabteilung:
> Voll am:
> Gewicht beim Vollwerden:
> Sud Nr.:
> Hefe:
> Gewicht beim Ausstoß:
> Ausgestoßen am:
> Absatzbildung:
> Trübung:

Die Papierumhüllung der Gefäße entfernt man erst unmittelbar vor deren Gebrauch. Sie läßt sich sehr gut zum Auflegen der Stöpsel während der Füllung der Gläser und Flaschen verwenden, um diese vor Beschmutzung zu schützen.

Alle Proben sind an Ort und Stelle sofort auf der Anhängeetikette so genau zu bezeichnen, daß Verwechslungen

ausgeschlossen sind. Im Laboratorium werden sie in ein
Journal mit den nötigen Angaben über Zeit, Ort usw. der
Entnahme in der Weise eingetragen, daß auch der Befund
der nachfolgenden Untersuchung sowie die aus dieser sich
ergebende Begutachtung Platz finden kann. Peinlichste
Ordnung bei den oft in größerer Zahl im Laboratorium aufgestellten Proben erleichtert die Übersicht.

Die zu untersuchenden Proben müssen, soweit es möglich
ist, Durchschnittsproben sein. Sie müssen der Menge des
zu untersuchenden Objektes entsprechen. Bei Hefe genügt es
also keinesfalls, dem Gärbottich nach dem Fassen oder der
Hefenwanne nach dem Abgießen des Wassers und Durch-
rühren mit der Krücke an irgend einer Stelle eine einzige
Probe zu entnehmen, auch dann nicht, wenn die Hefe beim
Waschen gut gemischt worden war. Jedenfalls läßt sich mit
Rücksicht darauf, daß Bakterien und wilde Hefen trotz der
Durchmischung beim Waschen noch recht ungleichmäßig
verteilt sein können, und daß die schließlich untersuchte
Probe im Verhältnis zur Gesamtmenge der Hefe recht klein
ist, ein viel besseres Urteil gewinnen, wenn der Hefe an verschiedenen Stellen kleine Proben entnommen und diese wieder
gut vermischt worden waren. Vorteilhaft ist es, von einer
ersten größeren Mittelprobe eine zweite, kleinere in der
gleichen Weise zu ziehen. Man bedient sich dabei eines in
70 proz. Alkohol sterilisierten Hornlöffels oder eines während
einer halben Stunde in kochend heißem Wasser gelegenen
Blechlöffels oder emaillierten Löffels. Der Blechlöffel kann
auch direkt in der Flamme sterilisiert werden.

Das Glas darf nur zur Hälfte mit Hefe gefüllt werden;
der Stöpsel ist wieder mit der federnden Klammer zu be-
festigen. Kann die Hefenprobe nicht sofort der Untersuchung
zugeführt werden, so ist sie im Eisschrank oder an einem
anderen kühlen Ort aufzustellen.

Wenn nicht besondere Gründe vorliegen, welche die
Untersuchung der verschiedenen im Gärbottich abgesetzten
Hefenschichten auf Fremdorganismen oder auf die Gegen
wart von anderen Beimengungen wünschenswert erscheinen
lassen, so ist bei direkter Entnahme der Hefe aus dem Gär-

bottich nur diejenige Schicht, welche zum Anstellen benutzt
wird, die Kernhefe, bei der Probenahme zu berücksichtigen.

Für die Probenahme zum Nachweis von Fremdorganismen mittels des Schlämmverfahrens hat Stockhausen durch Versuche das Mengenverhältnis zwischen der
zu untersuchenden Probe und der zu untersuchenden Hefe
festgestellt, aus welchen sich ergibt, daß für je 2 kg fester
Hefe = 4 l dickbreiiger Hefe ein Eßlöffel voll (etwa 30 g) zu
entnehmen ist. Aus der folgenden Tabelle ist die Größe der
für das Schlämmen zu entnehmenden Probe leicht ersichtlich.
Sie enthält gleichzeitig auch die Literzahl des Schlämm-
wassers, welche für jede Probe nötig ist.

**Tabelle zur Entnahme von Proben aus Betriebshefen für das
Schlämmverfahren.**

Kilozahl abge-preßter Hefe	Literzahl dick-breiiger Hefe	Eß-löffel Hefe	Literzahl des Schlämm-wassers	Kilozahl abge-preßter Hefe	Literzahl dick-breiiger Hefe	Eß-löffel Hefe	Literzahl des Schlämm-wassers
1	2	1	$1/4$	14	28	7	$1/2$
2	4	1	$1/4$	15	30	8	$1/2$
3	6	2	$1/4$	16	32	8	$1/2$
4	8	2	$1/4$	17	34	9	$3/4$
5	10	3	$1/4$	18	36	9	$3/4$
6	12	3	$1/4$	19	38	10	$3/4$
7	14	4	$1/4$	20	40	10	$3/4$
8	16	4	$1/4$	21	42	11	$3/4$
9	18	5	$1/2$	22	44	11	$3/4$
10	20	5	$1/2$	23	46	12	$3/4$
11	22	6	$1/2$	24	48	12	$3/4$
12	24	6	$1/2$	25	50	13	1
13	26	7	$1/2$				

Bei Bier- und Würzeproben liegt die Gefahr des Über-
handnehmens einer nachträglichen Verunreinigung noch
näher als bei Hefe. Häufig werden zur Untersuchung des
Bieres dem Lagerfaß »Zwickelproben« entnommen. Der
vordere Boden des Fasses wird an verschiedenen Stellen angebohrt und die Öffnung nach der Probenahme mit einem

»Holzzwickel« wieder verschlossen. Die Stelle, an welcher das Faß angebohrt werden soll, wird zuerst mit reinem Wasser dann mit 70 proz. Alkohol gewaschen und dieser abgebrannt, um eine Verunreinigung der Probe mit Kahm oder Bierschädlingen möglichst zu vermeiden. Eine Verunreinigung der Probe aus der Luft ist in gut ventilierten, sauber gehaltenen Lagerkellern nicht zu befürchten. Vor der Probenahme läßt man $1/_2$—1 l Bier vorschießen. Inzwischen nimmt man von der sterilen Flasche die Papierhülle ab und hält die geöffnete Mündung dem aus dem Zwickel ausfließenden Bier entgegen. Die Benutzung eines Trichters zum Füllen ist nur dann statthaft, wenn für jede einzelne Probe ein steriler Glastrichter benutzt wird. Die Flaschen sind möglichst voll zu füllen. Starkes Abkühlen der Flaschen vor dem Füllen vermindert die Schaumbildung und erleichtert das Füllen. Einem Verlust an Kohlensäure sowie einer stärkeren Lüftung der Probe, welche die Haltbarkeit beeinträchtigen, ist möglichst vorzubeugen. Beim Öffnen und Schließen der Flasche ist eine Berührung der Mündung mit den Händen zu vermeiden.

Bei Zwickelproben ist zu berücksichtigen, daß das Ergebnis der Untersuchung von Bier aus dem Lagerfaß je nach der Höhe, in welcher es am Faßboden entnommen wurde, ein verschiedenes sein kann.

Zur Entnahme von Bier am Abfüllbock sind vor und nach dem Filter meist Probehähnchen vorhanden, aus welchen man zunächst etwa $1/_2$—1 l Bier vorschießen läßt. Im übrigen wird in gleicher Weise wie bei den Zwickelproben verfahren, und es sind auch die gleichen Vorsichtsmaßregeln zur Verhütung von nachträglichen Verunreinigungen einzuhalten. Man läßt das Bier am Probehähnchen nur schwach laufen, um nicht zu viel Luft mitzureißen.

Bei der Benutzung von Vakuumkolben zur Entnahme von Jungbierproben sowie von Würze ist darauf zu achten, daß die Kolben nicht zu voll werden. Die Spitze muß also rechtzeitig aus den Flüssigkeiten herausgezogen werden; sie wird in der Nähe der Oberfläche gehalten. Der Verschluß der Vakuumkolben geschieht mittels Gummikappen, welche aus einem Gummischlauch, dessen eines Ende durch einen Glasstöpsel verschlossen

10*

ist, bestehen. Die Gummikappen liegen bis zum Gebrauch in einem mit 70 proz. Alkohol gefüllten und geschlossenen Glase.

Bei Verwendung von Pulvergläsern für Jungbierproben wird zunächst die auf der vergorenen Würze liegende Decke zurückgeschoben, dann das Glas in der Weise in den Gärbottich eingetaucht, daß die Hand möglichst weit von der Mündung entfernt bleibt. Die Jungbierproben werden dem Gärbottich kurz vor dem Fassen entnommen. In ähnlicher Weise verfährt man bei der Probeziehung von Würze mittels der Pulvergläser. In allen Fällen sollen diese nicht völlig gefüllt und sofort verschlossen werden.

Über den Ort und die Zeit der Probenahme von Würze werden in dem Kapitel »Betriebskontrolle« Anweisungen gegeben.

Zur Entnahme von Bierproben aus dem Hefenreinzuchtapparat und zur Untersuchung von Jungbier werden leere, mit Wattepfropfen geschlossene Erlenmeyer-Kölbchen von etwa 100 ccm Inhalt, welche während einer halben Stunde in strömendem Dampf sterilisiert wurden, verwendet.

Die gut verschlossenen Flaschen und Pulvergläser werden nach der Probenahme im Laboratorium unter dem Strahl der Wasserleitung abgespült, dann abgetrocknet, gegebenenfalls mit 70 proz. Alkohol gewaschen und flambiert. Das Abwaschen mit Alkohol soll in keinem Falle bei denjenigen Proben unterlassen werden, welche, wie Würze-, Jungbier- und Bierproben, während einiger Zeit im Laboratorium unter Watteverschluß beobachtet werden. Insbesondere soll die Flaschenmündung vor und nach dem Öffnen mittels eines in 70 proz. Alkohol getauchten Wattebausches gewaschen und dann mit der Flamme bespült werden. Nach dem Flambieren wird sofort ein lockerer Pfropfen von steriler Watte eingeführt, dessen freies Ende über die Flaschenmündung ausgebreitet wird.

A. Mikroskopische Untersuchung.

Ausgenommen frische Würzeproben vom Kühlschiff, von den Leitungen usw. ist jede Probe, welche ins Laboratorium gebracht wird, bevor Kulturen irgendwelcher Art zum Nach-

weis einer Verunreinigung mit Fremdorganismen von ihr angelegt werden, mikroskopisch zu untersuchen. Für den geübten Biologen reicht ohnedies die mikroskopische Untersuchung in den meisten Fällen für die Begutachtung der Probe
vollständig aus. Der weniger Geübte wird durch sie wenigstens
die in größerer Zahl vorhandenen Vertreter der Hauptgruppen
der in Frage kommenden Organismen bestimmen und hiernach
entscheiden können, welche Kulturen noch durchgeführt
werden müssen; außerdem wird sein Urteil durch die Kontrolle, welche es durch die Ergebnisse der verschiedenen Kulturen erhält, mehr und mehr geschärft, so daß er sich schließlich ebenfalls durch das mikroskopische Bild allein schon in
vollständig ausreichender Weise bei den am meisten in Betracht kommenden Proben über die Art und die Menge der
anwesenden Fremdorganismen unterrichten kann.

Wenn der gleiche Maßstab bei der Begutachtung angelegt
werden soll, dann erscheint es auch notwendig, daß die Präparate möglichst gleichmäßig hergestellt und die Hefenzellen mit
genügendem Zwischenraum zur Erkennung der zwischen ihnen
liegenden Bakterien möglichst gleichmäßig im Wassertropfen
auf dem Objektträger verteilt werden.

In der Regel beginnt die mikroskopische Untersuchung mit
der Anwendung von schwacher (250—300facher) Vergrößerung,
durch welche eine Übersicht über die gröberen Gemengteile
des Präparates gewonnen wird. Dem geübten Auge drängt
sich schon hier manchmal bei Gegenwart von kleinen oder
besonders geformten Sproßzellen in größerer Zahl der Verdacht
auf wilde Hefe, Mykoderma oder Torula auf. Dann werden
einige Präparate mit starker Vergrößerung genau durchmustert;
gewöhnlich genügt hierzu eine 550—600 fache. Das Absuchen
geschieht systematisch in der Weise, daß man am Rand des
Deckglases beginnt und dann das Präparat bis zur entgegengesetzten Seite verschiebt. Nach einer geringen seitlichen Verschiebung nach rechts oder links, je nachdem man mit dem
Absuchen auf der rechten oder der linken Seite begonnen
hatte, wird das Präparat in der zur ersten entgegengesetzten
Richtung bewegt usw. Bei der ersten Untersuchung werden
keine Reagentien angewendet.

1. Untersuchung ohne Anwendung von Reagentien.

Die Gesichtspunkte, welche für die mikroskopische Untersuchung in Frage stehen, sind für die verschiedenen Objekte
verschieden. Bei Hefe lautet die Fragestellung in der Regel:
eignet sie sich nach dem Grad der Verunreinigung mit Fremdorganismen (Infektionsgrad) sowie nach ihrer allgemeinen Beschaffenheit noch zur Verwendung im Betrieb? Es handelt
sich um gewaschene und geschlämmte Hefe, welche entweder
in der eigenen Brauerei gewonnen oder von einer anderen
bezogen wurde und manchmal längere Zeit unterwegs war

Hefenproben, welche sich nicht im dickbreiigen Zustand befinden, müssen in diesen entweder durch Zugabe
von sterilem Wasser (gepreßte Hefe) oder durch Absitzenlassen (Hefe mit Bier, Jungbier oder gewaschene Hefe) übergeführt werden.

Die dickbreiige Mittelprobe der Hefe wird zunächst durch
wiederholtes Umrühren mit einem sterilen Glasstab möglichst
gleichmäßig gemischt.   Der am herausgezogenen Glasstab
hängengebliebenen Hefe entnimmt man nach und nach drei
kräftige Platinösen (Öffnung 3 : 1 mm) voll und überträgt sie
in eine sterile Uhrschale, welche 2 Tropfen (20—22 Tropfen
auf 1 ccm) steriles Wasser enthält. Diese engere Probe wird
im Wasser mit der Platinöse gut gemischt. Von der Mischung
überträgt man sofort in den Wassertropfen auf dem Objektträger so viel Hefe, daß in einem Gesichtsfeld des Mikroskopes
von 100 mm Durchmesser ungefähr 200 Zellen möglichst gleichmäßig verteilt sind. Da die untergärige Bierhefe, sobald sie
im Wassertropfen wieder zur Ruhe kommt, Flocken bildet,
so müssen diese durch einen gelinden Druck auf das aufgelegte Deckglas unter drehender Bewegung zerteilt werden.

Die Anfertigung des Präparates dürfte im ersten Augen-
blick schwierig erscheinen, bei einiger Übung wird jedoch die
geforderte Anzahl von Zellen sehr leicht erreicht. Über die
Größe des Gesichtsfeldes erhält man genügenden Aufschluß,
wenn man einen Maßstab auf den Objekttisch legt und mit
dem einen Auge in das Mikroskop sieht, während das andere
den Maßstab betrachtet.

Je nach dem Reinheitsgrad sind 1—3 Präparate durch-
zusehen. Das Augenmerk richtet sich dabei in der Regel zuerst auf die Gegenwart von Fremdorganismen und deren Zahl.
Die erste Durchmusterung ohne Zusatz von Kalilauge hat
das Auffinden von wilder Hefe, überhaupt von verdächtigen
Sproßzellen im Auge. Wir achten auf die Gleichmäßigkeit
der Form und Größe der Hefenzellen, außerdem auf die Beschaffenheit des Zellinhaltes, die Zahl, Größe und Lagerung
der Vakuolen und auf stärker hervortretende Inhaltsbestandteile. Nach den im I. Abschnitt gemachten Ausführungen
kann nach der Form und der Größe der Zellen allein nicht
entschieden werden, ob in einer gewöhnlichen Bierhefe nur
eine oder mehrere Arten, ob Kulturhefe allein oder gemischt
mit wilder Hefe und anderen Sproßpilzen vorhanden ist.
Gesunde, kräftige Bierhefe besteht meist aus gleichmäßig großen
kugel-, eiförmigen oder ellipsoidischen Zellen, doch kommen
auch normal im Betrieb arbeitende Hefen vor, welche sehr
ungleichmäßig sind; sie enthalten neben Riesenzellen verhältnismäßig viele kleine Zellen, außerdem gestreckt-ellipsoidische
und fast wurstförmige. Es kommen sogar Bierhefen vor,
welche vorherrschend aus gestreckten, nahezu wurstförmigen
Zellen bestehen. Diese Zellen sind geradezu charakteristisch
für die Hefenrasse, es ist eine Rasseneigentümlichkeit.
Trotz alledem wird ein geübtes Auge selbst bei geringer
Verunreinigung einer Bierhefe mit fremden Sproßpilzen bald
da bald dort Zellen wahrnehmen, welche der Mehrzahl der
Bierhefenzellen gegenüber durch ihre Gesamterscheinung, durch
die Größe, hauptsächlich aber durch die Form der Zellen, durch
das Lichtbrechungsvermögen des gleichmäßigen, kaum von
glänzenden Körnchen durchsetzten Inhaltes, durch eine regelmäßige Lagerung der Vakuolen in den langgestreckten Zellen,
durch das stärkere Hervortreten von wenigen stark lichtbrechenden Körperchen (Ölkörperchen) an bestimmten Orten
des Zellinhaltes und andere Erscheinungen, von der Hauptmasse
der Zellen, welche unzweifelhaft der Bierhefe angehören, abweichen. Sie werden mindestens den Verdacht erregen, daß
sie der Bierhefe fremd sind; das geübte Auge wird jedoch
vielfach schon einzelne Zellen bestimmter unterscheiden sowie

einer bestimmten Gruppe von Sproßpilzen zuweisen können.
Es liegt ein gewisses Etwas in der ganzen Erscheinung der
Zellen, das sich nicht beschreiben läßt, aber dem geübten
Auge sofort ihre wahre Natur enthüllt. Der Verdacht, daß
eine Verunreinigung mit fremden Sproßpilzen insbesondere
mit wilder Hefe, vorliegt, wird dann zur Gewißheit, wenn die
ziemlich gleichmäßig großen und ziemlich gleichmäßig geformten Zellen in größerer Zahl zu Sproßverbänden oder zu
Nestern vereinigt zwischen den Bierhefenzellen vorkommen.
Es läßt sich also schon durch die mikroskopische Untersuchung ein ziemlich zutreffendes Bild der Art der Verunreinigung gewinnen.

Die mikroskopische Untersuchung soll jedoch nicht nur
Aufschluß über die Art der Verunreinigung geben, sondern
auch, soweit dies möglich ist, über deren Grad. Am nächst-
liegenden erscheint die Feststellung des Mengenverhältnisses
der Fremdorganismen zu den Bierhefenzellen durch eine direkte
Zählung. Wenn die Verunreinigung stark und die Verteilung
der frei im Präparat liegenden Keime gleichmäßig ist, dann
liefert auch eine Zählung in einigen Gesichtsfeldern ein brauch-
bares Ergebnis. In der Regel gestalten sich aber die Verhältnisse nicht so einfach, und es bietet dann die Zählung
hauptsächlich hinsichtlich der Bakterien, insonderheit der
Pediokokken (Sarcina), manche Schwierigkeiten; das Ergebnis
wird recht unsicher. Einmal sind die Bakterien in Betriebshefen meist sehr ungleichmäßig verteilt und sie lassen sich
auch durch Mischen kaum besser verteilen. Die Pediokokken
sind vielfach in größeren Nestern vereinigt, die nur schwer auf
mechanischem Wege aufgelöst werden. Einzelne Präparate erscheinen dann frei oder nahezu frei von Pediokokken, während
andere Nester von diesen in größerer Zahl enthalten. Ferner
liegen die Bakterien häufig nicht frei, sondern sind in Eiweißausscheidungen eingebettet und kommen erst nach deren Auflösung zum Vorschein. Eine Verwechslung kleiner Kriställchen
mit Bakterien ist dabei nicht ausgeschlossen. Pediokokkus-
Tetraden werden in die einzelnen Kokken aufgelöst. Eine
Verwechslung von Glutinkörperchen und körnigen Eiweiß-
sowie anderen Ausscheidungen mit Kokken, insonderheit mit

Pediokokken, ist möglich. Die endgültige Entscheidung über die Anwesenheit von Bakterien und deren Mengenverhältnis ist erst nach Anwendung von 10proz. Kalilauge und gegebenenfalls eines Spezialverfahrens möglich. Ferner wissen wir nicht, wie viele Bakterienleichen wir mitzählen, ohne daß ihnen eine Bedeutung zukommt. Der Wert einer solchen Zählung entspricht also nicht der aufgewendeten Mühe. Wenn aber gleichwohl eine ziffermäßige Feststellung gemacht werden soll, um, wenn auch nur annähernde, vergleichbare Zahlen zu gewinnen, dann ist es jedenfalls bequemer, anzugeben, auf wie viele Gesichtsfelder von bestimmter Größe und mit einer bestimmten Anzahl von Hefenzellen durchschnittlich je ein Fremdorganismus trifft. In dem einen wie in dem anderen Falle erscheint es aber für eine richtige Beurteilung des Grades der Verunreinigung unerläßlich, eine sehr große Anzahl von Gesichtsfeldern zu durchmustern. Wir sehen je nach dem Grad der Verunreinigung bis zu 100 Gesichtsfelder durch und legen dabei die Zahl der Gesichtsfelder und die Anzahl der in diesen gefundenen fremden Sproßpilze fest. Auf dem erten Blick möchte eine derartige Feststellung sehr mühevoll erscheinen; dies trifft jedoch nicht zu.

Das geübte Auge wird auch ohne Zählung sehr bald herausfinden, ob der Grad der Verunreinigung über die zulässige Grenze hinausgeht und wie seine verschiedenen Abstufungen zu bezeichnen sind, ob als Spuren, als sehr gering, gering, stark usw.

Zu berücksichigen ist, daß bei schräggestelltem Mikroskop, durch Umlegen im Gelenke, eine Entmischung des Präparates eintreten kann und sich insbesondere Bakterien am unteren Rande des Präparates ansammeln. Die Durchmusterung soll sich also möglichst auf die ganze Fläche des Deckglases erstrecken.

Um ein Urteil über die Beschaffenheit der Bierhefezellen selbst zu gewinnen, über den Zustand, in welchem sie sich befinden, ob sie jung und kräftig, ob älter und hungernd sind, betrachten wir uns an der Hand der Ausführungen im I. Abschnitt deren Inhalt. Eine Ergänzung erfährt dieses Urteil später noch durch die Reaktion mit Jodjodkalium.

Ferner geben wir auch schon auf die Gegenwart von toten Hefenzellen acht, soweit diese ohne weiteres an dem zusammengeballten Zellinhalt zu erkennen sind. Die endgültige Entscheidung über die Menge der toten Zellen kann erst nach dem Anstellen der Reaktion mit der verdünnten wässerigen Lösung der Anilinfarben getroffen werden.

Ein sehr guter Überblick über die vorhandenen wilden Hefen und Bakterien wird durch Schlämmen der Hefe gewonnen (Reichard, Keil und Stockhausen).

Das Schlämmwasser wird entweder direkt untersucht oder man läßt es einige Zeit stehen und prüft dann den entstandenen Absatz. Das Verfahren eignet sich Reichard zufolge insbesondere zum Nachweis von sehr geringen Mengen von Pediokokken.

Wir wenden jedoch nicht nur den die Bierhefe zusammensetzenden Organismen bei der mikroskopischen Untersuchung unsere volle Aufmerksamkeit zu, sondern auch den übrigen Gemengteilen verschiedenartiger Natur, vor allen den Ausscheidungen (Eiweiß- und Stärkeausscheidungen, Kristalle, Harztröpfchen). Für die Beurteilung von Bierhefe kommen diese Beimengungen allerdings kaum in Betracht, immerhin können nicht nur aus deren Gegenwart überhaupt, sondern auch aus deren Menge und Form nicht unwichtige Schlüsse, insbesondere bei Betriebsstörungen, welche sich beispielsweise durch abnorme Gärungserscheinungen geltend machen, gezogen werden (vgl. »Braune Klümpchen« S. 28).

Bei »fässigen« Bieren oder »Jungbieren« zielt die Fragestellung meist auf eine etwa vorhandene Verunreinigung mit fremden Organismen und deren Grad hin. Außerdem gibt noch mangelnder Bruch im Bottich oder schlechtes Absetzen im Schaugläschen Veranlassung zu mikroskopischer und eingehender Untersuchung. Hinsichtlich der Beantwortung der ersten Fragestellung gilt das gleiche wie bei der Hefe, und es ist den diesbezüglichen Ausführungen nichts weiter hinzuzufügen. Abnormen Erscheinungen ist an der Hand der im I. Abschnitt gemachten Angaben über die Gemengteile des Jungbieres unter Anwendung von Reagentien näherzutreten. Besondere Vorsicht erheischt die Anfertigung von Präparaten bei Feststellung der mikroskopisch sichtbaren Ursachen mangelhaften Bruches. Eine Zerstörung vorhandener Bruchklümpchen, welche zu einer unrichtigen Schlußfolgerung führen kann, wird dadurch vermieden, daß dem Jungbier vorsichtig mit einem Glasstab oder mit der Platinöse, noch besser aber mit einer fein ausgezogenen Pipette ein Tropfen entnommen und dieser auf den Objektträger ohne Verteilung abgesetzt wird. Der Tropfen wird dann entweder direkt mit schwacher Vergrößerung mikroskopisch untersucht oder nach vorsichtigem Bedecken mit einem Deckglas, wobei jeder gewaltsame Druck zu vermeiden ist.

Der Nachweis trübender Bestandteile ist dann erschwert, wenn die Trübung nur eine sehr geringe — Schleier — ist. In diesem Falle muß der Versuch gemacht werden, jene durch Absitzenlassen in einem Spitzglas oder durch Ausschleudern des Bieres in größerer Menge zu gewinnen.

Bei der mikroskopischen Untersuchung von B i e r handelt es sich einmal um die Feststellung der Gemengteile der Hefenabsätze, welche sich in Haltbarkeitsproben gebildet haben, insbesondere um die Bestimmung der neben der Kulturhefe etwa in größerer Zahl vorhandenen Fremdorganismen, dann bei einer aufgetretenen Trübung um deren Ursache. Wie sich aus den Ausführungen des I. Abschnittes ergibt, wird auch hier teilweise eine einfache mikroskopische Untersuchung völlig genügen, teilweise ist die Ursache einer Trübung erst durch Anwendung von Reagentien aufzuklären.

Für die Untersuchung von Faßgeläger ist ebenfalls in der Regel der Nachweis von fremden, bierschädlichen Organismen bestimmend, jedoch ist auch auf die übrigen Gemengteile, insbesondere auf Harztröpfchen die Aufmerksamkeit zu richten. Auch Stärkeausscheidungen sind zu beachten.

Eine mikroskopische Untersuchung von Würze kommt hauptsächlich in Hinsicht auf eine etwa eingetretene Verunreinigung mit Organismen in Betracht; es soll festgestellt werden, ob solche überhaupt vorhanden sind und welcher Gruppe sie angehören. Entweder handelt es sich um Würze, welche im Betrieb selbst auf die Entwicklung von Organismen,

hauptsächlich Bakterien, zurückzuführende Veränderungen
erfahren hat, oder um Proben von Würze, welche bei einer
Kontrolle des Betriebes an verschiedenen Stellen auf ihrem
Weg vom Kühlschiff bis zum Gärbottich entnommen und
dann längere Zeit hindurch im Laboratorium beobachtet
worden waren (vgl. »Würze« und »Betriebskontrolle«).

2. Untersuchung mit Anwendung von Reagentien.

Von den im I. Abschnitt an verschiedenen Stellen angeführten Reaktionen werden bei der mikroskopischen Untersuchung, welche der biologischen Analyse von Hefe, Jungbier, Bier und Würze vorangeht, regelmäßig nur wenige ausgeführt; es sind dies die Reaktionen mit 10 proz. Kalilauge,
mit Jodjodkaliumlösung und verdünnten wässerigen Anilinfarblösungen. In einzelnen Fällen, bei Eiweißtrübung in Bier
und bei der Untersuchung von Absätzen aus pasteurisiertem
Bier kommt noch die Reaktion mit Goldchloridlösung zum
Nachweis von Gerbstoff, beim Nachweis von Glutinkörperchen
die Essigsäurereaktion, beim Nachweis von Harztrübung im
Bier die Reaktion mit Essigsäureanhydrid und konzentrierter
Schwefelsäure hinzu.

a) 10 proz. Kalilauge. Die Reaktion wird in der
Weise ausgeführt, daß nach Durchsicht eines im Wassertropfen angefertigten Präparates zu diesem ein Tropfen der
Kalilauge an den Rand des Deckglases gebracht wird. Man
läßt das Reagens von selbst langsam unter das Deckglas treten,
wobei man aufmerksam die Lösung bzw. das Aufquellen der
verschiedenen Eiweißausscheidungen verfolgt. Besser geschieht
die Vermischung des Reagens mit dem Präparat durch einsei-
tiges Heben des Deckglases mit einer Präpariernadel, wobei
auch eine gleichmäßigere Verteilung der Bakterien und der
Hefenzellen erzielt wird. Die Hefe kann auch direkt in einem
Tropfen der Kalilauge auf dem Objektträger verteilt oder in
einem Reagenzglas, auf einem Uhrglas und dgl. mit der Lauge
gemischt werden. In beiden Fällen empfiehlt es sich, Hefe,
welche in sehr dickbreiigem oder abgepreßtem Zustande zur
Untersuchung vorliegt, zuerst mit Wasser in dünnbreiigen
Zustand überzuführen oder eine 5 proz. Kalilauge anzuwenden,

da sonst die Wirkung zu energisch ist. Zu der in der Uhrschale mit den zwei Tropfen Wasser gemischten Hefe sind
zwei Tropfen 10 proz. Lauge zuzusetzen. Instruktiver ist es,
wenn das gleiche Präparat zuerst im Wassertropfen und dann
nach der Behandlung mit Kalilauge durchmustert wird.
Bei Feststellung des Verunreinigungsgrades einer Hefe mit
Bakterien nach der Behandlung mit Kalilauge durch Abzählen
einer größeren Anzahl von Gesichtsfeldern muß das Präparat
wieder möglichst 200 Zellen im Gesichtsfeld von 100 mm
Durchmesser enthalten. Es wird systematisch wie das im
Wassertropfen angefertigte abgesucht.
Die Anwendung der 10 proz. Kalilauge verfolgt den Zweck,
die Eiweißausscheidungen in der Hefe, in Bierabsätzen usw.,
soweit sie überhaupt löslich sind, aufzulösen, einmal deshalb,
um die in ihnen eingeschlossenen Bakterien zu befreien und
dann, um Verwechslungen mit Bakterien, insbesondere mit
Kokken, soviel als möglich entgegenzuarbeiten. Vollständig
können durch diese Behandlung Zweifel nicht beseitigt werden,
da auch in bakterienfreien Präparaten einzelne Körnchen,
welche Kokken gleichen, bei Behandlung mit Kalilauge ungelöst
zurückbleiben können. Bei der Reaktion mit Jodjodkaliumlösung entpuppen sie sich zuweilen als Stärkeausscheidungen.
In erster Linie handelt es sich bei der Untersuchung um den
Nachweis von Pediokokken, welche leicht zu erkennen sind,
wenn je 4 Zellen in charakteristischer Weise aneinander
gelagert sind (Tetrade). Dieser Verband der Zellen bleibt aber
bei den im Bier vorkommenden Pediokokkusarten an und für
sich nicht immer erhalten und, es ist schon aus diesem Grund
nach dem mikroskopischen Bild allein die Gegenwart von
Pediokokken nicht mehr in allen Fällen mit Sicherheit nachzuweisen. Hierzu kommt noch, daß durch die Einwirkung
der Kalilauge der Verband der Tetraden gelockert werden
kann und die Kokken sich einzeln oder zu zweien abtrennen.
Trotzdem hat aber die Erfahrung, welche auf Grund von
Kontrolkulturen gewonnen wurde, gezeigt, daß sich zumeist
nach der mikroskopischen Untersuchung allein schon ein den
tatsächlichen Verhältnissen sehr nahe kommendes Urteil über
den Infektionsgrad mit Pediokokken gewinnen läßt.

Zu berücksichtigen ist noch, daß durch die Behandlung mit Kalilauge einzelne Bakterienzellen so stark aufquellen, daß sie sehr undeutlich werden.

Manche Betriebshefen scheinen bei der mikroskopischen Untersuchung frei von wilder Hefe oder überhaupt von verdächtigen Sproßzellen zu sein. Bei der Auflösung der »braunen Klümpchen« durch die Kalilauge treten dann aber zuweilen solche hervor. Wenn auch durch das Aufquellen charakteristische Erscheinungen des Zellinhaltes verwischt werden, so müssen doch die in Nestern beisammen liegenden Zellen von gleicher Form und Größe die Aufmerksamkeit erregen.

Bei der Untersuchung von Hefe, Jungbier und Faßgeläger ist die Kalilauge immer anzuwenden.

b) Wässerige Lösung von Methylenblau 1 : 10000. Sie dient zum Nachweis von toten Hefenzellen und von Ausscheidungen eiweißartiger Natur.

Für die Begutachtung von Betriebshefe ist es notwendig, ein Urteil über die Anzahl der vorhandenen toten Hefenzellen zu gewinnen, die nicht immer ohne weiteres an der Schrumpfung des Zellinhaltes erkannt werden können. Auch sonst kommt einmal bei den Untersuchungen der Nachweis von toten Zellen in Betracht. Als tot sind nur solche Hefenzellen anzusprechen, welche nach unmittelbarer Berührung mit der Lösung den Farbstoff in sich aufspeichern, sich also sehr stark färben. Bei länger andauernder Einwirkung selbst verdünnter Lösungen machen sich Giftwirkungen auf die Organismen geltend. Einzelne lebende Zellen färben sich nur äußerlich; die Färbung ist in der Regel bedeutend schwächer als bei den toten Zellen.

Da Hefe, Jungbier und Faßgeläger als normalen Gemengteil Eiweißausscheidungen enthalten, kommt die Reaktion mit der wässerigen Anilinfarblösung außer zum Nachweis von toten Hefenzellen bei der Untersuchung jener nur dann in Betracht, wenn geprüft werden soll, ob neben den Ausscheidungen von Eiweißkörpern noch solche anderer Art vorhanden sind.

Bei trüben Bieren wird die Reaktion mit den Anilinfarben auch dann mit Vorteil ausgeführt, wenn sie Organismen enthalten, da zuweilen sehr feine, ohne Anwendung des

Reagens nicht sichtbare Eiweißausscheidungen, welche zur Trübung überhaupt und zu dem Trübungsgrad beitragen können, erst in die Erscheinung treten.

Da das Reagens selbst, wenn es dem Licht ausgesetzt und älter geworden ist, Flocken ausscheidet, welche Eiweißflocken vorzutäuschen imstande sind, so ist es beim Gebrauch daraufhin zu kontrollieren.

c) Jodjodkaliumlösung. Die Jodlösung wird in erster Linie zum Nachweis von Stärke und deren durch Diastasewirkung erzeugten Umwandlungsprodukten, soweit sie sich noch blau bis blau- oder rotviolett färben, also in erster Linie zum Nachweis von Stärke- und Dextrinausseidungen und durch sie hervorgerufene Trübungen benützt. Hierzu kommt noch der Nachweis von Eiweißausscheidungen und von Glykogen.

Für die Begutachtung von Hefe hat die Jodreaktion nicht den Wert wie für die Begutachtung von Jungbier und kranken, trüben Bieren. Immerhin kann sie für die Beurteilung des Zustandes, in welchen sich die Hefenzellen befinden, durch eine stärkere oder schwächere Glykogenreaktion oder durch ihr Fehlen einen Fingerzeig geben. Die gesunden, kräftigen, gut genährten Zellen frischer Hefe färben sich mit Jod tief rotbraun; sie sind reich an Glykogen. Allerdings spricht ein Mangel oder ein geringer Gehalt der Zellen an Glykogen noch nicht gegen die Brauchbarkeit der Hefe im Betrieb, da ja die Glykogenbildung von einer Reihe von Faktoren beeinflußt wird und außerdem manche Hefenarten und -Rassen überhaupt nur wenig Glykogen speichern. Bei Aufbewahrung der Hefe geht das gespeicherte Glykogen selbst bei niederer Temperatur durch die Selbstgärung teilweise oder völlig verloren. Ein Mangel an jenem Reservestoff übt in einer günstig zusammengesetzten Nährlösung auf das Verhalten der Hefe im Betrieb kaum einen nachteiligen Einfluß aus.

Bei der mikroskopischen Untersuchung von Jungbier, Faßgeläger und Bier soll die Jodlösung immer angewendet werden.

Da die Jodreaktion überhaupt und insbesondere die Glykogenreaktion an der Hefe infolge einer reduzierenden Wirkung der Zellen sehr langsam auftritt, wird sie in der Weise angestellt, daß ein erster Tropfen der Lösung direkt mit der Hefe oder mit der sie enthaltenden Flüssigkeit ¡auf dem Objektträger gemischt und ein zweiter Tropfen an den Rand des Deckglases gebracht wird. Erst wenn sich dieser unter dem Deckglas ausbreitet, werden die allmählichen Übergänge in der Färbung der Zellen von gelb nach braunviolett, gelbbraun und schließlich rotbraun sichtbar

Konzentrierte Jodlösungen dürfen, abgesehen davon, daß durch sie die Glykogenreaktion und auch die Stärkereaktion undeutlich wird, insbesondere deshalb nicht angewendet werden, weil sie in Bier zuweilen Trübung hervorrufen.

B. Nachprüfung der mikroskopischen Untersuchung durch Kulturen. Nachweis von wilder Hefe mittels Sporenkultur. Nachweis von Bakterien.

a) Hefe.

1. Einimpfung in Würze von ca. 11%.

Von der dickbreiigen Hefe werden drei Kulturen angelegt, und zwar eine in einem Pasteur-Kölbchen (Fig. 39) und zwei in Erlenmeyer-Kölbchen, von welchen das eine mit einem lockeren Wattepfropfen, der den Luftzutritt gestattet, das andere mit einem Gäraufsatz[1]), wie die Fig. 40 zeigt, verschlossen ist.

Jene dient zum Nachweis von wilder Hefe, durch diese sollen hauptsächlich Bakterien (Prior) nachgewiesen werden, es können aber auch wilde Hefen, Mykoderma sowie Torula in die Erscheinung treten und hierdurch die anderen Kulturen ergänzen bzw. kontrollieren. Die Gegenwart von Pediokokken wird außerdem noch durch eine Spezialuntersuchung nachgewiesen. Wenn schon das mikroskopische Bild auf sehr

---

[1]) Den Gäraufsatz liefert die Firma Johannes Greiner, München, Mathildenstr. 12.

viele Bakterien hinweist, so kann die Kultur in den Erlenmeyer-Kölbchen unterbleiben, anderenfalls ist sie auch geeignet, die Lebensfähigkeit der aufgefundenen Bakterien und
deren Widerstandsfähigkeit gegenüber der Gärung darzutun.

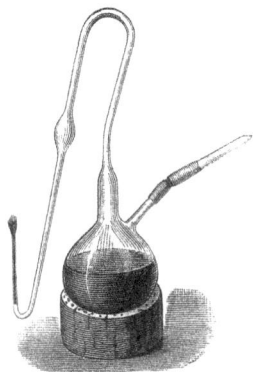

Das ⅛ l-Pasteur-Kölbchen
ist mit 100 ccm Würze, die beiden Erlenmeyer-Kölbchen von
je etwa 100 ccm Rauminhalt mit
50 ccm Würze gefüllt. Zum Abfüllen einer größeren Anzahl von
Pasteur-Kölbchen benutzen wir
mit Vorteil Glasflaschen von verschiedener Größe (bis zu 12 l Inhalt, je nach der Größe und Zahl
der zu füllenden Kolben), die

Fig. 39.
Pasteur-Kölbchen von ⅛ l Inhalt nach
der Abänderung durch Hansen. Das
gerade mit einer Gummikappe verschlossene Rohr ist das »Impfrohr«.

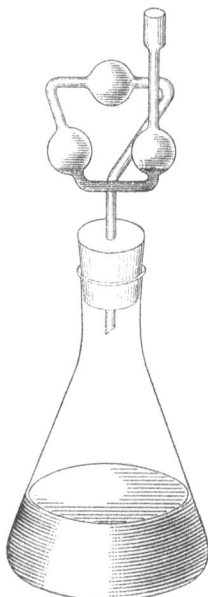

a   *b*

Fig. 40.
Erlenmeyer-Kölbchen zur Gärprobe. *a* Mit Watteverschluß, *b* mit Gäraufsatz nach
Kleinschmitt. Ca. ⅓ Orig.

an der Seite nahe dem Boden eine Öffnung besitzen. In
den durchbohrten Gummistopfen, welcher diese verschließt,
ist ein kurzes Glasrohr eingeführt, das an seinem äußeren,
3—4 cm aus dem Stopfen hervorragenden Ende mit einem
Gummischlauch verbunden ist. Das freie Ende des Gummi-
schlauches, welches durch einen
Quetschhahn abgeschlossen ist,
wird über das Impfrohr des
Pasteur-Kolbens gezogen. Insbesondere $^1/_8$ l-Kolben lassen sich
auf diese Weise rasch und gleichmäßig in größerer Zahl füllen.
In einfacher Weise füllt man
die Kolben durch einen auf
das Impfrohr mittels eines kurzen Gummischlauchs aufgesetzten
Glastrichter.

Zur Verteilung auf die Kulturkölbchen soll nur möglichst trub-
frei und reine, insbesondere von
Bakterien freie Würze benutzt
werden. Wenn jene auch beim
Sterilisieren absterben, so kann
doch ihre Gegenwart Veranlassung
zu Bedenken bei der späteren
Untersuchung der Kulturen geben.
Die gefüllten Kulturkölbchen
werden während einer halben
Stunde im strömenden Dampf sterilisiert und bleiben bis zur
Verwendung mehrere Tage zwecks Lüftung stehen; sie werden
in größerer Zahl in Vorrat gehalten. Zur Vermeidung von Verunreinigung mit Luftkeimen während der Einimpfung kann
diese im Impfkasten (Fig. 42), welcher zuvor innen und
außen mit 1 $^0/_{00}$-ig. wässeriger Sublimatlösung gewaschen
worden war, vorgenommen werden. Für die Einimpfung bereitet man sich eine durch direktes Erhitzen über einer
Flamme sterilisierte Schale von Messingblech vor, deren Form
aus nebenstehender Figur 43 ersichtlich ist; ihre Ausmaße

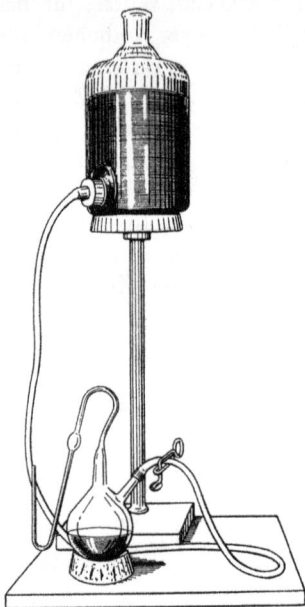

Fig. 41.
Flasche zum Abfüllen von Würze auf
Pasteur-Kolben.

sind 17 : 9 cm. Als Unterlage für sie eignet sich ganz vorzüglich die mit Lack überzogene Scheibe von Pappe (S. 76).
In die Schale legt man einen sterilen Glasstab und das zum Ab-

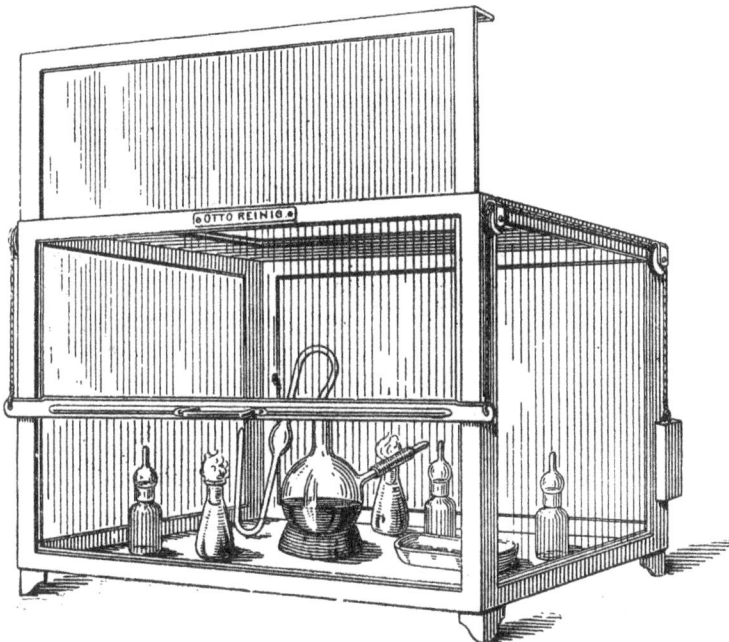

Fig. 42.
Impfkasten nach Hansen.

messen der Hefe für die Erlenmeyer-Kölbchen bestimmte Löffelchen aus Nickelblech, welches durch Ausglühen sterilisiert ist.
Die Kulturkölb-
chen wäscht man zu-
nächst mittels eines
in 70 proz. Alkohol
getränkten Watte-

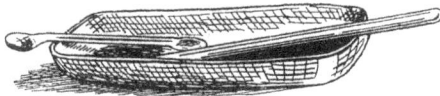

Fig. 43.
Messingschale für die Impfungen mit Glasstab und
Löffelchen zum Abmessen der Hefe.

bausches. Hierauf
bespült man mit
der Spitze der nichtleuchtenden Flamme eines Bunsenbrenners
systematisch ihre Außenseite, man sengt oder flambiert sie
ab; ein unruhiges Hin- und Herbewegen der Flamme ist

11*

zwecklos. Längeres unvermitteltes Verweilen an einer Stelle
ist wegen der damit verbundenen einseitigen Erhitzung und
der Gefahr des Springens des Glases zu vermeiden. Die
Pasteur-Kölbchen, welche auf einer Korkunterlage oder einem
Ring von Pappe stehen, werden zuerst, und zwar insbesondere
der doppelt gebogene Hals, in welchem sich Kondenswasser
angesammelt hat, angewärmt. Dann bespült man kräftig die
Kappe, insbesondere die durch das Erhitzen beim Flambieren
meist etwas klebrig gewordenen Schnittflächen des Gummi-
schlauches. Hierauf wird der oberhalb der Flüssigkeitsoberfläche befindliche Teil des Kölbchens und dann durch langsames Vorrücken mit der Flamme der doppelt gebogene Hals
stärker erwärmt, wobei man das Kondenswasser in Dampfform der Mündung zutreibt. Wenn der Hals nicht vorge-
wärmt ist, sammelt sich das Kondenswasser in lästiger Weise
wieder an anderen Stellen, insbesondere an dem gebogenen
unteren Teil des Halses, an. Nur ein sehr vorsichtiges Erwärmen, wobei der plötzliche Übergang des angesammelten
Wassers in Dampfform vermieden wird, schützt vor dem
fast unvermeidlichen Platzen des Glasrohres an jener Stelle.
Auch sonst ist die Beseitigung von Wassertropfen beim Flambieren nur mit größter Vorsicht auszuführen.

Der überstehende Teil des Wattepfropfens des einen Erlenmeyer-Kölbchens wird abgesengt, um die ihm anhaftenden
Keime zu vernichten.

Die angegebene Behandlung durch Waschen mit Alkohol
und Flambieren erfahren alle Kulturgefäße, welche frisch beimpft werden oder aus welchen eine Abimpfung gemacht wird.

Die Beimpfung geschieht nach dem Erkalten der Kölbchen. Die zu untersuchende dickbreiige Hefe wird durch
Rühren mit dem sterilen Glasstab nochmals gemischt. Die
Hände sind vor der Beimpfung mindestens mit Seife zu
reinigen, außerdem ist darauf zu achten, daß während der
Impfung keine Verunreinigung der Kulturen durch die Kleidung erfolgt.

Die Erlenmeyer-Kölbchen erhalten eine Hefenmenge
von annähernd 0,5 ccm, welche mittels des auf diese Menge
geeichten flachen Löffelchens abgemessen wird. Man füllt die

Hefe in das Löffelchen mit dem Glasstab und streicht den Überschuß ab. Nach vorsichtigem Herausnehmen des Wattepfropfens unter drehender Bewegung und seiner Ablage auf der sterilen Messingschale verteilt man die Hefe in der Würze des einen Erlenmeyer-Kölbchens und verschließt dieses mit dem an seinem unteren Teil leicht angesengten Wattepfropfen wieder. In gleicher Weise verfährt man mit dem zweiten Kölbchen nach Abnahme des Gärverschlusses. Nachdem dieser wieder aufgesetzt ist, gießt man in ihn durch sein trichterförmiges Ende wenig konzentrierte Schwefelsäure ein.

Die Kulturen werden in den Thermostaten zu 25 ⁰ C gebracht. Den Verhältnissen der Praxis entsprechend würde die Beobachtung der Gärproben bei niederen Temperaturen, bei etwa 6—7 ⁰ C, vorzunehmen sein. Da jedoch die Ergebnisse qualitativ im wesentlichen die gleichen sind, bei den niederen Temperaturen jedoch sehr verzögert werden, so sind wir bei der Temperatur von 25 ⁰ C geblieben.

Die **Gärproben** werden während 5—6 Tage zunächst daraufhin beobachtet, ob, äußerlich durch Hautbildung oder Trübung sichtbar, eine Entwicklung von Bakterien oder anderen Organismen erfolgt. Nach Verlauf dieser Zeit findet eine mikroskopische Untersuchung statt, um festzustellen, welche Organismen die Gärung überstanden und sich neben den Hefenzellen entwickelt haben. In den Kölbchen mit Watteverschluß, also bei Luftzutritt, treten neben wilder Hefe hauptsächlich Essigbakterien oder seltener Mykoderma und Torula durch Hautbildungen in die Erscheinung. Häufig gibt schon ein starker Geruch nach Essigsäure einen Fingerzeig über die entweder nur in Hautform oder in der vergorenen trüben Würze selbst entwickelten Bakterien. Auch Pediokokken kommen bei stärkerer Verunreinigung der Hefe mit diesen und bei Abwesenheit von Essigbakterien zur Entwicklung. In Erwägung, daß Essigbakterien und Mykoderma in einem gut geleiteten Betrieb keine Störungen hervorzurufen pflegen, der Nachweis ihrer Gegenwart also für die Beurteilung einer Betriebshefe meist von untergeordneter Bedeutung ist, ihre Entwicklung dagegen die Vermehrung anderer Organismen beeinträchtigt oder diese ganz unterdrückt, so erschien es uns zweckmäßig,

noch ein zweites Kölbchen zu impfen und mit einem Gäraufsatz zu verschließen. Bei Luftabschluß kommen Milchsäurebakterien zur besseren Entwicklung. Es liegen jedoch
auch Beobachtungen vor, nach welchen Stäbchenbakterien,
welche die Haltbarkeit des Bieres einer Brauerei beeinträchtigten und in der Hefe sich vorfanden, durch die Gärprobe
nicht ohne weiteres nachzuweisen waren. Sie kamen erst
durch Forcierung (siehe später) des von der Hefe nach der
Gärung klar abgezogenen Bieres zum Vorschein.

In den Kölbchen mit dem Gäraufsatz entwickeln sich
auch Pediokokken.

Alle Kulturen sind sofort genau zu bezeichnen.

Das Pasteur-Kölbchen mit Würze erhält einen kräftigen Tropfen Hefe. Hierzu dient eine sterile, an dem Ende,
an welchem angesaugt wird, zum Schutz gegen Infektion aus
dem Munde leicht mit Watte verstopfte Pipette mit weiter,
jedoch dem Ausmaß des geraden Rohres, des Impfrohres, an-
gepaßter Öffnung. Die Pipette ist in einfacher Weise aus
einer Glasröhre hergestellt. Mit Vorteil kann zu diesem Zweck
auch der gerade, mit einer Erweiterung versehene Teil des
doppelt gebogenen Halses zerbrochener Pasteur-Kölbchen Verwendung finden. Die Pipetten werden, in Papier eingewickelt,
eine halbe Stunde bei 120° C im Heißluftsterilisator sterilisiert und in größerer Anzahl vorrätig gehalten.

Beim Einführen der Hefe in das Pasteur-Kölbchen wird
dessen Gummikappe vorsichtig unter drehender Bewegung
abgenommen, wobei eine Berührung des Randes des über
das Impfrohr des Kölbchens gezogenen Teiles der Kappe zu
vermeiden ist. Sie findet ihren Platz auf der Messingschale.
Nach kurzem Flambieren des geöffneten Impfrohres und
Wiedererkaltenlassen wird die Mündung der Pipette in jenes
eingeführt. Wenn die dickbreiige Hefe nicht von selbst nach
Entfernung des die Pipette verschließenden Fingers ausfließt,
bläst man in jene hinein.

Da der Hefentropfen meist im Impfrohr liegen bleibt,
wird dieses beim Wiederverschluß mit der Gummikappe nach
der Beimpfung nicht wieder flambiert. Hefe, welche sich
an der Außenseite der Mündung des Impfrohres befindet,

entfernt man zuvor mit einem in 70 proz. Alkohol getauchten Wattebausch. Wiederholtes Neigen des Kölbchens nach dem Impfrohr spült die Hefe aus diesem heraus; durch Schütteln des Kölbchens unter drehender Bewegung, wobei sich die Würze gleichzeitig noch mit Luft sättigt, wird sie in der Flüssigkeit verteilt. Dabei hält man stets die Mündung des doppelt gebogenen Halses in eine Flamme, um das Eindringen von Keimen in jenen hintanzuhalten. Eintritt von Würze in den doppelt gebogenen Hals beim Schütteln ist streng zu vermeiden.

Die Kultur im Pasteur-Kölbchen wird ebenfalls in den Thermostaten zu 25 ° C gebracht und während der nächsten 24 Stunden der Gärung überlassen. Gärung 0.

2. Einimpfung in 10 proz. Rohrzuckerlösung mit einem Zusatz von 4 % Weinsäure.

Die Anwendung dieses Verfahrens gründet sich, wie schon im I. Abschnitt angegeben, auf die durch Versuche festgestellte Tatsache, daß die Kulturhefen gegen eine 4 proz. Weinsäurelösung viel weniger widerstandsfähig sind als die wilden Hefen, ja selbst als die Torula- und Mykodermaarten. Insbesondere vermögen aber die Apiculatusarten die Behandlung mit der Weinsäurelösung zu überstehen. Auch der Milchschimmel (Oidium lactis) stellt sich in Hefen, welche mit den Konidien dieses Pilzes verunreinigt und 48 Stunden bei 25 ° C der Einwirkung der Weinsäure ausgesetzt waren, nach deren Überführung in eine passende Nährlösung ein.

Die Kulturhefen sterben je nach dem Zustand, in welchem sie sich befinden, entweder völlig ab oder ihr Vermehrungsvermögen wird wenigstens stark geschwächt. Auch weniger kräftige Zellen von wilder Hefe, Torula usw., mögen wohl durch die Weinsäurebehandlung leiden, einzelne selbst abgetötet werden, immerhin ist aber ihr Vermehrungsvermögen nicht so stark wie bei den Kulturhefen beeinflußt. Findet nach der Weinsäurebehandlung eine Überführung der Hefe in Würze statt, so sind also die wilden Hefenarten in der Entwicklung begünstigt und häufen sich hierdurch an. Auch die anderen als Verunreinigung neben wilden Hefen vorhandenen Sproß-

pilze treten mehr in den Vordergrund. Sehr umfassende Erfahrungen über diese Methode weisen daraufhin, daß durch
sie in der Regel sehr geringe Mengen der genannten Organismen nachgewiesen werden können, vorausgesetzt, daß eine
verhältnismäßig große Menge Hefe der Weinsäurebehandlung
unterworfen wird. Ausnahmen kommen jedoch auch vor. So
wurde beobachtet, daß manche Torulaarten bei der wiederholten Überimpfung in Würze hervortraten, nicht aber bei
dem gleichzeitig angewendeten Weinsäure-Verfahren. Ebenso
scheinen manche wilde Hefen gegen die Weinsäurebehandlung
in Beziehung auf die Sporenbildung sehr empfindlich zu sein.
Die Zellen entwickeln sich zwar nach der Überimpfung in
Würze, bilden aber, trotzdem sie sich anscheinend in sehr
guter Verfassung befinden, entweder überhaupt keine Sporen
oder nur in geringem Umfang. Der Wert des Verfahrens liegt
darin, daß es, abgesehen von den Bakterien, Aufschluß über
jegliche Art von Verunreinigung der Hefe mit fremden Organismen gibt; auf den Grad der Verunreinigung mit diesen
Organismen Schlüsse zu ziehen, ist jedoch nicht zulässig.

Das Weinsäure-Verfahren ergänzt in wertvoller Weise
die mikroskopische Untersuchung und die wiederholten Überimpfungen der Hefe in Würze, welche den Maßstab für die
Beurteilung des Grades der Verunreinigung abgeben. Es
dient zum Nachweis der in einer Betriebshefe überhaupt
vorhandenen Sproßpilze.

Zur Bereitung der Rohrzucker-Weinsäurelösung löst man
bei gewöhnlicher Temperatur 100 g feinste Raffinade zugleich mit 40 g Weinsäure in 1 l destillierten Wassers. Die
klare, farblose Lösung wird in Mengen von je 50 ccm auf
$^1/_8$ l-Pasteur-Kölbchen abgefüllt und $^1/_2$ Stunde im strömenden Dampf sterilisiert, wobei sie sich nur schwach gelblich färbt.

Die abgekühlten Kölbchen werden zur Aufnahme der
Hefe wie bei der Einimpfung in Würze vorbereitet. Die Einsaatmenge beträgt ca. 3—4 ccm dickbreiige Hefe. Zu viel
Wasser oder vergorene Würze darf mit der Hefe nicht eingeimpft werden, damit die Weinsäurelösung nicht zu verdünnt
wird und an Wirksamkeit verliert. Die Hefe wird in der

Lösung durch Schütteln verteilt; sie setzt sich rasch wieder ab und die überstehende Flüssigkeit wird völlig klar. Die Kulturen bleiben 48 Stunden bei 25° C stehen. Bei längerer Einwirkung der sauren Lösung wird auch die wilde Hefe zurückgedrängt.

3. Sporenkultur.

Die Einimpfung der Hefe in Würze (Pasteur-Kölbchen) und in Rohrzucker-Weinsäurelösung hat das Ziel im Auge, wilde Hefe anzuhäufen und dann durch die Sporenkultur auf dem Gipsblock nachzuweisen. Die Bedingungen, welche erfüllt sein müssen, wenn die Hefen Sporen bilden sollen, sind im I. Abschnitt ausführlich erörtert worden. Ebenso wurde die Durchführung der Sporenkultur auf dem Gipsblock beschrieben.

Eine Grundbedingung für die Sporenbildung sind junge, kräftige und an Reservestoffen reiche Hefenzellen; sie müssen auf dem Höhepunkt der Sproß- und Gärtätigkeit angelangt sein. Diese Bedingung wird von der dem Gärbottich entnommenen Hefe nicht mehr in vollem Umfang erfüllt, und es ist daher auch eine direkte Übertragung der Hefe aus dem Bottich auf den Gipsblock zwecklos. Noch viel weniger erscheint sie hierzu nach dem Waschen und Schlämmen geeignet. Sehr zahlreiche in Parallelkulturen nach verschiedenen Verfahren durchgeführte Untersuchungen haben gezeigt, zu welch irrigen Schlußfolgerungen man bei der direkten Übertragung der Hefe gelangen kann und wie völlig unzuverlässig die Ergebnisse zur Beurteilung einer Verunreinigung der Hefe mit wilden Hefenarten sind. Die Hefe muß also zuerst in Würze eingeimpft und aufgefrischt werden. Die mit Rohrzucker-Weinsäurelösung behandelte Hefe ist noch viel weniger zur Sporenbildung tauglich. Die Kulturhefe soll ja durch diese Behandlung geschwächt werden, und auch die wilden Hefen bleiben nicht ganz von ihr unberührt. Sie müssen also ebenfalls erst wieder gekräftigt und in denjenigen Zustand übergeführt werden, in welchem rasch und in ausgiebigster Weise Sporenbildung stattfindet.

Die Sporenkultur soll nicht nur überhaupt den Nachweis von wilder Hefe liefern, sondern auch innerhalb gewisser

Grenzen über deren Menge, über den Grad der Verunreinigung Aufschluß geben. Bei der Beurteilung des Ergebnisses der Sporenkultur muß man sich aber daran erinnern, daß, wenngleich von den wilden Hefen im allgemeinen sehr reichlich Sporen gebildet werden, doch nicht alle Zellen derselben Art trotz möglichst gleichartiger Behandlung der Kultur Sporen zu erzeugen befähigt sind. Außerdem kann anscheinend durch geringfügige äußere Einflüsse bei solchen Hefen, welche unter günstigen Bedingungen ungemein reichlich Sporen bilden, die Zahl der sporenbildenden Zellen herabgedrückt werden. Es gibt auch wilde Hefen, welche schwierig Sporen bilden. Wenn also ein Urteil über den Grad der Verunreinigung gewonnen werden will, so darf man nicht nur die Zellen mit Sporen ins Auge fassen, sondern die Präparate müssen auch sonst nach Zellen von wilder Hefe durchgesucht werden. Da eine wesentliche Vermehrung auf dem Gipsblock ausgeschlossen ist, wird das Urteil über den ursprünglichen Verunreinigungsgrad der auf jenen aufgetragenen Hefe nicht ungünstig beeinflußt werden.

Fig. 44.
Heubazillus (*Bacillus subtilis*). Nach Brefeld. Links: Teile aus einer Haut, die Fäden dicht beieinander liegend; weiter rechts: aufgelockerte Fäden; rechts: Sporenbildung, Sporenkeimung, Zellen mit Geißeln. (P. Lindner, Mikroskopische Betriebskontrolle.)

Die wilden Hefen sind in den Sporenkulturen um so leichter aufzufinden, als sich die Kulturhefen mit ihrem stark körnigen Inhalt sehr scharf von den wilden Hefen mit ihrem gleichmäßigen Inhalt unterscheiden.

Bei der Durchmusterung der Präparate ist noch auf die Gegenwart von Mykoderma, Torula und Oidium zu achten. Nicht selten vermehren sich diese Organismen, welche der Hefe ursprünglich nur in sehr geringer Zahl beigemengt waren, unter den für sie günstigen Bedingungen auf dem Gipsblock sehr rasch und reichlich und treten infolgedessen in größerem Umfang mit schärfer ausgeprägten Merkmalen hervor.

Eine Verunreinigung, welche sich häufig in die Sporenkulturen einschleicht, bildet der weitverbreitete Heubazillus (*Bacillus subtilis*) (Fig. 44). Er tritt in Form von langen, verhältnismäßig dicken Fäden auf, in dessen Teilstücken die ellipsoidischen, stark lichtbrechenden Sporen sich dem Auge aufdrängen. Seltener (hauptsächlich wurden sie während der Sommermonate beobachtet) sind in den Gipsblockkulturen als Verunreinigung eigentümliche kugelförmige Gebilde, welche etwa wie sehr große vegetative Hefenzellen oder wie Hefenzellen mit Sporen aussehen, anzutreffen. Bei längerer Beobachtung verlieren sie ihre scharfen Umrisse und an verschiedenen Stellen werden klare, von Körnchen freie, sackartige Ausstülpungen (Fig. 45 *a*) vorgeschoben. Es sind Amöben,

Fig. 45.
Amöben aus einer Sporen-Kultur.
Vergr. 550/1.

welche, wenn sie einmal in einer Sporenkultur auftreten, in größerer Zahl angetroffen werden. Die scheinbaren Sporen sind aufgefressene Hefenzellen.

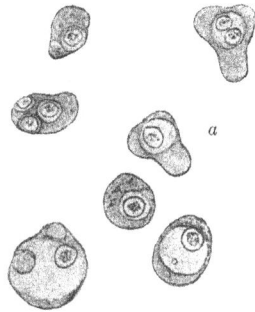

a) Einimpfung in Würze. Von dem Ergebnis der ersten mikroskopischen Untersuchung hängt es ab, ob die Sporenkultur schon nach der Gärung 0 der Hefe bei 25⁰ C auszuführen ist oder nicht. In den seltenen Fällen einer sehr starken Verunreinigung mit wilder Hefe oder wenigstens bei Gegenwart von sehr vielen »verdächtigen« Hefenzellen ist eine einmalige Gärung, ein Auffrischen der Hefe, zum Nachweis der wilden Hefe durch Sporenkultur vollkommen genügend. Dabei ist jedoch zu berücksichtigen, daß während der Gärung die wilde Hefe wieder etwas zurückgedrängt wird. Die Kultur ist so lange bei 25⁰ C zu belassen, bis sich die Würze geklärt, die anfangs in Schwebe gehaltene Hefe sich fast vollständig abgesetzt hat. Einerseits muß dieser Zeit-

punkt abgewartet, anderseits darf aber auch die Zeit von
24 Stunden nicht zu weit überschritten werden.

Bei Gegenwart von geringen Mengen oder nur von Spuren
von wilder Hefe genügt jedoch das Auffrischen nicht; die wilde
Hefe muß erst bis zu einem gewissen Grade angehäuft werden,
damit sie durch Sporenkultur nachgewiesen werden kann.

Das bei der Anhäufung eingehaltene Verfahren gründet
sich auf die Tatsache, daß die wilde Hefe von der Kulturhefe bei Beginn der Gärung zurückgehalten wird und daß sie
erst gegen das Ende der Hauptgärung, wenn die Konkurrenz
der Kulturhefe nachgelassen hat, günstigere Bedingungen zur
Vermehrung findet. Sobald also der größte Teil der Kulturhefe sich zu Boden gesetzt hat und in einen gewissen Ruhezustand übergegangen ist, findet sich die wilde Hefe in lebhafter Sprossung in der vergorenen Würze vor.

Die Anhäufung selbst geschieht in der Weise, daß man
nach ca. 24 Stunden, wenn die Gärung in der Kultur zu Ende
geht, von der noch durch Hefe getrübten vergorenen Würze
ca. 5 bis 6 ccm in frische sterile Würze überimpft. Die Kölbchen dürfen nicht zu voll werden, da sonst die Flüssigkeit
bei der Gärung übersteigt. Die neue Kultur kommt wie die
erste in den Thermostaten zu 25° C: Gärung I. Das gleiche
Verfahren wird noch ein zweites und gegebenenfalls ein
drittes Mal wiederholt: Gärung II und III. Mehr als
drei Überimpfungen werden nicht vorgenommen; gewöhnlich
führen wir nur zwei aus. Jede Überimpfung muß individuell
behandelt werden. Es wäre durchaus fehlerhaft, schablonen-
mäßig eine bestimmte Zeit einzuhalten, nach deren Verlauf
übergeimpft wird. Bei der Überimpfung aus Gärung 0 liegt
unter den gegebenen Verhältnissen der richtige Zeitpunkt um
24 Stunden, bei den folgenden Gärungen dauert es meist länger,
bis eine neue Überimpfung vorgenommen werden kann.
Wesentlich ist, daß die Gärung kräftig eingesetzt hat. Der
richtige Zeitpunkt für die Überimpfung ist dann gekommen,
wenn sich der größte Teil der Kulturhefe zu Boden gesetzt
hat und die vergorene Würze noch durch in Schwebe gehaltene
Hefenzellen getrübt ist. Die Würze soll einerseits nicht zuviel
Kulturhefenzellen enthalten, anderseits darf aber auch die

Klärung keinesfalls zu weit vorgeschritten sein. Erschwert wird die Beurteilung des richtigen Zeitpunktes, wenn die vergorene Würze durch Eiweißausscheidungen getrübt ist und sich schwer klärt.

Bei zu weitgehender Klärung kommt es vor, daß sich in der Überimpfung Bakterien, welche schon bei der ersten mikroskopischen Untersuchung häufiger gefunden wurden, stark vermehren und die Entwicklung der Hefe hemmen. In diesem Falle muß die Würze angesäuert werden. Dazu genügt ein Zusatz von 2—3 ccm einer 4 proz. Weinsäurelösung. Am einfachsten verwendet man die 10 proz. Rohrzuckerlösung mit 4 % Weinsäure.

Beobachtung und Übung werden bald den richtigen Zeitpunkt für die Überimpfung treffen lassen.

In den wiederholten Überimpfungen in Würze kann auch Mykoderma zur Entwicklung kommen, welches sich bei der Sporenkultur auf dem Gipsblock noch weiter vermehrt.

Je stärker die Verunreinigung mit wilder Hefe ist, desto rascher tritt sie im allgemeinen nach der Überimpfung in die Erscheinung und desto eher führt schon das mikroskopische Bild einer der vergorenen Würze entnommenen Probe, aus welcher allenfalls die Hefe durch Zentrifugieren abzuscheiden ist, die wilde Hefe vor Augen. Von dem Ergebnis dieser Untersuchung hängt es ab, ob noch eine Überimpfung vorzunehmen ist oder nicht.

Die Zahl der Überimpfungen, welche notwendig ist, um die wilde Hefe so anzuhäufen, daß sie durch Sporenkultur nachgewiesen werden kann, erlaubt bis zu einem gewissen Maße auf den Grad der Verunreinigung zu schließen.

Die letzte Überimpfung bleibt wie die einfach aufgefrischte Hefe so lange stehen, bis nahezu vollständige Klärung eingetreten ist; dann wird die Sporenkultur auf dem Gipsblock gemacht. Wird diese zu frühzeitig mit dem Bodensatz ausgeführt, so kann es zutreffen, daß der größte Teil der wilden Hefe mit der abgegossenen Würze entfernt und der Sporenkultur entzogen wird.

Wenn auch dem Verfahren der wiederholten Überimpfung ebenso wie anderen Mängel anhaften, so hat es sich doch bei

lange Zeit hindurch ausgeführten vergleichenden Untersuchungen bewährt.

Für die Überimpfung werden die Pasteur-Kölbchen in
gleicher Weise wie für die Einimpfung der Hefe durch
Waschen mit 70 proz. Alkohol und Flambieren vorbereitet.
Rasches, dabei jedoch ruhiges und sicheres Manipulieren geben

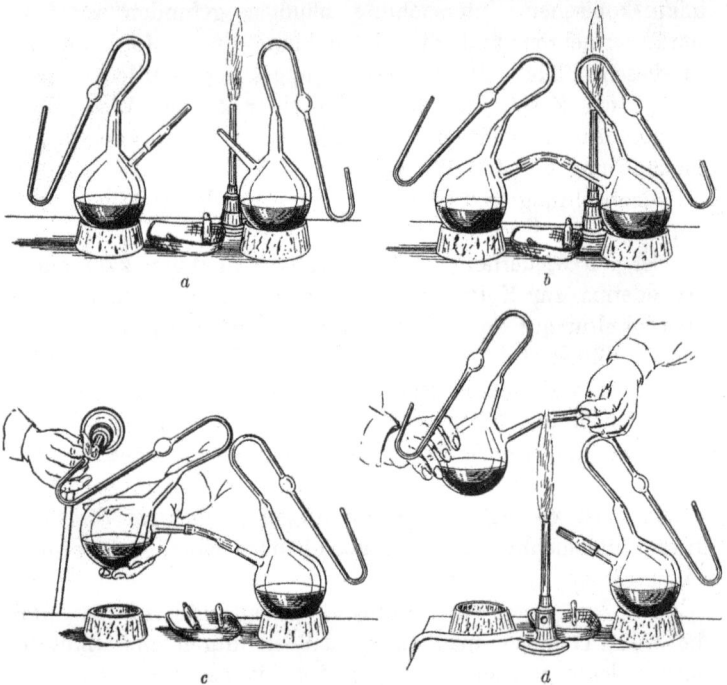

Fig. 46.

Überimpfung von einem in ein anderes Pasteur-Kölbchen. *a* und *b* Ansicht von
rückwärts, *c* und *d* von vorn.

die Gewißheit, daß eine Verunreinigung der Kulturen während
der kurzen Zeit, während welcher die Pasteur-Kölbchen geöffnet
werden müssen, ausgeschlossen ist. Die für die Überimpfung
erforderliche Zeit kann nicht unerheblich dadurch abgekürzt
werden, daß man jeden unnötigen Handgriff vermeidet. Es
empfiehlt sich deshalb bei der Vereinigung der beiden Kölbchen zwecks Überimpfung aus der Kultur mit der noch nicht

völlig geklärten Würze in frische Würze, überhaupt bei jeder
Überimpfung von einem in ein anderes Pasteur-Kölbchen, in
folgender Weise zu verfahren. Nicht unwichtig ist es, daß die
Impfrohre aller Pasteur-Kölbchen, mit welchen diese miteinander in Verbindung gebracht werden, gleichen Durchmesser
(ca. 7—8 mm) besitzen. Nach dem Flambieren wird das Kölbchen mit der Kultur zur Rechten, das mit der zu beimpfenden
Würze zur Linken aufgestellt. Das Impfrohr mit der Gummikappe ist nach innen, der doppelt gebogene Hals nach außen
gerichtet. Zwischen beide Kölbchen schiebt man die sterilisierte
Messingschale. Nachdem die Gummikappe und das gerade Rohr
der Kölbchen nochmals mit der Flamme bespült worden sind,
erhält diese ihren Platz zunächst neben dem rechts stehenden
Kölbchen. Hierauf greift die linke Hand nach der Gummikappe des rechten Kölbchens und zieht sie unter drehender
Bewegung ab, wobei eine Berührung des unteren Randes der
Kappe zu vermeiden ist. Die rechte Hand unterstützt während-
dem das Kölbchen. Nachdem die Gummikappe in die Messingschale abgelegt ist, greift die rechte Hand nach dem Glasstöpsel der Gummikappe des linken Kölbchens, während die
linke Hand unter Stützung des Kölbchens bei dem Heraus-
ziehen des Glasstöpsels durch einen Druck auf die Gummikappe
nahe dem unteren Ende des Stöpsels nachhilft. Auch dieser
erhält seinen Platz auf der sterilen Messingschale (Fig. 46 a).
Um völlig sicher zu gehen, wird das offene Impfrohr und die
geöffnete Kappe erst nochmals flambiert und dann ersteres
in letztere eingeführt (Fig. 46 b), wobei die rechte Hand das
rechtsstehende Kölbchen und die linke die Gummikappe des
linksstehenden erfaßt. Zur Überimpfung hebt die linke Hand
das rechte Kölbchen, während die rechte Hand die Spitze
der Flamme nahe an die Mündung des doppelt gebogenen
Halses hält, um die beim Ausgießen der Flüssigkeit einströmende
Luft zu sterilisieren (Fig. 46 c). Während das rechte Kölbchen
seinen Platz wieder auf der Unterlage erhält, wird die Flamme
zwischen beiden Kölbchen rückwärts von diesen aufgestellt.
Die rechte Hand ergreift hierauf wieder das rechts stehende
Kölbchen und zieht dieses aus der Gummikappe des links
stehenden heraus, während dieses von der linken Hand gestützt

wird. Die linke Hand ergreift dann die auf der Messingschale
liegende Gummikappe, geht gleichzeitig mit der rechten Hand,
welche das erfaßte Kölbchen noch hält, zur Flamme und verschließt jenes in dieser (Fig. 46 d). Nachdem hierauf die rechte
Hand den Glasstöpsel, die linke das links stehende Kölbchen
ergriffen hat, wird der Verschluß des zweiten Kölbchens in
der gleichen Weise wie beim ersten bewerkstelligt. Die frisch
geimpfte Kultur wird umgeschüttelt, die alte einstweilen zurück-
gestellt; sie dient für alle Fälle als Reserve. Überhaupt ist
es gut eine Kultur nicht eher zu beseitigen, als bis sie ihre
Erledigung gefunden hat.

**b) Einimpfung in 10 proz. Rohrzuckerlösung mit einem
Zusatz von 4 % Weinsäure.** Nach 48 Stunden wird die saure
Zuckerlösung aus dem mit Alkohol gewaschenen und flambierten
Pasteur-Kölbchen unter den früher angegebenen Vorsichtsmaßregeln möglichst vollständig ausgegossen. Da die oberste Schicht
des Hefenabsatzes meist lockerer ist, kann die Lösung in der
Regel nicht völlig entfernt werden. Der aufgeschüttelte Bodensatz wird in ein $^1/_8$ l- Pasteur-Kölbchen mit Würze in der gleichen Weise wie bei der Überimpfung der vergorenen Würze in
frische Würze übergeführt und die neue Kultur zu 25 ° C gebracht. Die geringen Mengen von Weinsäure, welche bei der
Überimpfung der Bodensatzhefe in die Würze eingeführt werden,
schaden der Entwicklung der Hefe nicht, können jedoch eine
schwache Trübung der Würze veranlassen.

Größere Mengen von Apiculatusarten, welche auch schon
in der sauren Zuckerlösung auftreten, veranlassen immer
Störungen in dem regelmäßigen Gang der Untersuchung, da
sie die übrigen Hefen in der Entwicklung zurückhalten und
auch auf die Sporenbildung störend einwirken. Deswegen ist
es von Vorteil, von dem Rest des Bodensatzes nach der Überimpfung in Würze ein mikroskopisches Präparat zu durchmustern. Zwischen den geschrumpften Zellen der Bierhefe
mit körnigem Inhalt sind die zugespitzten Zellen der Apiculatusarten nicht unschwer zu erkennen.

Bei Abwesenheit von Apiculatusarten treten je nach der
Anzahl der Hefenzellen, welche die Weinsäurebehandlung
überdauert haben, früher oder später in der Würze Gärungs-

erscheinungen auf, und es bildet sich ein Bodensatz von neu
entstandenen Zellen, der durch seine hellere, frischere Färbung
von dem dunkleren, aus den toten Zellen bestehenden scharf
absticht. Auf die Gegenwart dieses heller gefärbten Bodensatzes ist Gewicht zu legen, wenn die Frage herantritt, ob die
Kultur schon soweit entwickelt ist, daß sie durch die Sporenkultur geprüft werden kann.

Bei Betriebshefen, welche frei von wilden Hefen und
anderen Sproßpilzen sind, kommt es vor, daß kein neuer
Bodensatz entsteht und Gärungserscheinungen ausbleiben. Die
Bierhefenzellen waren durch die Weinsäurebehandlung entweder
abgetötet oder wenigstens so stark geschwächt worden, daß
sie sich trotz der Überimpfung in Würze unter den gegebenen
Verhältnissen nicht mehr erholen konnten. Sie sammeln sich als
dunkel gefärbter lockerer Absatz am Boden des Kulturgefäßes
an. Bleibt eine Kultur mit einem derartigen Bodensatz bei
Abwesenheit von Apiculatusarten mehrere Tage regungslos,
so ist ein weiteres Zuwarten und die Anlegung einer Sporenkultur zwecklos. Ein mikroskopisches Präparat aus dem Bodensatz gibt den nötigen Aufschluß.

Auf die Gegenwart von Apiculatusarten, sei es, daß sie
schon in der weinsauren Saccharoselösung auftraten oder sich
erst nach der Überimpfung der Bodensatzhefe in Würze vermehrten, kann schon aus den tiefdunkelbraunen, sehr locker
liegenden Bodensätzen von eigenartig flockiger Beschaffenheit,
welche in der Würzekultur entstehen, geschlossen werden.
Wenn jene Sproßpilze in größerer Zahl vorhanden sind und
die Bierhefe durch die Weinsäurebehandlung sehr geschwächt
ist, kann es sechs und mehr Tage dauern, bis eine Neubildung
von Bierhefenzellen einsetzt und damit die Apiculatusarten
zurückgedrängt werden. Die bei Gegenwart dieser Arten sehr
spät entstandenen Bodensätze sind gleichwohl in der Regel
zur Sporenkultur noch brauchbar, da sie meist noch eine
genügende Anzahl von Hefenzellen enthalten, welche sich in
dem zur Sporenbildung geeigneten Zustande befinden. Entsteht jedoch der Absatz von neugebildeter Hefe sehr langsam,
so muß er zur Sporenkultur in Würze aufgefrischt werden.
Da sich die sporenbildende Hefe in diesem Falle in der Mehr-

zahl befindet, ist eine wesentliche Behinderung durch die
Apiculatusarten nicht mehr zu befürchten.

Die Apiculatusarten unterdrücken die Entwicklung von
Mykoderma.

Sämtliche Sporenkulturen werden zu 25°C gebracht. In
Ermangelung eines Thermostaten können sie auch in einem
möglichst gleichmäßig warmen Zimmer aufgestellt werden.
Mäßige Schwankungen der Temperatur beeinträchtigen die
Sporenbildung nicht, sie haben für die Hefenanalyse nicht die
Bedeutung wie für die Feststellung der Sporenkurve.

Die Untersuchung der bei 25°C stehenden Kulturen wird
ungefähr nach 40 Stunden, der bei Zimmertemperatur stehenden
nach etwa 3 Tagen vorgenommen. Die Proben hierzu werden
dem Gipsblock an einer Stelle entnommen, an welcher die
aufgetragene Hefe in sehr dünner Schicht liegt, und zwar
mittels eines ausgeglühten kleinen Platinspatels oder einer
Platinöse oder mittels eines an den Enden plattgedrückten
dünnen Glasstabes.

4. Tröpfchenkulturen.

Tröpfchenkulturen mit Würze sind für die Hefenanalyse
bei starker Aussaat unsicher, wenn in kurzer Zeit und nur
mit wenigen Kulturen ein zutreffendes Ergebnis erzielt werden
soll; Fremdorganismen werden in jenen entweder vollständig
unterdrückt oder sie kommen sehr spät zur Entwicklung.
Stockhausen fertigt daher Tröpfchenkulturen mit Wasser
an. Das Verfahren gründet sich darauf, daß die Kulturhefe
in den Wassertröpfchen nicht mehr wächst; es sind nur einzelne kräftige Zellen, die es vielleicht noch zu einer Sprossung
bringen, die übrigen liegen dagegen wie tot im Tröpfchen,
sie sind der Selbstverdauung verfallen, deren Produkte in die
umgebende Flüssigkeit übergehen und wilden Hefen sowie
Bakterien vorzügliche Nährstoffe abgeben. Die Tröpfchenkultur
mit Wasser gestattet eine viel größere Aussaat von Zellen als
die Tröpfchenkultur mit keimfreier Bierwürze. Stockhausen
verfährt in der Weise, daß er zwei bis drei kräftige Platinösen
Hefe in 3 — 4 ccm sterilen Wassers verteilt und die Tröpfchenkultur, wie früher angegeben, anlegt oder hierzu das Schlämm-

wasser der Hefe verwendet. Die Deckgläser müssen, wenn
die Wassertröpfchen nicht ineinander fließen sollen, ziemlich
stark fettig sein.

In den Tröpfchenkulturen mit Wasser treten in die Erscheinung: wilde Hefe, Torula, Bakterien. Wir haben bei
vergleichenden Untersuchungen recht brauchbare Ergebnisse
mit diesem Verfahren hinsichtlich des qualitativen Nach-
weises von Fremdorganismen erzielt, wenn auch nicht immer
alle, wie beispielsweise wilde Hefe zur Entwicklung kommen.
Den Nachteil hat es jedoch, daß, wie auch Bettges bestätigt,
oft Stäbchenbakterien sich sehr stark sowie sehr rasch vermehren und damit andere Organismen in der Entwicklung
zurückhalten. Bettges ging infolgedessen dazu über, statt
des sterilen Wassers steriles Bier, endvergoren mit der Hefe
der betreffenden Brauerei, zur Tröpfchenkultur zu verwenden.
Er will hierdurch den Konkurrenzkampf ausschalten. Die
Bakterien, welch sich bei Anwendung von sterilem Wasser
vermehren, gehen im Bier nicht an. Damit werden aber solche
Arten, welche für den Brauereibetrieb unbedenklich sind, aus-
geschaltet. Bettges hat mit dem Verfahren gute Erfolge
erzielt. Wir haben zurzeit ein abschließendes Urteil über
jenes noch nicht gewonnen.

5. Schlämmverfahren nach Keil und Stockhausen.

Zur Ausführung des Verfahrenes ist ein emaillierter Topf
von 1—2 l Fassungsvermögen, ein einfacher blecherner oder ein
emaillierter Eßlöffel und ein Spiritusbrenner notwendig. Die
Größe des Topfes richtet sich nach der Größe der Hefenproben.
Für diese wird in der Regel die Größe der im Betrieb gebräuchlichen Hefenwannen maßgebend sein. In dem mit einem
gut passenden Deckel verschlossenen Topf wird die aus der
Tabelle auf S. 146 ersichtliche Menge Leitungs- oder Brunnen-
wassers, vermehrt um ein Viertelliter Wasser zum Ausgleich
der Verdampfungsverluste, durch halbstündiges Kochen keimfrei gemacht; der Löffel wird gleichzeitig mitgekocht. Nachdem durch Einstellen des Topfes in Eiswasser rasch abgekühlt
ist, gibt man mit dem Löffel die aus der zu untersuchenden
Hefe entnommene Mittelprobe in das keimfreie Wasser und

schlämmt sie gut auf. Vorhandene Klümpchen werden mit
dem Löffel zerdrückt und gut verrührt. Sodann läßt man
kurz absitzen. Sobald der Hefenspiegel verschwunden ist und
der dunklere Wasserspiegel klar erscheint, wird ein keimfrei
gemachtes Gläschen mit dem Schlämmwasser gefüllt, das zur
Untersuchung dient. Das Absitzen der Hefe erfolgt, je nach
deren Menge, je nach der Temperatur des Wassers und nach
dem mehr staubigen oder flockigen Charakter der Hefe, während $1/4$ bis höchstens 2 Minuten. Man darf nicht zu lange
absitzen lassen, da sonst zu wenig Kulturhefe in das Fläschchen
gelangt, die zur Analyse als Nährstoffspender für die anderen
Organismen vorhanden sein muß. Bei richtiger Probenahme
zeigt das Fläschchen einen Bodensatz von etwa $1/2$ bis 1 cm
Höhe.

Nach wiederholter Verteilung des Hefenabsatzes im Wasser
werden von diesem direkt Tröpfchenkulturen angelegt.

Das Schlämmverfahren hat jedenfalls den Vorteil, daß
recht beträchtliche Mengen der Hefe zur Untersuchung herangezogen werden; es entspricht also einer der Hauptforderungen
welche bei der Hefenanalyse gestellt werden müssen. Anderseits ist sie jedoch viel zu fein. Im Schlämmwasser kommen
bei einer sorgfältigen mikroskopischen Untersuchung Fremdorganismen, welche in der urspünglichen Hefe nur in sehr
geringer Menge vorhanden waren, zum Vorschein, sie sind
in jenem angehäuft. Damit liegt aber die Gefahr nahe, daß
der richtige Maßstab für die Beurteilung des Grades der Verunreinigung mit Fremdorganismen verloren geht. Es ist schwer,
reine Betriebshefe nach diesem Verfahren zu finden.

Zurzeit fehlen uns noch Erfahrungen, die sich auf einen
Vergleich mit anderen Untersuchungsverfahren stützen.

6. Einschlußpräparat nach Bettges und Heller.

Zum Nachweis von Pediokokken. Außerdem
treten in die Erscheinung: wilde Hefen und Stäbchenbakterien.

Das Einschlußpräparat eignet sich nicht nur zum Nachweis von Pediokokken in Hefe und Bier, sondern auch zum
Nachweis in den verschiedensten Infektionsquellen des Betriebes; deshalb soll es auch für sich behandelt werden. Aus-

führliche Angaben über die Herstellung des Einschlußpräparates selbst folgen später. Über die Anfertigung der hierzu nötigen Nährlösung siehe den Anhang.

Bei der Nachprüfung der mikroskopischen Untersuchung von Hefe durch Kulturen sollten mindestens die Sporenkultur nach wiederholter Überimpfung in Würze, die Gärprobe und das Einschlußpräparat nach Bettges und Heller ausgeführt werden.

Begutachtung.

Bevor wir an die Frage herantreten, nach welchen Grundsätzen der Reinheitsgrad einer Hefe an der Hand der mikroskopischen Untersuchung und der Ergebnisse der Nachprüfung durch Kulturen zu bewerten ist, ferner welche Schlußfolgerungen hieraus für die Begutachtung zu ziehen sind, müssen noch einige allgemeine für diese wichtige Gesichtspunkte erörtert werden.

Die Gegenwart von Fremdorganismen in einer Betriebshefe ist nicht schwer festzustellen. Eine sorgfältige mikroskopische Untersuchung allein gibt schon eine hinreichende Übersicht über die Art jener Organismen, sie ist außerdem allein imstande, ein annähernd zutreffendes Bild von dem Reinheitsgrad einer Betriebshefe zu geben, vorausgesetzt, daß es gelingt, alle neben den Bierhefezellen vorhandenen lebenden Organismen sicher zu erkennen. Wenn Abweichungen zwischen dem Befund der mikroskopischen Untersuchung und einer schärferen Prüfung durch Anlegung von Kulturen vorkommen, so sind jene nach den bisherigen Erfahrungen in der Regel so geringfügig, daß sie auf die Begutachtung keinen Einfluß ausüben. Sie betreffen höchstens Spuren einer Verunreinigung, die außerdem meist aus Fremdorganismen besteht, welche, wie verschiedene Torulaarten, für die Brauerei überhaupt keine Bedeutung haben.

Für die Beurteilung der technischen Verwendbarkeit einer Hefe auf Grund aller zur Bestimmung des Reinheitsgrades angewendeten Verfahren ist die persönliche Erfahrung ausschlaggebend, welche sich auf Beobachtungen im Betrieb stützt.

Im Einzelbetrieb bieten sich dem Biologen hinsichtlich der Begutachtung einer Hefe keine wesentlichen Schwierigkeiten. Sein Urteil erfährt fortwährend eine Kontrolle, insbesondere durch die Beobachtung von Haltbarkeitsproben des Bieres, wenngleich dabei auch noch andere Einflüsse zu berücksichtigen sind. Wenn er einmal den ganzen Betrieb kennt und die nötigen Erfahrungen gesammelt hat, dann weiß er auch, welche von den in der Hefe enthaltenen Fremdorganismen die Brauerei unter Umständen gefährden können und welcher Grad von Verunreinigung mit jenen für die jeweilig gegebenen Verhältnisse des Betriebes noch zulässig ist, ohne befürchten zu müssen, daß sie Schaden anrichten. Er wird bald dahin kommen, für die Bewertung des Reinheitsgrades einen Maßstab aufzustellen und diesen seiner Begutachtung zugrunde zu legen.

Bei einer sorgfältigen Überwachung der Reinlichkeitspflege kann der in einer Brauerei tätige Biologe bei gleichförmig fortlaufendem Betriebe sich in der Regel mit einer einfachen mikroskopischen Untersuchung begnügen, vorausgesetzt, daß er dazwischen auch eine genauere Untersuchung durchführt, die sein Urteil über den Reinheitsgrad kontrolliert und dadurch schärft sowie festigt.

Viel schwieriger ist die Beurteilung einer Hefe für eine Brauerei, deren Betriebsverhältnisse entweder überhaupt nicht oder nur unvollständig bekannt sind.

Der Biologe muß sich auch in diesem Falle häufig mit einer einfachen mikroskopischen Untersuchung begnügen, da die zur Begutachtung gewährte Frist viel zu kurz ist, um wenigstens eine kurze Nachprüfung der mikroskopischen Untersuchung durch Anlegung von Kulturen vornehmen zu können; eine eingehendere Untersuchung ist überhaupt nicht möglich. Die Hefe ist meist schon ihrer Bestimmung zugeführt, sie hat die Hauptgärung schon völlig oder nahezu völlig beendigt, wenn eine solche Untersuchung zum Abschluß gebracht werden kann. Wertlos wird ihr Ergebnis gleichwohl nicht sein, insofern sie in Verbindung mit einer einfachen mikroskopischen Untersuchung der neugewonnenen Generation noch immer einen Fingerzeig für die weitere Verwendung gibt. Im übrigen

ist der Biologe noch viel mehr als im Einzelbetrieb darauf angewiesen, neben der mikroskopischen Untersuchung durch ausgedehnte Kontrolluntersuchungen sich ein möglichst zutreffendes
Urteil zu erwerben. Die Beurteilung von Betriebshefen ist
dadurch erschwert, daß bestimmte, absolute Regeln für die
technische Verwendbarkeit nicht aufgestellt werden können.
Es ist unmöglich, mit bestimmten Zahlenverhältnissen in der
Weise zu rechnen, daß wir eine Hefe beanstanden und als
untauglich für die weitere Verwendung erklären, wenn beispielsweise von einer bestimmten wilden Hefe ein bestimmter
Prozentsatz als Verunreinigung in einer Betriebshefe vorliegt.
Für einige wilde, bierschädliche Hefen kennen wir allerdings
diese Werte, aber wir wissen ohne eine umständliche und
viel Zeit in Anspruch nehmende Untersuchung nicht, ob
gerade diejenigen Hefen vorliegen, für welche die Werte
bestimmt sind. Wir kennen außerdem überhaupt noch recht
wenige von den wilden Hefen, welche im Brauereibetrieb vorkommen.

In ähnlicher Weise liegen die Verhältnisse bezüglich einer
Verunreinigung mit Bakterien.

Die Beurteilung der technischen Verwendbarkeit einer Betriebshefe wird ferner dadurch wesentlich erschwert, daß wir
im unklaren darüber sind, ob nicht eine vorhandene Verunreinigung mit wilder Hefe und Bakterien, welche in dem einen
Betrieb nicht zur Geltung kommt, in einem anderen überhand nimmt. Es kommt vor, daß eine Hefe, welche wegen
ihres hohen Reinheitsgrades unbedingt günstig beurteilt werden
muß und in der einen Brauerei nicht die geringste Störung
verursacht, die wenigen in ihr enthaltenen Fremdorganismen
in einer anderen aufkommen läßt und Schaden bringt. Eine
wohlbekannte Tatsache ist es auch, daß die eine Brauerei einen
verhältnismäßig höheren Grad von Verunreinigung verträgt
als eine andere, daß sich trotz einer verhältnismäßig stärkeren
Verunreinigung Störungen, wie geringere Haltbarkeit oder
Geschmacksbeeinflussung nicht einstellen. Ferner ist bekannt,
daß eine mit Fremdorganismen verunreinigte Hefe, wenn sie
in einen anderen Betrieb verpflanzt wird, sich bessern und
von selbst reinigen kann. Inwieweit hierbei die Zusammen-

setzung der Würze, stärkere Hopfung und anderes in Frage
kommt, ist noch nicht mit Sicherheit zu entscheiden, die Erfahrungen gehen aber dahin, daß die Würzen mancher
Brauereien, obwohl sie nach den allgemein gebräuchlichen
Proben als normal zu bezeichnen sind, gleichwohl Fremdorganismen viel leichter aufkommen lassen, als andere. Daß
schlecht verzuckerte Würzen dem Überhandnehmen von Fremdorganismen Vorschub leisten, und daß Bakterien, welche in
gut verzuckerten Würzen völlig harmlos erscheinen, in schlecht
verzuckerten sich sehr rasch bemerkbar machen können, ist
ebenfalls eine wohlbekannte Tatsache.

Auf die Bedeutung einer richtigen Probeziehung wurde
wiederholt hingewiesen. Bei der Untersuchung und Begutachtung einer Hefe, welche aus einer dem Biologen fremden
Brauerei stammt, muß er sich darauf verlassen, daß die Probe
auch sachgemäß gezogen ist, daß sie möglichst dem Durch-
schnitt entspricht. Ungünstig kann das Gutachten beeinflußt
werden, weil die Probe, was oft außer acht gelassen wird,
während der Zeit von der Entnahme bis zur Untersuchung
in ungeeigneter Weise behandelt worden war, zuweilen auch
aus dem Grunde, weil bei der Entnahme selbst oder später
infolge einer ungeeigneten Verpackung nachträglich eine Verunreinigung hinzugekommen ist.

Alle diese Möglichkeiten muß man sich stets vor Augen
halten und bei der Begutachtung berücksichtigen.

Eine nicht sachgemäß verpackte Probe wird zwar nicht
von vornherein von der Untersuchung zurückzuweisen sein,
jedoch muß in dem Untersuchungsbericht auf diesen Mangel
hingewiesen und das Gutachten dementsprechend abgefaßt
werden.

Alle angeführten Schwierigkeiten, welche sich der Beurteilung von Betriebshefen entgegenstellen, könnten in einfachster Weise umgangen werden, wenn jede Hefe sehr streng
beurteilt würde. Das ist jedoch nicht zulässig. Vollständig
von Fremdorganismen, insbesondere von Bakterien freie Betriebshefe gibt es auch bei höchster Reinlichkeitspflege nicht.
Selbst jede Reinzuchthefe, welche einmal im Betrieb gearbeitet
hat, ist verunreinigt.

Es würde also vollständig zweckwidrig sein, im allgemeinen einen strengen Maßstab anzulegen. Die Tatsache, daß es Arten von wilder Hefe gibt, welche recht unangenehme Betriebsstörungen hervorzurufen vermögen, darf nicht vergessen werden. Allem Anschein nach kommen jedoch im Brauereibetrieb mehr harmlose Arten von wilder Hefe vor als bierschädliche. Wir beurteilen deshalb auch eine Betriebshefe mit wenigen Zellen von wilder Hefe viel milder als früher, umsomehr, wenn wir den Betrieb, aus welchem die Hefe stammt, sowie die daselbst geübte Reinlichkeitspflege kennen und wissen, daß sich Störungen durch wilde Hefen nicht eingestellt haben. Den gleichen Standpunkt nehmen wir auch gegenüber einer Verunreinigung mit Bakterien ein. Wir vermögen den extremen Standpunkt nicht zu teilen, der jede Hefe, welche Pediokokken enthält, von der Verwendung in der Brauerei ausgeschlossen wissen will. Selbstverständlich muß in Brauereien, welche mit Erkrankungen des Bieres durch Pediokokken zu kämpfen haben, in dieser Hinsicht die größte Vorsicht walten. Tatsache ist aber, daß viele Betriebe Hefen mit einem verhältnismäßig hohen Gehalt an Pediokokken ohne Schädigung verwenden.

In Jahren, in welchen infolge der Beschaffenheit der zu verarbeitenden Gersten und anderer noch unbekannter Verhältnisse ganz allgemein eine Neigung des Bieres zur Erkrankung durch Pediokokken besteht, muß einer Verunreinigung der Betriebshefen durch diese besondere Aufmerksamkeit geschenkt werden. Die Hauptaufgabe besteht darin, durch entsprechende Maßnahmen die unvermeidlichen geringen Verunreinigungen mit Fremdorganismen nicht aufkommen zu lassen.

Oberster Grundsatz ist, daß die Hefenproben, wenn möglich, individuell begutachtet werden, d. h. unter Berücksichtigung der maßgebenden Verhältnisse des Brauereibetriebes, für welchen die Hefe bestimmt ist.

Für die Bewertung des Reinheitsgrades und damit für die Begutachtung sind folgende Grundlagen gegeben.

1. Die mikroskopische Untersuchung und die Summe der bei Durchmusterung einer bestimmten Anzahl von Gesichtsfeldern gefundenen Fremdorganismen.

Für die Beurteilung des Reinheitsgrades nach der mikroskopischen Untersuchung allein kann ganz allgemein die Regel gelten, daß eine Betriebshefe nicht zu beanstanden ist, wenn nach den verunreinigenden Organismen erst gesucht werden muß, sei es mit oder ohne vorhergehende Behandlung der Präparate mit Kalilauge, wenn sie sich also dem Auge nicht direkt darbieten.

Für die Bezeichnung des Reinheitsgrades bei einem Gesichtsfeld von 100 mm Durchmesser und einer Vergrößerung von 550—600 bedienen wir uns bis auf weiteres des folgenden Maßstabes.

In 50 Gesichtsfeldern höchstens 1 Fremdorganismus
= Verunreinigung in Spuren.
» » » » » 3 Fremdorganismen
= Verunreinigung sehr gering.
» » » » » 6 Fremdorganismen
= Verunreinigung gering.
» » » » » 8 Fremdorganismen
= Verunreinigung mäßig.

Im allgemeinen nehmen wir die zulässige Grenze für den Reinheitsgrad und damit für die technische Verwendbarkeit in Beziehung auf Bakterien (Pediokokken und Stäbchenbakterien) bei »gering« an. Eine Hefe mit mäßiger Verunreinigung lassen wir unter der Bedingung zu, daß sie wiederholt gewaschen und geschlämmt oder in stärker gehopfter Würze geführt und dann nach dem ersten Umgang ebenso wie das Jungbier untersucht wird. Für wilde Hefe, überhaupt »verdächtige« Sproßzellen nehmen wir die zulässige Grenze bei »sehr gering« an.

2. Das Ergebnis der Nachprüfung der mikroskopischen Untersuchung durch Kulturen.

a) Das Ergebnis der Sporenkultur.

Zunächst ziehen wir das Ergebnis der Weinsäurebehandlung in Betracht. Aus diesem dürfen, wie früher ausgeführt, nur

Schlußfolgerungen über die Verunreinigung mit Fremdorganismen überhaupt, mit Ausschluß der Bakterien, aber nicht auf den Grad der Verunreinigung gezogen werden. Für die Begutachtung kommt in der Regel nur die wilde Hefe in Betracht. Die Feststellung der Anwesenheit von Schimmelpilzen (Oidium, Penicillium, Mucor und anderen) ist nur insofern von Wert, als sie einen Hinweis auf besondere Quellen der Verunreinigung gibt. Solange eine Hefe nicht schon bei der mikroskopischen Untersuchung von Schimmel durchsetzt erscheint, ist diesem bei der Begutachtung der technischen Verwendbarkeit keine Bedeutung beizumessen. Dabei ist jedoch zu berücksichtigen, daß sich der Schimmel erst infolge schlechter Verpackung der Probe eingeschlichen haben kann.

Über den Grad der Verunreinigung mit wilder Hefe gibt uns die wiederholte Überimpfung von Würze in Würze Aufschluß. Wir sind durch diese in den Stand gesetzt in Verbindung mit dem Ergebnis einer sorgfältigen mikroskopischen Untersuchung der ursprünglichen Probe ein sicheres Urteil über den Grad der Verunreinigung abzugeben.

Eine Betriebshefe, in welcher nach zweimaliger Überimpfung wilde Hefe nicht nachzuweisen ist oder nach dreimaliger Überimpfung höchstens in einzelnen Zellen, enthält nur »Spuren« von wilder Hefe usf.

b) Die Tröpfchenkultur mit Wasser ergänzt die Ergebnisse der Sporenkultur. In die Erscheinung treten wilde Hefe, Torula, Bakterien.

c) Die Gärprobe. Nach dem Ergebnis unserer vergleichenden Beobachtungen halten wir an dem Grundsatz fest, daß eine Betriebshefe als technisch verwendbar zu begutachten ist, wenn bei aufgesetztem Gärverschluß die klar abgegorene Würze bei 25° C nicht vor dem 5.—6. Tag durch nachträgliche Entwicklung von Organismen getrübt wird. In die Erscheinung treten hauptsächlich Stäbchenbakterien, außerdem Pediokokken und wilde Hefe. Ein sicherer Nachweis von Pediokokken durch den Gärversuch ist jedoch nach unseren Erfahrungen nicht möglich.

d) Das Einschlußpräparat nach Bettges und Heller zum Nachweis von Pediokokken. Wenn es hinsichtlich der Hefenmenge mit dem Präparat zur direkten mikroskopischen Untersuchung möglichst in Übereinstimmung gebracht ist, dann kann für die Beurteilung des Reinheitsgrades unmittelbar der aufgestellte Maßstab benutzt werden. Außer den Pediokokken treten in die Erscheinung: wilde Hefe und Stäbchenbakterien.

Bei der Begutachtung der technischen Verwendbarkeit einer Betriebshefe ist nicht nur der Grad der Verunreinigung mit Fremdorganismen, sondern auch die Zahl der toten Hefenzellen zu berücksichtigen. Eine Hefe, welche viele tote Zellen (wir haben bis zu 10% und mehr gezählt) enthält, wird in ihrer Gärwirkung beeinträchtigt. Tote Zellen sind daher ein unnötiger und, wenn sie in sehr großer Menge vorhanden sind, außerdem auch ein gefährlicher Ballast, da sie einen vorzüglichen Nährboden für die in Würze und Bier vorkommenden Bakterien abgeben. In der Regel handelt es sich um Hefenzellen, welche aus unbekannten Gründen in ihrer Vollkraft nach Anhäufung von Glykogen abgestorben sind. Diese Zellen sind nicht leicht wie die durch einen Hungerzustand hindurchgegangenen und dann abgestorbenen oder von Anfang an verkümmerten; sie lassen sich deshalb auch nur sehr schwer durch Waschen und Schlämmen entfernen.

Die Beurteilung des Gehaltes an toten Hefenzellen geschieht unter Berücksichtigung des Reinheitsgrades der Hefe und des ganzen Betriebes. Je weniger Bakterien die Hefe enthält und je reiner überhaupt der Betrieb ist, um so weniger wird zu befürchten sein, daß tote Hefenzellen Schädigungen veranlassen. Zu beachten ist in diesem Falle nur, daß der Wert der Hefe an sich durch einen hohen Gehalt an unwirksamen Zellen vermindert wird. Voraussetzung ist dabei, daß die zu begutachtende Hefe die toten Zellen schon ursprünglich bei der Entnahme der Probe enthielt. Durch ungeeignete Behandlung und schlechte Verpackung kann die Zahl der toten Zellen ganz wesentlich gesteigert werden. Beim Verlöten der Blechbüchsen, in welche gepreßte Hefe verpackt wird, werden zuweilen die den Lötstellen zunächst liegenden Partien der Hefe so stark erwärmt, daß ein großer Teil der Zellen abstirbt.

b) Jungbier.

Der Gang der Untersuchung schließt sich im allgemeinen, soweit der Nachweis einer Verunreinigung mit Organismen in Frage steht, demjenigen von Betriebshefe an. Die mikroskopische Untersuchung kann direkt an der Probe, wie sie aus dem Gärkeller kommt, vorgenommen werden; es empfiehlt sich jedoch, zuvor das gleiche Verfahren einzuhalten, welches einer eingehenden Untersuchung durch Anlegung von Kontrollkulturen vorausgeht.

Starke Verunreinigungen von Jungbier durch wilde Hefen und Bakterien sind selten. In diesem Falle kann die direkte mikroskopische Beobachtung durch Tröpfchenkulturen unmittelbar aus einer gut gemischten Probe des Jungbieres in kurzer Zeit nachgeprüft werden. Der Nachweis von wilder Hefe führt hier eher zum Ziele als bei Hefe unter Zusatz von Würze, weil beim Jungbier die Gärtätigkeit der Kulturhefe nicht mehr so lebhaft ist und die wilde Hefe nicht mehr so leicht unterdrückt wird.

Im übrigen läßt man die Probe unter Watteverschluß bei gewöhnlicher Temperatur so lange stehen, bis sich der größte Teil der Hefe zu Boden gesetzt und das Bier infolgedessen nahezu völlig geklärt hat. Das dicht geschlossene Probegefäß muß zuerst äußerlich mit reinem Wasser und dann mit 70proz. Alkohol gewaschen werden. Nach Entfernung des Verschlusses beseitigt man vorsichtig auch die auf der Innenseite der Öffnung befindlichen geringen Flüssigkeitsmengen mit einem in 70proz. Alkohol eingetauchten und wieder ausgedrückten Wattebausch. Die Mündung des Probegefäßes wird dann mit der Flamme bespült und an Stelle des Glasstöpsels ein bereitgehaltener lockerer Pfropf von steriler Watte in jene so eingesetzt, daß er etwas über den Rand der Öffnung übergreift.

Ein bestimmter Zeitpunkt für die Vornahme der Untersuchung läßt sich nicht angeben, da die Klärung von der Menge und der Art der Hefe und anderen Einflüssen beherrscht wird. Im allgemeinen ist jedoch daran festzuhalten, daß die Untersuchung nicht zu weit hinausgeschoben werden darf,

damit nicht durch stärkere Vermehrung der das Bier verun·
reinigenden Organismen das ursprüngliche Bild wesentlich
gestört und durch Erreichung der Endvergärung die Unter·
suchung erschwert wird.

Die Vergärung von Würze zur Beobachtung von Bakterien·
entwicklung und infolgedessen die Einimpfung von je 0,5 ccm
des Hefenabsatzes in zwei mit Würze gefüllte Erlenmeyer·
Kölbchen fällt fort, da ja schon vergorene Würze vorliegt.

Der Hefenabsatz und das über ihm stehende, mehr oder
minder klar gewordene Bier werden getrennt untersucht. Mit
einem Teil des Bieres füllt man im Impfkasten zwei leere
sterile Erlenmeyer-Kölbchen, die wie gewöhnlich durch Waschen
mit Alkohol und Flambieren vorbereitet werden, zur Hälfte,
verschließt das eine mit einem Wattepfropf, das andere mit
dem Gäraufsatz und bringt sie zu 25° C. Wenn das Jungbier
völlig vergoren ist, dann wird in dem Erlenmeyer-Kölbchen
mit Gärverschluß die Luft nicht durch Kohlensäure ver·
drängt. Infolgedessen können auch in jenem Essigbakterien
und Mykoderma zur Entwicklung kommen. In diesem Falle
ist es daher besser, das Erlenmeyer-Kölbchen möglichst voll
zu machen. Der Rest der Flüssigkeit dient zu einer mikro·
skopischen Untersuchung, gegebenenfalls auch zur Anlegung
von Tröpfchenkulturen. Er wird in ein steriles Becherglas
oder Spitzglas gebracht. Der größere Teil der noch in Schwebe
gehaltenen Hefenzellen setzt sich in jenem ziemlich rasch ab
und erleichtert damit die mikroskopische Untersuchung.
Wenn die Flüssigkeit noch verhältnismäßig stark getrübt ist,
kann sehr leicht eine Trennung der trübenden Bestandteile
von der Flüssigkeit durch Ausschleudern erzielt werden. Feine,
durch Eiweißausscheidungen oder durch Bakterien verursachte
Schleier widerstehen allerdings selbst dem Ausschleudern
meist sehr hartnäckig.

Von der abgesetzten Hefe werden die gleichen Kulturen
wie von Betriebshefen angelegt.

Zu einer raschen Nachprüfung des mikroskopischen Be·
fundes genügt neben Tröpfchenkulturen und Einschlußpräpa·
raten eine 5—6 tägige Beobachtung des geklärten Bieres bei
25° C.

Ein abgekürztes Verfahren, welches in Betriebslaboratorien im Gebrauch ist, besteht darin, daß man das Jungbier in dem Probegefäß 24 Stunden bei Zimmertemperatur abgären läßt und dann unter dichtem Verschluß (Kork, Patentverschluß) bei 25° C im Thermostaten aufstellt.

Die Beobachtung an der geklärten Würze und an den Einschlußpräparaten über die Entwicklung von Bakterien, insbesondere von Pediokokken können durch die sogenannte Forcierungsprobe (Luff) ergänzt werden. Dieses Verfahren hat sich zum Nachweis von Spuren von Pediokokken in Jungbieren bewährt. Für einen raschen Nachweis eignet es sich allerdings nicht, da in der Regel erst nach 2—3 Wochen ein endgültiges Ergebnis erwartet werden kann. In dieser Beziehung ist das Einschlußpräparat nach Bettges und Heller weit überlegen. Immerhin ist die Forcierungsprobe zur Nachprüfung verwendbar.

Bei Durchführung der Forcierungsprobe läßt man das Jungbier zuerst bei Zimmertemperatur bis zur völligen Klärung abgären. Mit dem klaren Bier werden sterile Medizinfläschchen von ca. 200 ccm Inhalt möglichst vollgefüllt, um die Luft zu entfernen, und dann mit in heißes Paraffin eingetauchten Korken verschlossen, nachdem die Fläschchen flambiert wurden. Die Korke werden festgebunden.

Die Forcierungsproben bleiben bei Zimmertemperatur stehen; erhöhte Temperatur befördert die Entwicklung der Pediokokken nicht. Vorteilhaft ist es, gleichzeitig mehrere Proben aufzustellen und diese nach Verlauf verschiedener Zeiten zu untersuchen.

Eine stärkere Vermehrung der Pediokokken in den Forcierungsproben setzt durchschnittlich zwischen der 2. und 3. Woche ein und erreicht ihren Höhepunkt in der 4. und 5. Woche. Stark gehopfte helle Biere erweisen sich auch bei der Forcierung gegen die Entwicklung von Pediokokken widerstandsfähiger.

Die Folgerungen aus den Untersuchungsergebnissen der verschiedenen Kulturen werden in der gleichen Weise wie bei der Hefe gezogen. Ebenso schließt sich die Bewertung des Reinheitsgrades der abgesetzten Hefe dem dort aufgestellten Maßstab an.

Für die Beurteilung der Haltbarkeit der vergorenen Würze
ist jedoch nicht der 5.—6. Tag, wie für das Erlenmeyer-
Kölbchen mit aufgesetztem Gärverschluß bei der Hefenanlyse,
sondern der 4.—5. Tag maßgebend, da die Würze schon ab-
gegoren zur Beobachtung kommt.

Die Feststellung einer Verunreinigung von Jungbier mit
Organismen ist in der Richtung von Wert als durch sie Aufschluß darüber erhalten wird, mit welchem Reinheitsgrad das
Bier in das Lagerfaß gelangt und danach etwa notwendige
technische Maßnahmen getroffen werden können. Aus dem
Ergebnis der Analyse kann ferner, allerdings nur innerhalb gewisser Grenzen, da auch noch der Reinheitsgrad der angestellten Würze und der Gärbottiche mit hereinspielt, ein
Rückschluß auf den Reinheitsgrad der verwendeten Stellhefe
gezogen werden. Dagegen ist ein Rückschluß auf die Reinheit der neu entstandenen Hefe des gleichen Gärbottichs,
insbesondere der Kernhefe, welche zum Anstellen benutzt
werden soll, unsicher, um so mehr, als die Hefe gewöhnlich
vor der Benutzung geschlämmt und gewaschen wird. Eine
verunreinigte Hefe kann infolge der Schichtenbildung und
des Waschens immer reiner werden. Es hat sich gezeigt,
daß insbesondere dann, wenn der Oberzeug sehr scharf und
in ausgiebiger Weise abgezogen wird, die zum Anstellen zu
benutzende Kernhefe so rein sein kann, daß der Nachweis
beispielsweise von wilder Hefe kaum gelingt, während das
Bier aus dem gleichen Bottich verhältnismäßig viele Zellen
von solchen Arten enthalten kann.

Die Feststellung des Reinheitsgrades des Jungbieres kann
also niemals die Untersuchung der Hefe des gleichen Bottichs,
welche als Stellhefe benutzt werden soll, ersetzen!

Als häufigste Verunreinigung von Jungbieren tritt wilde
Hefe auf. Bakterien sind meist recht selten, Stäbchenbakterien
häufiger noch als Pediokokken. Stärker gehopfte Biere sind
meist frei von Pediokokken. Wenn diese überhaupt direkt
nachgewiesen werden können, finden sie sich nur ganz vereinzelt. Gleichwohl kommen sie ebenso wie Stäbchenbakterien
dazwischen einmal in reichlicher Menge vor. Das Auftreten
von Stäbchenbakterien in größerer Zahl erheischt jedenfalls

bei der Begutachtung des Jungbieres Vorsicht, da die Möglichkeit vorliegt, daß sich die Bakterien in der Würze während der Abkühlung stark vermehrt hatten, während der Gärung aber abgetötet wurden. Die Stäbchenbakterien können also alle tot sein.

c) Bier vor und nach dem Abfüllen aus dem Lagerfafs.

Zwickelproben. Unfiltriertes und filtriertes Bier.
Kranke Biere.

1. Haltbarkeitsprobe.

Durch die Haltbarkeitsprobe soll ein Urteil darüber gewonnen werden, wie lange ein Bier unter natürlichen und außergewöhnlichen Verhältnissen seine ursprünglichen guten Eigenschaften behält und auf welche Ursachen deren Veränderung zurückzuführen ist. In erster Linie steht die Klarheit des Bieres und die Bildung von Absätzen in Frage, außerdem kommen aber noch Veränderungen im Geschmack und Geruch in Betracht. Diese beiden letzteren interessieren uns nur insoweit, als sie durch Fremdorganismen verursacht sind. Sie werden bei den »kranken« Bieren Berücksichtigung finden.

Bei der Beurteilung der Haltbarkeit muß man sich daran erinnern, daß jedes Bier, also auch völlig lagerreifes, Hefe enthält. Außerdem befinden sich in ihm noch Glutinkörperchen und andere Eiweißausscheidungen.

Die Haltbarkeit des Bieres ist bedingt durch die Zusammensetzung der ursprünglichen Würze, den Endvergärungsgrad, den Alkohol- und Kohlensäuregehalt und die Temperatur, welcher es ausgesetzt ist. Außerdem steht sie in Beziehung zu der Art der Hefe, mit welcher es hergestellt wurde. Eine Hefenart, welche ein haltbares Bier gibt, ist eine solche, welche während der Gärung Fremdorganismen nicht aufkommen läßt und sich im fertigen Bier nur wenig vermehrt. Von großem Einfluß auf die Haltbarkeit ist demnach auch die Verunreinigung des Bieres mit Fremdorganismen nach Art und Menge. Die Art und Weise des Abfüllens erscheint insofern nicht ohne Bedeutung, als dabei das Bier in geringerem oder höherem Maße gelüftet wird. Starke Lüftung wirkt sehr anregend auf

vorhandene wilde Hefe. Durch Filtration des Bieres wird
zwar die Entstehung von Absätzen verzögert, bei Gegenwart
von Fremdorganismen aber die Haltbarkeit beeinträchtigt. Die
Haltbarkeit des Bieres hängt auch davon ab, ob es sich in
Ruhe befindet oder nicht.

In der Regel werden Haltbarkeitsproben von Bier auf-
gestellt, welches, in Fässer abgefüllt, zum Export bestimmt ist.
Um Reklamationen entgegentreten zu können, werden am
Abfüllbock Probeflaschen gefüllt und zur Beobachtung zurück-
gestellt. Die Probeziehung geschieht auch einige Zeit vor dem
Ausstoß, also vor dem Abfüllen auf Transportfässer durch
Zwickel. Ferner kann die Aufgabe gestellt sein, zu prüfen,
wie die Haltbarkeit durch Flaschen, welche in der gewöhnlichen
Weise gereinigt sind, beeinflußt wird, oder es soll die Haltbarkeit von filtriertem und unfiltriertem Bier verglichen werden.
Ferner kommen noch Biere in Betracht, welche schon im Gärbottich beim Fassen, also als Jungbiere, Anhaltspunkte dafür
ergeben haben, daß möglicherweise die Haltbarkeit beeinträchtigt werden könnte. In diesem Falle werden von Zeit
zu Zeit Zwickelproben untersucht.

Veranlassung zur Entnahme von Zwickelproben kann
auch die Auswahl von Bier im Lagerfaß zum Pasteurisieren
auf Flaschen geben. An pasteurisierte Biere werden hohe Anforderungen bezüglich Haltbarkeit, Klarheit und Geschmack
gestellt. Absätze und der sogenannte Pasteurisiergeschmack
sind nicht beliebt. Absätze bestehen wesentlich aus Eiweißausscheidungen. Welche brautechnischen Maßnahmen zur Vermeidung von Absätzen getroffen werden müssen, kann uns
hier nicht beschäftigen, sondern nur die Prüfung durch Beobachtung von Haltbarkeitsproben, ob sich überhaupt ein zur
Pasteurisierung ausersehenes Bier nach Maßgabe der Anzahl
der in ihm noch enthaltenen Hefenzellen hierzu eignet oder ob
getroffene Maßnahmen zur Verminderung der Absatzbildung
von Erfolg begleitet waren.

Die Haltbarkeit des pasteurisierten Bieres ist auch von der
Höhe der Temperatur abhängig, bei welcher es erhitzt wurde.
Je höher die Temperatur gewählt werden muß, desto mehr
nimmt der Pasteurisiergeschmack zu. Die Höhe der Tem-

peratur hängt aber mit davon ab, ob nur Kulturhefe oder neben dieser noch widerstandsfähigere Fremdorganismen, insbesondere Bakterien und in welchem Umfang diese vorhanden sind. Also auch nach dieser Richtung hin kann die Beobachtung von Bierproben notwendig werden.

Schließlich werden einige Flaschen mit dem pasteurisierten Bier selbst auf Haltbarkeit geprüft.

Zur Beurteilung der Haltbarkeit werden die Bierproben so aufgestellt, daß sie gegen den Einfluß des Lichtes geschützt sind; unter allen Umständen ist direktes Sonnenlicht auszuschließen. In der Regel werden die genau bezeichneten Flaschen übersichtlich in einem nicht zu tiefen, vollständig abgeschlossenen Schrank aufbewahrt. Einem merkbaren Einfluß des Lichtes wird jedoch schon vorgebeugt, wenn die Proben mehrere Meter von einem gegen Norden gelegenen Fenster entfernt ihren Platz erhalten.

Von Bedeutung ist die Frage nach der Temperatur, bei welcher die Bierproben geprüft werden sollen. Eine allgemein gültige Vorschrift kann hierfür nicht gegeben werden. Die Temperatur richtet sich nach dem Zweck, welcher durch die Beobachtung der Proben erreicht werden soll. In der Regel pflegt man jene bei Zimmertemperatur auszuführen. In besonderen Fällen kann es jedoch wünschenswert erscheinen, die Haltbarkeit bei einer bestimmten niederen oder höheren oder bei wechselnder Temperatur, die während des Transportes oder in dem Keller beim Wirt einwirkt, kennen zu lernen.

Es liegen Beobachtungen aus der Praxis vor, nach welchen manche Biere bei 15°C infolge einer Verunreinigung mit wilder Hefe (Kalthefen) weniger haltbar als bei 25°C, überhaupt bei höherer Temperatur sind. Bei dieser sterben die im Bier vorhandenen Hefen auch ab oder werden wenigstens stark geschwächt und in der Vermehrung behindert, so daß für die gewöhnlich obwaltenden Verhältnisse die Beurteilung der Haltbarkeit auf eine falsche Grundlage aufgebaut werden würde.

Zur Beobachtung der Haltbarkeit bei höheren oder niederen Temperaturen werden die Bierproben in den Thermostaten oder in einem Eisschrank aufgestellt.

13*

Das Aufstellén von zwei Parallelproben, von welchen sich
die eine unter dichtem Verschluß, die andere unter Verschluß
mit einem lockeren Wattepropf befindet, ist nach unseren
langjährigen Beobachtungen meist ohne wesentlichen Vorteil.
Die Proben unter Watteverschluß sollten hauptsächlich zur
Kontrolle der in dem Bier vorhandenen Organismen dienen,
in erster Linie von wilder Hefe, welche sich bei Luftzutritt
stärker vermehren, deren Gegenwart infolgedessen leichter erkannt werden würde. Langjährige Beobachtungen haben jedoch
gezeigt, daß in den weitaus meisten Fällen früher oder später
eine Haut von Mykoderma oder Essigbakterien oder von beiden
zugleich die Oberfläche des Bieres überzieht und damit der
beabsichtigte Zweck vereitelt wird; durch die entstehende
Essigsäure wird außerdem die Entwicklung von Pediokokken
stark beeinträchtigt. Mykoderma und Essigbakterien kommen
für die Haltbarkeit in der Regel nicht in Betracht. Maßgebend
für die Beurteilung sind die Bierproben unter dichtem Verschluß.

Nachdem schon an den frisch entnommenen Bierproben
bei Durchsicht gegen das Licht wahrnehmbare besondere Eigenschaften, wie schwacher Schleier usw., aufgezeichnet sind, wird
von Zeit zu Zeit eine eingehende Besichtigung, die sich auf
die Klarheit des Bieres und entstandene Absätze bezieht, vorgenommen. In welchen Zwischenräumen jene erfolgen soll,
darüber können bestimmte Vorschriften nicht gegeben werden,
da die Verhältnisse sehr wechseln und außerdem die Fragestellung berücksichtigt werden muß. Im einzelnen Betrieb
wird der Biologe sehr bald bei den gewöhnlichen aufeinanderfolgenden Haltbarkeitsproben den Zeitpunkt bestimmen können,
zu welchem die erste Beobachtung notwendig erscheint. Wichtig
ist die Feststellung des Zeitpunktes, zu welchem die ersten
Anzeichen eines Absatzes sichtbar sind. Sobald einmal Spuren
eines Absatzes wahrnehmbar werden, dürfte es sich empfehlen,
die Proben nach Verlauf von etwa je 2 Tagen einer Durchsicht
zu unterziehen. Sie richtet sich zuerst auf die Klarheit, dann
auf die fortschreitende Vermehrung der Absätze. Die Beobachtungen werden in ein entsprechend eingerichtetes Journal
eingeschrieben, welches eine gute Übersicht gewährt. Statt

Worte können zur Bezeichnung der Klarheit des Bieres sowie der Stärke der Absätze Zahlen benützt werden. Wenn »blitz-blankes«, also völlig klares Bier mit feurigem Glanz mit 0 bezeichnet wird, dann erhält ein Bier mit schwachem Schleier die Zahl 1 usw. Analog wird bei der Bezeichnung der Stärke der Absätze verfahren.

Für die Begutachtung der Haltbarkeit ist es von Bedeutung, daß die wahrgenommenen Veränderungen und deren Grad, soweit dies überhaupt möglich ist, immer genau in derselben Weise ausgedrückt werden, daß also ein Absatz von etwa gleichem Umfang nicht das eine Mal als sehr gering, ein anderes Mal als gering beseichnet wird. Durch Übung und steten Vergleich kann in der Bestimmung der Stärke der Absätze eine mehr als hinreichend genaue Übereinstimmung erzielt werden. Eine für die Bezeichnung einer aufgetretenen Schleierbildung und Trübung sowie für die Stärke der Absätze aufgestellte Stufenleiter kann auch einen anderen Beobachter dazu bringen, den gleichen Maßstab bei der Beurteilung jener anzulegen.

Soll ein Urteil über den Einfluß von Bewegung auf die Haltbarkeit gewonnen werden, so ist dies in einfacher Weise dadurch zu erreichen, daß man die Probeflasche täglich ein- oder zweimal schüttelt. Ferner werden entstandene Absätze durch Schütteln im Bier verteilt und dabei beobachtet, wie sie sich in der Flüssigkeit verteilen, ob gleichmäßig oder in Flocken und ob sie sich ohne merkliche Schädigung der Klarheit wieder rasch zu Boden setzen.

Die Bildung von Absätzen beginnt in der Regel damit, daß die vorher klare Bodenfläche der Flasche bei der Aufsicht wie von einem leichten Hauch überzogen wird; sie erscheint blind. Wir bezeichnen diesen Anfang der Absatzbildung mit »Spur eines Absatzes«. Etwas später wird dann der Absatz staubartig. Bei reinen, also von Fremdorganismen völlig oder nahezu freien Bieren entstehen im weiteren Verlauf der Absatzentwicklung in geringerer oder größerer Zahl zunächst noch isolierte, scharf begrenzte und festhaftende Hefenkolonien, die aus Kulturhefe bestehen. Die Hefenkolonien sind bei der Aufsicht und Durchsicht von unten her gut sichtbar. Wir bezeich-

nen einen Absatz als »sehr gering«, der nur aus einzelnen
mehr oder minder scharf umgrenzten Hefenkolonien besteht.
Später vermehren sich die Ablagerungen zwischen den
Hefenkolonien, deren Zahl zunimmt; die Umgrenzung der
Hefenkolonien wird dabei mehr oder weniger verwischt.

Einen Absatz, welcher in der gleichmäßig sehr dünnen
Schicht die einzelnen in ihm eingelagerten und noch weiter
voneinander entfernten Hefenkolonien deutlich erkennen läßt,
bezeichnen wir als »gering«.

Nimmt 'der Absatz an Umfang zu, dann schieben sich
immer mehr Kolonien zwischen die bereits vorhandenen ein;
schließlich bedeckt eine gleichmäßig dicke Hefenschicht den
Boden der Flasche. Ein solcher Absatz wird als »stark« bezeichnet.

Abweichend von dem geschilderten Verhalten sind die
Absätze bei Gegenwart von Fremdorganismen. Wenn auch
in diesem Falle meist einzelne scharf begrenzte Hefenkolonien
am Boden der Flasche sichtbar werden, so besitzen die Absätze
doch häufig bald eine lockere, feinflockige Beschaffenheit.
Leichte Flocken von unbestimmter Form, die anfangs nur
in der Flüssigkeitschicht unmittelbar über dem Boden der
Flasche schweben, nehmen mehr und mehr an Umfang zu;
sie wirbeln schon beim Heben der Flasche auf und setzen sich
nur langsam wieder ab. Das Bier trübt sich in diesem Falle
meist von unten her in verhältnismäßig kurzer Zeit. Die mikroskopische Untersuchung läßt als Ursache dieser Erscheinung in
der Regel wilde Hefe erkennen. Bei Gegenwart von wilder
Hefe kann aber der Absatz auch fest bleiben. Ebensowenig
ist aus der flockigen Beschaffenheit des Absatzes mit Sicherheit auf die Gegenwart von wilder Hefe oder Bakterien zu
schließen, da Flockenbildung auch bei Gegenwart von Kulturhefe durch Ablagerung von Gerbstoff-Eiweißverbindungen
auf die Zellen hervorgerufen werden kann. Absätze von wilder
Hefe sind auch körnig oder »staubig«; sie können schließlich
in die Höhe steigen und das Bier trüben.

Bei Gegenwart selbst sehr zahlreicher Pediokokken bleibt
der Bodensatz gegebenenfalls fest; nur manchmal entstehen
nach längerer Zeit kleine Flöckchen, die vielleicht zu einem

Schleier in der Flüssigkeit führen. Die Biere besitzen bei starker Entwicklung von Pediokokken meist den besonderen »Sarcina«geruch in ausgesprochenster Weise. In anderen Fällen führen die mit Pediokokken durchsetzten lockeren Absätze bald zu einer Trübung. Bei stärkerer Vermehrung von Stäbchenbakterien (»Milchsäurestäbchen«) zeigt der Bodensatz ebenfalls lockere, jedoch nicht flockige Beschaffenheit, während er bei Gegenwart anderer Bakterien flockig werden kann.

Die Abschätzung der Stärke der lockeren, umfangreichen Absätze ist sehr schwierig.

Verliert das Bier infolge der Entwicklung von Organismen oder durch Ausscheidung von Eiweißkörpern seinen Glanz, wird also die Klarheit vermindert, so sprechen wir von einem »schwachen Schleier« des Bieres; es ist dabei noch durchsichtig. Nimmt der Schleier in dem Grade zu, daß die Flüssigkeit nur mehr durchscheinend ist, so bezeichnen wir jenen als »stark«. Bei weiterer Steigerung der die Klarheit des Bieres beeinträchtigenden Ursachen kann eine »Trübung« in verschiedener Abstufung und Ausbildung erzeugt werden, bei welcher das Bier nicht mehr durchsichtig ist. Während bei einem »Schleier« die Klarheit immer g l e i c h m ä ß i g über die ganze Flüssigkeit hin abnimmt, ohne daß also dabei gröbere Ausscheidungen sichtbar werden, kann bei eintretender Trübung dieser Zustand fortbestehen, es können jedoch früher oder später Flocken von verschiedenem Umfang zur Ausbildung gelangen, zwischen welchen das Bier gleichmäßig getrübt oder auch nahezu klar erscheint.

Der Trübungsgrad steht nicht immer in direktem Verhältnis zu der Menge der in der Flüssigkeit schwebenden Körper. In einem trüben Bier kann eine nicht unbedeutende Menge von feinflockigen Eiweißausscheidungen enthalten und gleichwohl die Trübung in viel geringerem Maße beeinflußt sein als durch eine kleinere Menge von hautartigen und körnigen Ausscheidungen.

Im unteren Teil der Flasche entsteht zuweilen ein locker liegender, flockiger Wandbelag, der hier die Beurteilung der Klarheit des Bieres beeinträchtigt.

Selbstverständlich muß sich, wenn ein Vergleich ermöglicht sein soll, die Beurteilung der Klarheit des Bieres
immer auf Gefäße von annähernd gleicher Form und von
gleichen Ausmaßen beziehen, da ja die Durchsichtigkeit mit
Abnahme der Dicke der Flüssigkeitsschicht größer wird.

Bei nicht dicht schließenden, nahezu vollen Flaschen
kann auf der Oberfläche eine Haut von Mykoderma und Essigbakterien zur Entwicklung kommen.

Die Dauer der Beobachtung richtet sich nach der Fragestellung; unter Umständen erstreckt sie sich auf 3—4 Wochen.
Für die Proben, welche nur dazu bestimmt sind, im allgemeinen
ein Urteil über die Haltbarkeit zu gewinnen, genügt nach
unserer Erfahrung eine 14 tägige Beobachtung.   Den Abschluß
bildet eine mikroskopische Untersuchung.   Vorhandene Ober-
flächenhäute, das Bier und ein entstandener Absatz werden getrennt behandelt.   Beim Ausgießen des Bieres aus der Flasche
ist zunächst eine vorhandene Haut so gut als möglich zu beseitigen, um die Vermengung mit dem Bier und Bodensatz
zu vermindern, und durch langsames Neigen der Flasche ein
gewaltsames Eindringen der Luft, welches den Bodensatz
wieder aufwirbelt, zu vermeiden. Wenn die Ursache von Schleierbildung infolge zu geringer Mengen der sie verursachenden
Körper direkt nur schwer festgestellt werden kann, schleudert
man die Flüssigkeit aus.   Trübes Bier bringt man im Spitzglas
möglichst zum Absitzen und sucht damit eine, wenn auch
nur grobe Scheidung der trübenden Bestandteile herbeizu-
führen.

Für die Erkennung der Organismen, welche die Absätze
zusammensetzen oder den Schleier verursachen, genügt in
der Regel die einfache mikroskopische Untersuchung.   Dabei
sei darauf hingewiesen, daß in den Absätzen die Kulturhefen nicht selten mit wurstförmigen, langgestreckten Zellen
aussprossen, welche denjenigen von wilden Hefen ähnlich sind.
Im übrigen wird die mikroskopische Untersuchung durch
die Tröpfchen- oder die Sporenkultur nachgeprüft. Hefenabsätze können ebensowenig wie die Hefe aus dem Bottich
direkt zur Sporenkultur verwendet, also nicht direkt auf den
Gipsblock aufgetragen werden.   Etwas bessere Sporenbildung

soll sich nach den vorliegenden Erfahrungen einstellen, wenn das Bier, aus welchem sich die Hefe absetzt, gelüftet war. In sehr vereinzelten Fällen erhielten wir allerdings aus dem Absatz trüber Biere bei direkter Übertragung auf den Gipsblock sehr reichliche Sporenbildung in Zellen von wilder Hefe. Bei Gegenwart von sehr viel Bakterien säuert man die Würze, in welche der Absatz zum Auffrischen für die Sporenkultur eingeimpft wird, in der früher angegebenen Weise mit Weinsäure an.

Die Prüfung auf Eiweißausscheidungen geschieht durch Zusatz der verdünnten wässerigen Anilinfarblösungen.

Eine nähere Feststellung der vorhandenen Bakterienarten ist nicht notwendig. Es genügt vollständig, zu wissen, daß Bakterien überhaupt die Ursache einer geringeren Haltbarkeit waren.

Für die Begutachtung der Haltbarkeit nach den Ergebnissen einer mehrwöchigen Beobachtung und der mikroskopischen Untersuchung lassen sich selbstverständlich allgemein gültige Vorschriften nicht geben; die Ansprüche an die Haltbarkeit eines Bieres sind sehr verschieden. Von einem schwach eingebrauten Bier, welches bald dem Konsum zugeführt wird, kann nicht dieselbe Haltbarkeit verlangt werden wie von einem stärker eingebrautem nach langer Lagerzeit. Anders ist die Haltbarkeit zu beurteilen bei Bieren, welche vom Lagerfaß dem direkten Verbrauch beim Wirt zugeführt werden, anders ein Bier, welches, den Unbilden der Witterung ausgesetzt, weite Strecken über Land zurücklegen und an Ort und Stelle vielleicht in ungenügende, warme Keller eingelagert werden muß. An helle Biere werden höhere Anforderungen als an dunkle gestellt. Den gegebenen Verhältnissen muß also Rechnung getragen werden und eine individuelle Beurteilung Platz greifen.

Wenn die Haltbarkeitsproben in sterilen Gefäßen entnommen wurden, so ist zu berücksichtigen, daß unter natürlichen Verhältnissen das Bier in der Regel auf Gefäße abgefüllt wird, welche zwar gründlich gereinigt und dann teilweise noch frisch gepicht, aber nicht sterilisiert wurden. Die im Laboratorium festgestellte Haltbarkeit kann hierdurch

eine Einschränkung erfahren. Auch stattgehabte Kohlensäureverluste und die Lüftung bei Entnahme der Probe sind im
Auge zu behalten.

Bei Proben, welche vor vollständiger ͵Lagerung und
Reife des Bieres entnommen wurden, ist dessen Alter zu
berücksichtigen.

Die Gesichtspunkte, nach welchen die Haltbarkeit einer
Bierprobe beurteilt wird, sind folgende:

1. die Zeit, nach welcher Absatzbildung beginnt.
2. Stärke des Absatzes bei Ablauf der Beobachtungszeit, also bei den Proben, welche ohne besondere
Fragestellung beobachtet wurden, nach 14 Tagen.
3. Zusammensetzung des Absatzes, insbesondere dessen
Bestand an Organismen.
4. Klarheit der Bierprobe bei Ablauf der Beobachtungszeit, also wie bei 2 am 14. Tag. Bei Schleierbildung oder
Trübung die Zeit, nach deren Verlauf jene beginnen.

Für die Beurteilung von Lagerbier hat sich folgende
Richtschnur bewährt.

Als »sehr haltbar« wird die Bierprobe bezeichnet,
wenn bei Zimmertemperatur unter dichtem Verschluß die
ersten Anzeichen einer Absatzbildung nicht vor dem 5. bis
6. Tag sichtbar sind und der Absatz bei Abschluß der Beobachtung am 14. Tag höchstens ein »geringer« ist. Das
Bier muß am 14. Tag noch »blitzblank« sein, der Absatz darf
hauptsächlich nur aus Kulturhefe bestehen. Eine größere
Menge von Pediokokken ist auf die Beurteilung der Haltbarkeit ohne wesentlichen Einfluß. Wenn eine Bierprobe zur
»Sarcina«trübung neigt, so kommt diese unter den gegebenen
Verhältnissen innerhalb der Beobachtungszeit von 14 Tagen
zur Geltung. Über 14 Tage hinaus ausgedehnte Beobachtungen
der gleichen Bierprobe ergaben zwar in einzelnen Fällen noch
Trübung, diese war jedoch häufiger durch Stäbchenbakterien
als durch Pediokokken verursacht und trat meist so spät auf,
daß sie praktisch nicht mehr in Frage kommen konnte.

Als »sehr haltbar« wird auch noch ein Bier bezeichnet,
bei welchem die Absatzbildung schon vor dem 5. bis 6. Tag

beginnt, der Absatz jedoch in dem am 14. Tag »blitzblanken«
Bier höchstens ein »sehr geringer« ist und wieder hauptsächlich aus Kulturhefe besteht.

Als »gut haltbar« wird eine Bierprobe bezeichnet, bei
welcher das Verhalten bezüglich der Klarheit das gleiche wie
bei »sehr haltbar« ist, der Absatz sich aber stärker, teilweise
mit Flockenbildung entwickelt hat.

Als ·»gering oder schlecht haltbar« wird eine
Bierprobe bezeichnet, welche gegen den 14. Tag Schleierbildung zeigt. Der Absatz kann dabei selbst sehr gering bleiben.

Als »sehr schlecht haltbar« wird eine Bierprobe
bezeichnet, welche Schleierbildung oder Trübung während der
14 tägigen Beobachtungszeit erkennen läßt. Dabei kann die
Schleierbildung bis zum Schluß der Beobachtung gleich bleiben
(Sarcina) oder nach Erreichung eines Höhepunktes bis zur
Trübung gegen Schluß der Beobachtung selbst wieder nahezu
(»Milchsäurestäbchen«) oder völlig verschwunden und das
Bier wieder klar geworden sein (wilde Hefe). Die Absätze
sind in diesem Falle stark und sehr locker.

Pasteurisiertes Bier in Flaschen mit Absätzen ist nach
den früher gemachten Darlegungen nicht zu beanstanden, solange die Absätze nicht aus lebenden Organismen, sondern
nur aus toten Hefezellen und Eiweißausscheidungen (Abschnitt I, S. 131) bestehen. Solche Absätze können höchstens
als Schönheitsfehler bezeichnet werden.

2. Kranke Biere.

Unter »Krankheiten« gegorener Flüssigkeiten (im engeren
Sinne) verstehen wir die unliebsamen Veränderungen, welche
jene durch das Eingreifen von Mikroorganismen erleiden
(Pasteur). Die hauptsächlichsten Krankheitsformen, welche
beim Bier überhaupt auftreten, sind: geringe Haltbarkeit, also
die Neigung zu sehr frühzeitiger und sehr starker Bodensatzbildung und zu Trübungen, und zwar nicht nur zu Trübungen,
welche durch die Organismen für sich allein, sondern auch
durch deren Einwirkung auf die gärende Würze und das
Bier (Dextrin-, Stärke-, Eiweißausscheidungen) entstanden
sind, außerdem Geschmacksveränderung, unangenehmer Ge-

ruch, Änderung der Farbe (Entfärbung, Zufärben, Änderung
des Farbentones), »Fadenziehen«. Den Organismen, welche
unangenehme Veränderungen verursachen, stehen wilde Hefen
und Bakterien voran. Durch Mykoderma- und Torulaarten
werden nur selten Krankheiten hervorgerufen.

Es ist nicht Aufgabe dieser Einführung in die Untersuchung von kranken Bieren, die verschiedenen Hefenarten, durch welche Trübung, Veränderung des Geschmackes,

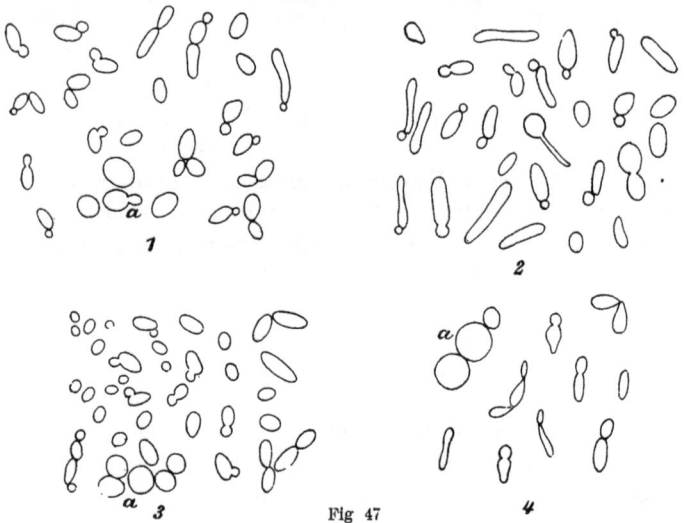

Absätze aus kranken Bieren. a Kulturhefe, im übrigen wilde Hefe · 1 vorherrschend mit größeren ellipsoidischen Zellen, 2 vorherrschend mit wurstförmigen
Zellen, 3 sehr kleine ellipsoidische Zellen, 4 Apiculatuszellen. Vergr 540 1.

des Geruches und der Farbe herbeigeführt werden, aufzuzählen
oder gar zu beschreiben, um so weniger als mit den bisher
näher bekannt gewordenen wilden Hefen noch nicht alle
Arten und Varietäten erschöpft sind, welche Krankheiten im
Bier hervorzurufen imstande sind. Es genügt zu wissen, daß
es überhaupt Hefen gibt, welche Krankheiten hervorrufen
können. Zunächst handelt es sich auch gar nicht darum,
festzustellen, welche Hefenarten zugegen sind. Zur Beurteilung eines trüben Bieres ist es vollständig ausreichend, durch

eine summarische Untersuchung festzustellen, welche von den beiden großen Gruppen der Hefen, die Kulturhefen und die wilden Hefen, hauptsächlich vertreten sind. Bemerkt mag sein, daß selbst Apiculatusarten in hefentrüben Bieren in größerer Zahl vorgefunden wurden. Ferner sei darauf hingewiesen, daß nicht nur wilde Hefen Krankheiten verursachen, sondern daß nach Hansen auch eine Anstellhefe weniger haltbares Bier gibt, wenn sie aus einer Mischung von zwei Arten von Brauereiunterhefe besteht. Die in geringerer Menge vorhandene Art soll in diesem Falle als Krankheitserreger auftreten. Jedenfalls sind die hierdurch hervorgerufenen Krankheitserscheinungen nicht sehr ernster Natur. Lindner berichtet über eine Hefeart, welche nach allen Erscheinungen einer untergärigen Bierhefe glich, jedoch ein Bier mit »entsetzlichem«, bitterem und kratzendem Geschmack erzeugte.

Von Mykodermaarten sollen nicht nur Trübungen, sondern auch bei längerer Lagerung des Bieres eine Verschlechterung des Geschmackes (sauer und faulig) und des Geruches (butterartig, faulig) bewirkt worden sein. Bêlohoubek und Kukla berichten über Schäden, welche durch *Mycoderma cerevisiae* in Brauereien verursacht wurden. Ob es sich dabei wirklich um Organismen handelte, welche zur Gattung Mykoderma gehören, muß unentschieden bleiben. Dagegen ist für eine echte, aus einem erkrankten obergärigen Bier gewonnene Mykodermaart von Will mit Sicherheit durch exakte Versuche nachgewiesen, daß sie sich bei der höheren Temperatur, bei welcher die Obergärung verläuft, sehr rasch und stark vermehrt und dann eine unerwünschte, ziemlich weitgehende Entfärbung der Würze herbeiführt. Gleichzeitig wird aber auch bei kräftiger Vermehrung der Mykodermazellen oder, was gleichbedeutend ist, bei starker Verunreinigung mit der Mykodermaart das Bier im Geschmack ungünstig beeinflußt. Aber auch bei niederer Temperatur leidet der Geschmack und der Geruch des Bieres. Lafar hat aus dem Faßgeläger eines kranken Bieres eine Mykodermaart herausgezüchtet, welche im Bier starke Essigsäurebildung veranlaßt.

Die umfassenden Erfahrungen, welche über das fast regelmäßige Vorkommen von Mykoderma in kranken Bieren überhaupt vorliegen, beweisen, daß die zu dieser Gattung gehörigen Arten für die Brauerei, insbesondere für die untergärige, jedenfalls nicht von der Bedeutung wie die wilden Hefen sind.

Durch Torulaceen hervorgerufene Krankheitserscheinungen im Bier gehören zu den größten Seltenheiten; jene Organismen gelten daher auch im allgemeinen nicht als Bierschädlinge. Immerhin gibt es einzelne Arten, welche den Geschmack ungünstig beeinflussen und selbst Trübung verursachen. Die von Grönlund beschriebene *Torula novae Carlsbergiae* erzeugte in vergorenen Würzen einen unangenehmen und ekelhaft bitteren Geschmack. Außerdem hat van Hest zwei Arten in krankem Bier gefunden, welche dieses schwach opalisierend und schwach trübe machten sowie einen mehr oder weniger ausgeprägten Fruchtgeschmack erzeugten. Der Geruch der Biere hatte Ähnlichkeit mit demjenigen von Äpfeln. P. Lindner hat durch Torula schleierigtrüb gewordenes Bier beobachtet.

Die Zahl der Bakterienarten, welche Trübung und andere Krankheitserscheinungen verursachen, ist gegenüber den zahlreichen Arten, welche sich in Bierwürze zu entwickeln vermögen, eine verhältnismäßig sehr geringe. Von den in Faden- und Stäbchenform auftretenden, sind es in erster Linie solche, welche Essig- und Milchsäure erzeugen.

Essigbakterien kommen in untergärigem wie in obergärigem Bier sehr häufig, ja fast regelmäßig vor. Ihre Zahl ist jedoch meist so gering, daß sie nur selten, insbesondere in untergärigem Bier, die Ursache von Krankheitserscheinungen werden. Essigbakterien treten in Form von schleimigen Häuten auf der Flüssigkeitsoberfläche nicht vollständig gefüllter Flaschen oder in Flaschen mit Watteverschluß, also bei reichlichem Luftzutritt, auf. Die Häute bestehen aus langen Ketten von eingeschnürten Kurzstäbchen (»Doppelkokken«), die parallel zueinander gelagert erscheinen oder aus einzelnen solchen Kurzstäbchen; seltener sind Fäden ähnlich denjenigen bei den Milchsäure erzeugenden Stäbchenbakterien.

Bei anderen Arten von Essigbakterien bestehen die Häute auf Bier aus Kurzstäbchen. Starke Entwicklung von Essigbakterien führt zu Trübungen; es entstehen auch schleimige und fadenziehende Absätze. Eine von Lindner beschriebene Essigbakterie, *Bacterium albuminosum*, erzeugt in trübem Bier einen umfangreichen schleimigen, schichtweise sich absetzenden Bodensatz von ähnlicher Beschaffenheit wie Hühnereiweiß.

Die Gegenwart von Essigbakterien macht sich durch einen mehr oder minder starken Essiggeruch bemerkbar.

Für die Beurteilung kranker Biere ist es unwesentlich, welche von den verschiedenen Bieressigbakterien die Ursache des »Essigstiches«, der Hautbildung und der Trübung ist.

In milchsauren, »umgeschlagenen« Bieren werden als charakteristischer Bestandteil dünne, lange Bazillen angetroffen, die seltener als einzelne Zellen

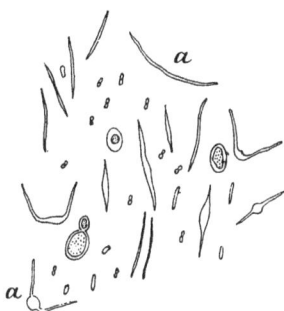

Fig 48.
Bierhefenzellen mit Essigbakterien
a »Involutionsformen« der Essigbakterien. Vergr 540 : 1

vorkommen, dagegen meist zu zwei, drei oder mehreren in geraden oder gekrümmten Reihen miteinander vereinigt sind. Häufig hängen zwei gleich oder ungleich große Zellen in der Weise zusammen, daß sie einen stumpfen Winkel miteinander bilden. Außerdem finden sich verschieden lange, scheinbar ungegliederte und in einzelne Zellen gegliederte Fäden vor; häufig sind diese Zellfäden unregelmäßig gebogen. *Bacillus Lindneri* Henneberg, einer der Milchsäurebildner, veranlaßt das »Umschlagen« des gehopften Lagerbieres. In obergärigen umgeschlagenen Bieren herrschen neben anderen Bakterien *Saccharobacillus Pastorianus* van Laer und dessen Abarten vor. Dieser Bacillus veranlaßt den Untersuchungen von van Laer zufolge die Entstehung eines bräunlichen Absatzes, welcher sich mit der Zeit vermehrt, während die darüber stehende Flüssigkeit verhältnismäßig klar wird. Beim Bewegen der Bierprobe zeigen sich zartfädige Wellen, welche durch das Aufsteigen des Niederschlags verursacht werden. Biere, welche umschlagen, verlieren allmählich den Glanz und werden später trübe. Sie erhalten gleichzeitig einen unangenehmen Geschmack und Geruch; der Säuregehalt nimmt zu. Das Bier wird allmählich wieder verhältnismäßig klar. Die infolge der Bakterienentwicklung gebildeten Säuren, hauptsächlich fixe, verursachen die Abscheidung einer stickstoffhaltigen Substanz, welche mit den Bakterien gemischt die eigentümliche Trübung verursacht.

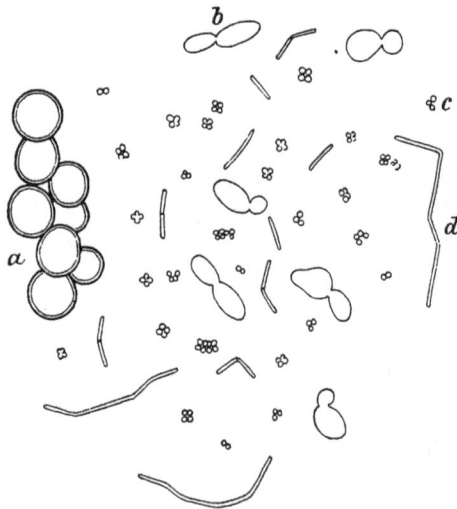

Fig. 49.
Bierabsatz mit Kulturhefe (a), wilder Hefe (b), Pediokokken (c) und Milchsäurestäbchen (d). Die Kulturhefenzellen mit stark verdickter Wandung. Vergr. 540 : 1.

Bacillus fasciformis Schönfeld und Rommel, eine Varietät des *Saccharobacillus Pastorianus*, macht das Lagerbier schwach opalisierend und trübe und verleiht ihm einen schwach säuerlichen Geschmack.

Bacterium Dortmundense Banning, welches Oxalsäure bildet, trübt stark.

Ob Buttersäure durch Bakterien im Bier erzeugt wird, ist noch nicht erwiesen. Wahrscheinlich kommen Buttersäure-Bakterien nur dann in der Würze zur Entwicklung, wenn jene bei mittleren Temperaturen ohne Hefe längere Zeit stehen bleibt. Unter den gleichen Umständen können sich in Würze Termobakterien vermehren, welche »Selleriegeruch« und einen besonderen Geschmack hervorrufen. Diese Bakterien werden während der Gärung abgetötet, und es finden sich dann die Leichen in großer Anzahl im Jungbier vor. Das Bier verliert den eigenartigen Geruch und Geschmak, welcher als »Keller«-geruch und -geschmack bezeichnet wird, nicht vollständig.

» Lange « und » fadenziehende « Biere haben die Be-schaffenheit von Hühnereiweiß; sie lassen sich beim Ausgießen zu langen Fäden ausspinnen. Fadenziehende Biere verlieren häufig bei längerem Stehen ihre schleimige Beschaffenheit und damit auch ihre charakteristische Eigenschaft. Bei untergärigem Bier liegt die Ursache dieser Erscheinung sehr selten in der Gegenwart von Pediokokkusarten, bei obergärigem veran-lassen sie häufiger die Krankheit. In anderen Fällen wurden bei obergärigen Bieren *Bacillus viscosus I* und *II* van Laer als Erreger der Krankheit erkannt. *Bacillus viscosus III* van Dam macht das Bier ebenfalls fadenziehend. Ungemein selten sind Kokken in Kettenform die Ursache des »Fadenziehens«.

Viel weiter verbreitet als die Pediokokken, welche ober-gäriges Bier fadenziehend machen, sind andere Arten der gleichen Gattung, welche schwere Schädigungen — allgemein als S a r c i n a k r a n k h e i t bezeichnet — in untergärigem Bier ver-anlassen. In erster Linie sind es Geruchs- und Geschmacks-veränderungen. Die Geruchs- und Geschmacksprodukte, welche durch diese Pediokokken erzeugt werden, sind so eigenartige und charakteristische, daß sie unschwer sofort zu erkennen und selbst bei verhältnismäßig geringer Entwicklung immer wieder herauszufinden sind. Trotzdem wird öfters ein besonderer Ge-ruch des Bieres als »Sarcinageruch« bezeichnet, der nicht auf Pediokokken zurückzuführen ist. Den sichersten Beweis, daß der Geruch tatsächlich durch »Sarcina« verursacht ist, ergibt die mikroskopische Untersuchung. Sehr scharf ausgeprägt treten die Geruchsstoffe beim Öffnen von Flaschen mit sarcina-kranken Bieren entgegen. Der Geschmack wird zuweilen, wahr-scheinlich durch Milchsäurebildung, auch schwach säuerlich, ja sogar direkt sauer. Mit der Veränderung des Geruches und

Geschmackes kann gleichzeitig eine Trübung des Bieres, mit
einem zarten Schleier beginnend und allmählich in eine starke
Trübung übergehend, verbunden sein. Diese kann wieder verschwinden, indem sich die Pediokokken zu Boden setzen. Die
dabei entstehenden Absätze, welche meist mit Hefe vermischt
sind, liegen locker, manchmal sind sie auch flockig und fadenziehend; öfters haften sie so fest, daß sie nur schwer zu entfernen sind. Eine seltene Krankheitserscheinung ist das Entfärben, das Hellerwerden des Bieres durch Entwicklung von
Pediokokken. In rotem Weißbier (obergärig) wurden zahlreiche
Pediokokken gefunden, doch ist nicht festgestellt, ob sie jene
Färbung veranlaßten. Bei dunklen untergärigen Bieren wurde
in vereinzelten Fällen ein »Fuchsig«werden beobachtet.

Durch Pediokokken allein hervorgerufene Erkrankungen
des Bieres sind selten.

Bei zahlreichen, fast ausschließlich durch Pediokokken erkrankten Bieren fanden sich gleichzeitig, und zwar sowohl in
hellen wie in dunklen, bei diesen allerdings seltener, feine, im
Bier schwebende Eiweißausscheidungen, meist in Form von
feinkörnigen Flocken, aber auch von Häutchen vor. Diese Ausscheidungen werden möglicherweise erst infolge Säurebildung
durch die Entwicklung der Pediokokken veranlaßt.

Eine stärkere Entwicklung von Pediokokken im Bier muß
nicht immer Krankheitserscheinungen im Gefolge haben. Es
liegen zahlreiche Erfahrungen vor, nach welchen eine reichliche
Entwicklung im Bodensatz von untergärigem dunklen Flaschenbier bayerischen Charakters bei mehrwöchiger Ruhe stattgefunden hatte, ohne daß der Geruch und Geschmack sowie
die Klarheit und Schaumhaltigkeit in irgendwelcher wahrnehmbaren Weise verändert gewesen wäre. Selbst bei einer
Trübung war der Geschmack des Bieres in einem Falle nicht
zu beanstanden.

Je nach dem Grad der Verunreinigung und der Beschaffenheit des Bieres sowie offenbar auch nach der Art der vorhandenen Pediokokken schlagen sarcinakranke Biere früher
oder später um. In der Regel macht sich zunächst ein zarter
Schleier bemerkbar, der einige Zeit ohne wesentliche Zunahme
bestehen bleibt, oder es entwickelt sich sehr rasch eine mehr

oder minder starke Trübung. Auch hierfür dürfte unter anderem die Art der anwesenden Pediokokken mitbestimmend sein. Die Kulturhefenzellen des Bodensatzes sind in der Regel, insbesondere aber in den Fällen, in welchen nur eine mehr oder minder starke Entwicklung von Pediokokken im Bodensatz ohne Trübung irgend welcher Art stattfindet, dicht von jenen besetzt.

Schimmelpilze kommen nur höchst selten als Krankheitserreger im Bier in Betracht. Schimmeliges Malz hat einen »grabelnden« oder Schimmelgeschmack zur Folge. Der Pinselschimmel, *Penicillium glaucum*, der sich hier und da bei Flaschenbieren auf der Unterseite mangelhafter Korke und in deren Umgebung entwickelt, verleiht dem Bier einen scharfen, unangenehmen Geschmack. »Grabeliger« Geschmack konnte auch auf die fehlerhafte Beschaffenheit des Holzes der Lagerfässer zurückgeführt werden, infolgedessen mehr oder minder weit klaffende Querrisse (Blattern), welche mit der Innenfläche des Fasses gleich verliefen, entstanden waren. In diesen hatten sich, solange das Lagerfaß leer war, Schimmelpilze entwickelt, mit welchen später das Bier in Berührung kam.

Ob *Dematium pullulans* zu den bierschädlichen, krankheitserregenden Organismen gehört, läßt sich noch nicht mit Sicherheit beurteilen. Möglicherweise ist es eine der Ursachen des »Langwerdens« von obergärigem Weißbier.

Eine Erkrankung von Bier kann durch einen Organismus allein veranlaßt sein. Meist ist aber das Krankheitsbild kein einheitliches, indem gleichzeitig mehrere Arten von bierschädlichen Organismen nebeneinander, wie verschiedene Arten von Bakterien (Pediokokken und Milchsäurestäbchen) oder wilde Hefen und Bakterien vorkommen. Außerdem können aber auch mehrere Krankheitserscheinungen, wie Trübung und schlechter Geschmack nur durch einen einzigen Organismus verursacht sein.

Zu den Krankheiten des Bieres im weiteren Sinne zählen wir auch noch alle Trübungen, welche durch Stärke- und Dextrin- sowie durch Eiweißausscheidungen bedingt sind und zu Organismen nicht in Beziehung stehen. Näheres über diese siehe im I. Abschnitt S. 133.

Es kommen Biere vor, welche gleichzeitig durch Organismen und durch Ausscheidungen organischer Natur (Stärke- und Eiweißtrübung) erkrankt sind.   Die abnorme Zusammensetzung (schlechte Verzuckerung, mangelhafter Abbau der Eiweißkörper) des Bieres bzw. der Würze, welche sich in der Ausscheidung von Stärke und Eiweiß kundgibt, ist geradezu die Ursache der reichlicheren Entwicklung der Fremdorganismen und damit der durch diese hervorgerufenen Krankheiten. In den Brauereibetrieb werden jene durch Verunreinigung der Würze

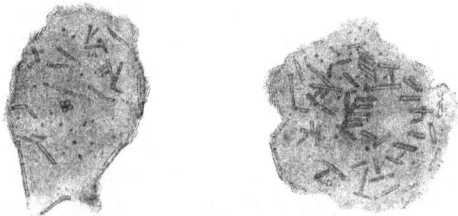

Fig. 50.
Trübung und Absatz eines hellen Bieres, durch Bakterien und Eiweißausscheidungen veranlaßt.   Verg. 615 : 1.

auf dem Kühlschiff und durch die Anstellhefe eingeführt.   Infolge mangelhafter Reinlichkeitspflege breiten sie sich weiter aus und nehmen überhand.

Krankheiten des Bieres setzen an verschiedenen Stellen seines Werdeganges ein.   In der Regel treten sie aber erst in den späteren Abschnitten, während der Lagerung und Reife oder erst in den Transportfässer und beim Flaschenbier auf. In diesem Falle stehen also Biere in Frage, welche beim Abfüllen völlig klar waren und erst später infolge einer Verunreinigung mit Fremdorganismen krank wurden.   Diese befanden sich entweder schon ursprünglich im Bier oder gelangten erst später beim Abfüllen oder im Transportfaß in jenes.   Sie vermehrten sich infolge äußerer Einflüsse, wie unrichtige Behandlung, warme Keller, Einwirkung höherer Temperatur beim Transport, stark und zeigten infolgedessen eine geringe Haltbarkeit.   Durch Einwirkung sehr niederer Temperaturen werden »kälteempfindliche« Biere infolge von Ausscheidungen ebenfalls krank.

Ferner ist zu unterscheiden zwischen solchen kranken Bieren, welche schon äußerlich deutlich wahrnehmbare Krankheitserscheinungen, wie Trübung, Verfärbung usw., zeigen, und solchen, welche ohne jene nur hinsichtlich des Geschmackes und des Geruches erkrankt sind. In dieser Beziehung interessieren uns nur die Erscheinungen, welche durch Organismen verursacht sind. Welche Organismen in dem Bier enthalten und ferner, ob sie an den Krankheitserscheinungen beteiligt sind, muß erst durch eine längere Beobachtung festgestellt werden.

Der Gang der Untersuchung stimmt also teilweise mit demjenigen bei der Haltbarkeitsprobe überein, wie ja diese oft bei geringer Haltbarkeit Kunde davon gibt, daß das geprüfte Bier den Keim zu Krankheiten in sich birgt. Eine Erweiterung erfährt die Beobachtung insofern, als neben einer ganz gefüllten Flasche auch eine nur zur Hälfte gefüllte aufgestellt wird, da es für die Beurteilung vom Interesse ist, alle in dem kranken Bier vorhandenen Fremdorganismen, also auch diejenigen, welche sich bei Gegenwart von Luft entwickeln, und deren Einfluß auf das Bier kennen zu lernen. Stehen nur ganz gefüllte Flaschen zur Verfügung, so wird ein Teil von ihnen zweckmäßig in der Weise zur Hälfte entleert, daß man zunächst die offene, gut gereinigte Flaschenmündung mit steriler Watte bedeckt und dann einen Teil des Bieres mit einer sterilen Pipette, welche durch die Watte hindurchgesteckt wird, entfernt. In die obere Öffnung der Pipette ist ein lockerer Wattepfropf eingeführt. Die Flaschen bleiben unter Watte- oder unter dichtem Verschluß (Kork- oder Patentverschluß) stehen.

Wenn die Bierproben nur in halb gefüllten Gefäßen vorliegen, so kann in einem Teil von diesen nach dem Vorschlag von E. Prior die Flüssigkeitsoberfläche 2—3 mm hoch mit reinem, in strömendem Wasserdampf sterilisiertem Vaselinöl überschichtet werden. Infolgedessen kommen Mykoderma und luftliebende Säurebakterien nicht zur Entwicklung, und es ist damit die Vermehrung anderer Fremdorganismen nicht behindert. Durch die Verwendung von Vaselinöl werden zwar brauchbare Ergebnisse erzielt, jedoch führt sie durch die Verunreinigung der Gefäße Unannehmlichkeiten mit sich.

Über die Art der in kranken Bieren vorhandenen Trübungen und Ausscheidungen lassen sich, soweit nicht Ver-
wickelungen durch die gleichzeitige Gegenwart von Organismen
und organischen Ausscheidungen bestehen, schon ohne mikroskopische Untersuchung nach den äußeren Erscheinungen
sowie durch eine kurze Vorprüfung Anhaltspunkte gewinnen.
Trübungen, welche entweder schon bei Zimmertemperatur
oder beim Einstellen der Bierprobe in Wasser von 30—40⁰ C'
völlig oder nahezu völlig verschwinden, sind verursacht

a) durch Glutinkörperchen. Auf Zusatz von Jodlösung
   zum Bier tritt keine Farbenänderung ein. Beim Erwärmen wird das Bier durchsichtiger, fast blank;
   beim Abkühlen tritt wieder Trübung auf.
b) durch Dextrinausscheidung. Das Bier zeigt zuweilen
   milchiges Aussehen. Bei Schichtung des Bieres mit
   Jodlösung tritt rotbraune Färbung auf.

Biere, welche sich nach längerem Stehen in der Wärme
unter Bildung eines grobflockigen oder eines gleichmäßig
abgelagerten, mehr oder minder festhaftenden Bodensatzes
von gelblichweißer bis bräunlicher Farbe in den oberen
Schichten völlig klären, enthalten Hefe, und zwar bei
flockiger Beschaffenheit des Absatzes vorherrschend wilde
Hefe. Bleiben die Proben dagegen unter denselben Verhältnissen in den oberen Schichten, zuweilen unter Verfärbung (Hellerwerden, Rotfärbung) und Bildung schleimiger
Häute, getrübt, so sind auch Bakterien in größerer Menge
vorhanden.

Bei Gegenwart von gewissen Eiweißausscheidungen, ins-
besondere in hellen Bieren, bleiben die Proben in den oberen
Schichten ebenfalls fein verschleiert, während sich vorhandene
Hefe zu Boden setzt. Bei einer anderen Klasse von Eiweiß-
ausscheidungen bilden sich zuweilen schon nach wenigen
Stunden, meist aber erst nach längerer Zeit umfangreiche
Niederschläge.

Anfangs mattgraue, später kreide- oder milchweiße, oft
gekröseartig gefaltete Häute auf der Flüssigkeitsoberfläche
zeigen in der Regel die Gegenwart von Mykoderma an.

Bei Gegenwart mancher Arten von Pediokokkus entstehen an den Wandungen der die Bierproben enthaltenden Gefäße zuweilen sehr feine und sehr festhaftende Beläge.

»Fadenziehende« oder »lange« Biere enthalten vorwiegend Bakterien.

Die Prüfung der trübenden Bestandteile im Bier durch Filtration mittels eines angefeuchteten dicken Papierfilters ist unzuverlässig.

Kranke Biere, welche nur einen schwachen Schleier, aber noch keinen Absatz besitzen, werden mit Vorteil vor der Untersuchung noch einige Tage aufgestellt. Ist die Krankheit durch Organismen verursacht, so tritt gegebenenfalls eine Trübung und eine Absatzbildung auf. Die Erkennung der Krankheit wird im fortgeschrittenen Stadium wesentlich erleichtert, während ein schwacher Schleier auch bei Zuhilfenahme der Zentrifuge der Untersuchung Schwierigkeiten bereitet. Rührt die Trübung von organischen Ausscheidungen her, welche zu Organismen infolge zunehmender Säurebildung usw. nicht in Beziehung stehen und sich während der Beobachtung nicht vermehren oder absetzen, dann bleibt allerdings nur der Versuch übrig, durch Ausschleudern die trübenden Bestandteile anzusammeln.

Sehr schwach verschleierte Biere, bei welchen durch die mikroskopische Untersuchung die trübenden Bestandteile nicht nachzuweisen sind, werden in den Eiskasten gestellt oder direkt auf Eis gelegt, um zu prüfen ob »Glutintrübung« kälteempfindlicher Biere in Frage steht. Bei der wiederholten mikroskopischen Untersuchung ist auf die Gegenwart von Glutinkörperchen zu achten. Diese können allerdings auch so klein sein, daß sie nur schwer sichtbar sind. Die Ursache der Trübung kann in diesem Falle nicht ohne weiteres im Laboratorium nachgewiesen werden, da die Glutintrübung in der Wärme wieder nahezu ganz verschwindet.

Auch dann, wenn schon eine stärkere Trübung vorliegt, ist es von Vorteil abzuwarten, ob sich nicht eine Scheidung der trübenden Bestandteile durch Absatzbildung in der Flasche von selbst vollzieht, oder man beschleunigt die Absatzbildung dadurch, daß man einen Teil des kranken Bieres in ein

steriles Spitzglas ausgießt und bedeckt einige Zeit stehen läßt.
Die mehr oder minder geklärte Flüssigkeit kann in ein zweites
Spitzglas zum wiederholten Absitzen gegossen werden. Auf
diese Weise erreicht man ohne Zentrifuge eine, wenn auch
nur grobe Scheidung der trübenden Gemengteile, die sich
verschieden rasch absetzen.

Bei Bieren, welche nahezu klar geworden sind, genügt
es in den meisten Fällen, nur den Absatz zu untersuchen,
der in der Regel sämtliche die Trübung verursachenden
Organismen und wenigstens einen Teil der organischen Ausscheidungen enthält. Diese werden in der früher angegebenen
Weise (III. Abschnitt S. 156) nachgewiesen. Bei hefentrüben
Bieren leistet, soweit nicht schon das mikroskopische Bild
volle Gewißheit über die Natur der Hefe und anderer Sproßpilze gewährt, die Tröpfchenkultur gute Dienste; im übrigen
prüft man unter Berücksichtigung der bei der Haltbarkeitsprobe gegebenen Fingerzeige durch Sporenkultur auf die
Gegenwart von wilder Hefe. In Beziehung auf Bakterientrübung genügt das mikroskopische Bild der verschiedenen
Formen vollkommen, da es zunächst kein besonderes Interesse bietet zu wissen, ob die Trübung durch eine oder
mehrere Arten von Stäbchenbakterien oder von Pediokokken
bedingt wird. Die Hauptsache ist, daß eine starke und
Schaden bringende Verunreinigung des Bieres mit Bakterien
überhaupt vorliegt, deren Quelle ebenso wie diejenige einer
starken Verunreinigung mit wilder Hefe in der Folge durch
eine besondere Betriebskontrolle aufgesucht und durch eine
Verschärfung der Anordnungen bezüglich der Reinlichkeitspflege beseitigt werden muß. Dabei ist auch den Ursachen
nachzuforschen, infolge deren sich die Krankheitserreger vermehren. Eine Prüfung der Zusammensetzung der Würze,
insbesondere eine Prüfung der Verzuckerung, wird vielfach
schon einen sicheren Hinweis auf eine der Ursachen des
Umsichgreifens der Fremdorganismen geben.

Die Beobachtung der anfangs klaren kranken Biere wird
in gleicher Weise wie bei der Haltbarkeitsprobe früher oder
später erkennen lassen, ob sie neben der Kulturhefe auch
noch Fremdorganismen enthalten, auf welche die aufge-

tretene Krankheit möglicherweise zurückzuführen ist. Die
Wahrscheinlichkeit, daß die in den aufgestellten Proben entwickelten Fremdorganismen als Erreger einer bestimmten
Krankheit, wie Verschlechterung des Geschmackes und Geruches, anzusprechen sind, wird dann nahezu zur Gewißheit,
wenn die Merkmale der Krankheit gleichzeitig mit der Vermehrung der Fremdorganismen gesteigert werden. Allerdings ist auch mit der Möglichkeit zu rechnen, daß ein anfangs vorhandener Krankheitserreger später unterdrückt wurde.
Der vollgültige Beweis, daß ein im Bier vorhandener Fremdorganismus der Erreger einer bestimmten Krankheit ist, kann
meist erst durch eine mühsame eingehende und umfassende
Untersuchung geliefert werden, die in letzter Linie mit Reinkulturen der in dem kranken Bier in größerer Zahl aufgetretenen Fremdorganismen ausgeführt werden muß. Ist die
Frage nach einem bestimmten Geschmacksverderber gestellt,
so müssen mit den Reinkulturen besondere Kultur- und Gärversuche mit steriler Würze, deren Geschmack durch die
Sterilisation möglichst wenig verändert ist, und mit Reinhefe-
bier durchgeführt werden. In der Regel genügt jedoch eine
vorläufige Prüfung, welche mit in Plattenkulturen gewonnenen Vertretern der verschiedenen Gruppen der Organismen
vorgenommen wird. Dabei geht man direkt von dem vorliegenden Material aus. Es kann aber auch geboten erscheinen,
wenn nur eine bestimmte Gruppe von Organismen in Frage
kommt, diese in besonderen Kulturen, welche unter bestimmten Bedingungen durchgeführt werden, anzuhäufen. Pediokokken werden von den sie begleitenden Hefen mit Erfolg
in der Weise getrennt, daß diese durch Erhitzung des Materials
bei oder nahe bei der Abtötungstemperatur der Hefen ganz
beseitigt oder wenigstens stark geschwächt werden. In den
Plattenkulturen kommen sie dann nur in geringer Zahl zur
Entwicklung.

Für die **Herstellung von Plattenkulturen** sind folgende
Gegenstände erforderlich:

1. Doppelschalen, sog. Petri-Schalen, aus farblosem
Glas, mit ebenem Boden und Deckel; Durchmesser 10 cm,
Höhe 1 cm. Die gut gereinigten und getrockneten Schalen

werden im Heißluftsterilisator 1 Stunde lang bei 120⁰ C belassen. Man wickelt entweder die einzelnen Schalen so in
Filtrierpapier ein, daß der Umschlag sich beim Aufbewahren
nach der Sterilisation nicht ablösen kann, oder man bringt
eine größere Anzahl der Schalen in eine runde Büchse von
Stahlblech oder Kupfer, welche
einen Einsatz zur Aufnahme der
Schalen enthält. In der Büchse
werden die sterilen Schalen auch
aufbewahrt.

2. Starkwandige Rea-
genzgläser von etwa 170 mm
Länge und 22 mm Durchmesser,
welche mit 10 ccm gehopfter oder
ungehopfter Würzegelatine in der
Weise gefüllt werden, daß eine
Berührung der Mündung und der
ihr zunächst liegenden inneren
Wandung, soweit der Wattepfropf
reicht, mit der bei 37—40⁰ C ver-

Fig. 51.
Runde Büchse für Petri-Schalen.

flüssigten Gelatine ausgeschlossen ist. Die Füllung geschieht
mittels eines Abfülltrichters (Fig. 52) oder einfach mit einer
Pipette. Die gefüllten und mit einem Wattepfropf geschlossenen Reagenzgläser werden 10 Minuten im strömenden Dampf sterilisiert. (Würzegelatine siehe Anhang.)

3. Große Doppelschalen von etwa 25 cm Durchmesser und 5 cm Höhe zur Aufnahme der Plattenkulturen.
Sie werden als feuchte Kammer in der Weise hergerichtet,
daß man den Deckel auf der Innenseite mit einer Scheibe
Filtrierpapier belegt und dann mit so viel 1 ⁰/₀₀ ig. Sublimatlösung übergießt, daß durch Schwenken die ganze Innenseite
des Deckels bespült werden kann. Die Sublimatlösung wird
dann in die untere Schale entleert und, nachdem diese in
gleicher Weise wie der Deckel behandelt wurde, weggeschüttet.

Außerdem benötigt man die sterile Messingschale, eine
ausgeglühte Platinöse und eine Pinzette, warmes Wasser von
30—40⁰ C und ein Glas mit reinem Wasser zum Abspülen
der Platinöse nach dem Gebrauch.

Die Anfertigung der Kulturen geschieht im Impfkasten. Sie beginnt damit, daß vier (eines als Reserve) mit Würze-gelatine gefüllte Reagenzgläser in ein Gefäß mit Wasser gebracht und hier die erstarrte Gelatine durch Erwärmen bis auf 37—40° C ver-flüssigt wird. Die Reagenzgläser werden abgetrocknet, mit 70 proz. Alkohol gewaschen, nach dem Ver-dunsten des Alkohols unter rollen-der Bewegung mit einer Flamme bespült und der Wattepropf abge-sengt. Man überträgt dann mittels der Platinöse aus dem trüben Bier oder dem Bodensatz oder der Haut des kranken Bieres eine kleine Menge in die verflüssigte Gelatine eines Reagenzrohres, mischt und überträgt von diesem mehrere Platinösen in ein zweites und von diesem wieder in ein drittes Rohr. Das Verfahren ist dabei folgendes.

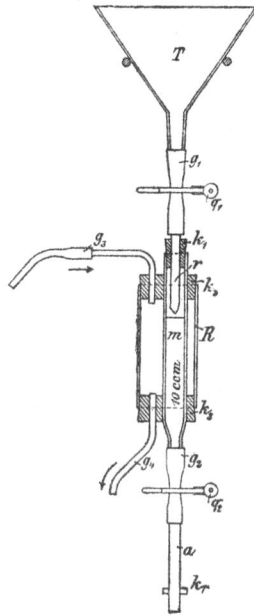

Fig. 52.

Fülltrichter zum Abmessen be-stimmter Mengen von Nährgela-tine nach T. Günther. *T* Glas-trichter von ca. $1/4$ l Fassungsraum, in einem Ring hängend; g_{1-3} Gum-mischläuche; q_{1-2} Quetschhähne; k_{1-3} Korkstopfen, k_1 mit keilförmi-gen Ausschnitten; *r* Glasrohr ca. 70 mm lang, 5 mm weit, am un-teren Ende zur Seite gebogen; *m* Meßgefäß, Glasrohr 140 mm lang, 13 mm weit; *R* Glasrohr 80 mm lang, ca. 40 mm weit; *a* Abfüllrohr mit Korkring *kr*. Durch g_3 tritt Wasserdampf ein und durch g_4 mit dem entstandenen Wasser aus. $1/5$ nat. Größe.
(Zeitschr. für Untersuch. von Nah-rungsm. 1899.)

Impfung des ersten Reagenz-rohres (Original-Impfung.)

Das Rohr wird zwischen Dau-men und Zeigefinger der linken Hand so gelegt, daß die Innen-fläche der Hand nach oben sieht. Hierauf nimmt man unter drehen-der Bewegung den Wattepfropf heraus, legt ihn entweder auf die sterile Messingschale oder mit dem abgesengten Teil zwischen den dritten und vierten Finger der linken Hand. Am Rande des Rea-genzrohres hängende Wattefäserchen werden abgesengt. Hie-rauf wird die in die Mischung der Organismen eingetauchte

Platinöse vorsichtig in die verflüssigte Gelatine eingeführt, ihres Inhaltes durch Betupfen der Wandung des Reagenz-rohres, wiederholtes Abspülen in der verflüssigten Gelatine und darauffolgendes Betupfen der Wandung möglichst ent-ledigt, dann in Wasser abgespült, ausgeglüht und auf die Messingschale gelegt.

Nach Einsetzen des Wattepropfs müssen die einge-impften Organismen durch sanftes Neigen (etwa 100 mal) des Reagenzrohres unter gleichzeitiger drehender Bewegung mög-lichst gleichmäßig in der Gelatine verteilt werden. Schütteln des Rohres ist unzulässig, da sonst störende Luftblasen ent-stehen; auch das Beschmutzen des Wattepropfs ist zu ver-meiden.

Die Originalimpfung wird mit O bezeichnet.

I. Verdünnung. Das Reagenzrohr O und ein neues (I) werden wieder zwischen Daumen und Zeigefinger der linken Hand wie bei der Originalimpfung gelegt. Der Wattepfropf im Rohr O kommt zwischen den dritten und vierten Finger, von Rohr I zwischen den vierten und fünften oder beide finden ihren Platz auf der Messingschale.

Aus Rohr O werden zwei oder mehr Platinösen, je nach der Menge der in die Originalimpfung eingeführten Organismen, in das neue Reagenzrohr übertragen; im übrigen ist das Ver-fahren das gleiche wie bei der Originalimpfung.

II. Verdünnung. Nach Bedürfnis wird eine II. Ver-dünnung in derselben Weise wie die I. hergestellt, nur impft man die doppelte oder dreifache Anzahl Platinösen aus der I. in die II.

Die Platten werden entweder unmittelbar nach der Impfung bzw. Abimpfung von jedem einzelnen Reagenzrohr gegossen oder erst, nachdem sämtliche Rohre geimpft sind. Sollte inzwischen die Gelatine der Kulturen erstarrt sein, so werden diese in das warme Wasser bis zur Verflüssigung zurückgebracht, dann abgetrocknet und zwecks wiederholter Mischung noch einigemal unter drehender Bewegung geneigt. Hierauf wird der Wattepfropf mit der sterilen Pinzette herausgezogen, die geöffnete Mündung des Reagenzrohres mehrmals kurze Zeit in die Flamme gebracht und schließlich

der Inhalt in die bereitstehende Petrischale, deren Deckel
auf einer Seite leicht gehoben wird, möglichst vollständig
ausgegossen. Bei entsprechendem Neigen der geschlossenen

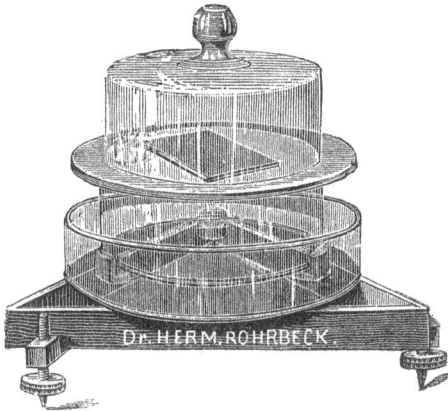

Fig. 53.
Plattengießapparat mit Nivellierdreieck.

Schale breitet sich die Gelatine in einer dünnen flachen
Schicht gleichmäßig über den Boden aus. Die Schale bleibt
so lange in möglichst horizontaler Lage in einem kühlen Raum
stehen, bis die Gelatine erstarrt ist.

Bei Anwendung von Kulturdoppelschalen ist vielleicht
mit Ausnahme der Sommermonate ein Nivellier- und Kühlapparat, welcher die Gela-
tine rasch zum Erstarren
bringt, meist entbehrlich.
Einige der gebräuchlich-
sten Formen dieser Appa-
rate zeigen die Fig. 53
und 54. Bei dem ersten
Apparat steht auf einem
Nivellierdreieck eine größere Glasschale, in welche

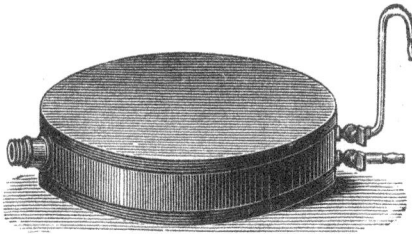

Fig. 54.
Plattengießapparat nach Dahmen.

auf drei eingeschnittene Korke eine zweite kleinere eingesetzt
wird. Diese ist zur Aufnahme von Eisstückchen bestimmt,
welche mit Wasser bis zum Überlaufen übergossen werden.

Den Überschuß des Wassers nimmt die größere Schale auf.
Man schiebt dann die matt geschliffene Glasplatte über die
gefüllte Schale und stellt sie mit Hilfe einer auf die Mitte
der Platte aufgelegten Dosenlibelle unter Drehung der am
Nivellierdreieck befindlichen Schrauben horizontal ein. Die
Blase der Dosenlibelle muß genau in der Mitte einspielen.
Nach Entfernung der Dosenlibelle werden die Doppelschalen
auf die gekühlte Platte gelegt und mit der geimpften Gelatine gefüllt.

Der Plattengießapparat von D a h m e n besteht aus einer
Metalltrommel zum Auflegen der Doppelschalen; sie kann
direkt an die Wasserleitung angeschlossen werden. Auf der
Seitenwand sind zwei engere Öffnungen mit Rohr und Hahn
zum Ein- und Auslauf des Wassers angebracht, auf der entgegengesetzten Seite befindet sich ein weiter Stutzen zum Einfüllen kleiner Eisstückchen.

Die in der feuchten Kammer liegenden Kulturen lassen
bei Zimmertemperatur nach mehreren Tagen die Entwicklung
von Kolonien erkennen, welche je nach der Natur der in
dem Aussaatgemenge befindlichen Organismen ein verschiedenes Gepräge tragen und mit verschiedener Schnelligkeit
wachsen.   Gleiches Aussehen der Kolonien bedingt noch
nicht Gleichartigkeit der sie zusammensetzenden Organismen.

Die aus der Originalimpfung (1. Reagensrohr) gegossene
Platte ist meist sehr dicht von Kolonien durchsetzt; die
Kolonien bleiben deshalb auch klein. Für die Abimpfung
kommen solche Kulturen in der Regel nicht in Betracht. In
der Platte der I. Verdünnung ist die Zahl der Kolonien geringer; noch weniger Kolonien entstehen in der II. Verdünnung. Da die Kolonien weiter voneinander entfernt liegen,
behindern sie sich auch nicht gegenseitig im Wachstum; sie
werden deshalb auch im allgemeinen größer und können
sicherer abgeimpft werden. Die Kolonien der Pediokokken
wachsen allerdings auch unter diesen Umständen sehr langsam
und bleiben in der Regel sehr klein; sie werden meist erst
gegen den achten Tag oder nach noch längerer Zeit überhaupt
sichtbar und benötigen etwa noch weitere 14 Tage bis sie
soweit herangewachsen sind, daß sie ausgestochen werden

können. Die Abimpfung der Platten darf deshalb auch nicht
zu frühzeitig vorgenommen werden, da hierdurch möglicherweise ein Organismus entgeht, welcher für eine Krankheit
des Bieres in Frage kommen könnte.

Vor der Abimpfung werden die Platten unter dem Mikroskop bei etwa 100facher Vergrößerung in der Weise durch-
gemustert, daß man die geschlossenen Schalen mit dem Deckel
auf den Objekttisch legt und diejenigen Kolonien von verschiedener Beschaffenheit, welche man abzuimpfen beabsichtigt
durch einen um die Kolonie mittels eines Fettstiftes oder
mittels Tinte gezogenen Kreis kennzeichnet.

Die gekennzeichneten Kolonien werden mit einem sterilen
Platindraht entweder ganz oder teilweise ausgestochen und in
Freudenreich-Kölbchen mit steriler gehopfter oder ungehopfter
Würze oder mit Reinhefenbier übertragen. Diese Kulturen
bilden das Ausgangsmaterial für die anzustellenden vorläufigen
Versuche und später für die Gewinnung von Reinkulturen.

d) Faßgeläger.

Die Untersuchung des Faßgelägers bezweckt, rasch einen
Überblick über die Fremdorganismen zu erhalten, welche in
dem vom Lagerfaß abgefüllten Bier enthalten sind, und in
welchem Maße sie auftreten. Aus dem Fehlen von Fremdorganismen sowie ihrer geringeren oder größeren Anzahl läßt
sich innerhalb gewisser Grenzen, vorausgesetzt, daß keine
Verunreinigung mehr im Transportfaß oder in der Flasche
hinzutritt, ein Schluß auf die Haltbarkeit des Bieres ziehen,
bevor noch die aufgestellten Haltbarkeitsproben ein endgültiges
Urteil erlauben. Die Schlußfolgerungen sind nur mit großer
Vorsicht zu ziehen und haben nur bedingten Wert für die
Beurteilung des Grades der Verunreinigung mit Fremdorganismen. Bei leicht sarcinakranken oder zur Sarcinaerkran-
kung neigendem Bier kann der Gehalt des Faßgelägers an
Sarcina so gering sein, daß seine Zusammensetzung von der
normalen nicht wesentlich abweicht. Die betreffende Pedio-
kokkusart hält sich im Bier schwebend und setzt sich nur
sehr schwer ab. Enthält das Bier Milchsäurebakterien und

wilde Hefe, so finden sich diese meist in größerer Zahl im
Faßgeläger vor.

Ferner gibt die Untersuchung des Faßgelägers einen Fingerzeig über den Reinheitszustand des Lagerfasses, wenn die
geschlauchten Jungbiere einer scharfen Prüfung auf Fremdorganismen unterzogen und die Abwesenheit von solchen festgestellt worden war, welche sich später im Geläger vorfinden.

Bei der Untersuchung des Faßgelägers handelt es sich
nicht darum, den nur vereinzelt vorhandenen bierschädlichen
Organismen nachzuspüren. Für die Fragestellung genügt meist
eine mikroskopische Untersuchung unter Anwendung von
Reagentien, insbesondere von Kalilauge zur Lösung der Glutinkörperchen.

Erheischt die Fragestellung eine genauere Untersuchung,
so schließt sich deren Gang dem bei der Untersuchung von
Hefe angegebenen an. Bei der Prüfung auf wilde Hefe wird
jedoch meist eine Tröpfchenkultur genügen.

Für die Beurteilung des Grades der Verunreinigung mit
Fremdorganismen wird der gleiche Maßstab wie für die Hefe
angelegt.

Je reiner das Faßgeläger ist, um so weniger ist, wenn
das Bier nicht im Transportfaß oder in der Flasche ge-
fährdet wird, im allgemeinen eine geringe Haltbarkeit oder
eine Beeinflussung des Geschmackes und Geruches durch
Fremdorganismen zu befürchten.

e) Würze.

Die biologische Untersuchung der Würze steht in der
Regel mit der Betriebskontrolle im Zusammenhang. Es kommen
also hauptsächlich Proben in Frage, welche an den verschiedenen Abschnitten des von der Würze durchlaufenen Weges
entnommen wurden, wenn sie vom Kühlschiff zum Gärkeller
geleitet wird. Wo und wie diese Proben zu entnehmen sind,
braucht an dieser Stelle nicht erörtert zu werden, da hierüber
später bei den Ausführungen über die Betriebskontrolle nähere
Angaben gemacht werden. Über die dabei zu verwendenden
Gefäße wurde schon früher das Nötige gesagt.

Die Fragestellung 'für die Untersuchung lautet: Ist die Würze überhaupt durch Organismen verunreinigt, welche sich in ihr zu entwickeln vermögen? Welcher Art sind diese Organismen und befinden sich unter ihnen Bierschädlinge? Wie stark ist die Verunreinigung? Die Untersuchung der Proben soll also über die Reinheit der Kühlschiffe sowie der Kühlapparate und deren Umgebung, der Rohrleitungen und der Bottiche Aufschluß geben. Die Verunreinigung der einzelnen Proben von der gleichen Würze ist deshalb sowohl dem Grad wie der Art nach verschieden.

Die Untersuchung muß, wenn Zahlenangaben über den Grad der Verunreinigung verlangt werden, sofort nach der Entnahme der Probe durchgeführt werden, was jedoch selbstverständlich nur dann möglich ist, wenn sich das biologische Laboratorium an Ort und Stelle befindet. Sind die Proben mehrere Tage unterwegs, so darf man, wenn auch die genauesten Vorschriften über ihre Behandlung nach der Entnahme und über die Verpackung gegeben wurden, damit rechnen, daß die ursprüngliche Keimzahl nicht erhalten geblieben ist. In diesem Falle steht die Bestimmung der Anzahl der Keime auf einem recht unsicheren Boden.

Der Weg, auf welchem die erste und zweite Frage der Beantwortung zugeführt wird, ist zunächst der gleiche; er ist nicht schwierig. Wenn die Würze Organismen enthält, welche sich in ihr zu entwickeln vermögen, so werden diese je nach der Temperatur früher oder später äußerlich sichtbare Veränderungen hervorrufen. Aus den dabei auftretenden, sehr verschiedenartigen Erscheinungen kann aber teilweise ein ziemlich sicherer Schluß auf die vorhandenen Gruppen von Organismen gezogen werden. Im übrigen wird aber erst durch eine mikroskopische Prüfung, an die sich gegebenenfalls noch andere Untersuchungen anzuschließen haben, volle Aufklärung geschaffen. Die Bierschädlichkeit kann allerdings erst durch eine langwierige Untersuchung nachgewiesen werden. Im allgemeinen genügt es jedoch, bei der Beurteilung der vorgefundenen Organismen sich darauf zu stützen, daß sich unter den wilden Hefen Arten befinden, welche im Bier Krankheiten hervorzurufen vermögen, und

daß außerdem bestimmte, nicht unschwer erkennbare Bakterien oder wenigstens einzelne Arten bestimmter Gruppen
im Brauereibetrieb sehr erhebliche Schädigungen herbeiführen
können.

Vollständig von Organismen freie Würze wechselt, wenn
sie gegen eine nachträgliche Verunreinigung geschützt ist, bei
ruhigem Stehen ebenfalls das Aussehen. Die Veränderung
besteht darin, daß die anfangs durch Flocken getrübte Flüssigkeit allmählich aufklart, während ein mehr oder weniger umfangreicher, lockerer, flockiger Absatz, der aus Eiweißausscheidungen (Trub) zusammengesetzt ist, entsteht. Die Färbung des Absatzes ist hellgelblichbraun bis braunviolett. Eine
mit Organismen verunreinigte Würze dagegen überzieht sich,
bevor sich noch der Trub vollständig abgesetzt hat, mit einem
gleichmäßigen Schleier, der in der Regel in eine schwächere
oder stärkere Trübung übergeht, bei welcher es auch noch
zur Ausscheidung von Flocken kommen kann.

Die in einer umfangreicheren Würzeprobe enthaltenen
Organismen bekämpfen sich mit größerem oder geringerem
Erfolg, wenn jene nicht mit Bierhefe in geeigneter Menge
versetzt ist, je nachdem sie günstigere Bedingungen für ihre
Ernährung und Vermehrung finden, je nach der Entwicklungsenergie, die ihnen an und für sich zukommt oder die
sie, je nach dem Zustand, in welchem sie in die Würze gelangt sind, augenblicklich besitzen; sie machen sich den Platz
in der Nährlösung streitig. Das Mengenverhältnis, welches
zu einer bestimmten Zeit beobachtet wird, zeigt uns also das
Endergebnis der in verschiedenem Grade einander entgegen-
wirkenden Einflüsse und die Widerstandsfähigkeit der Würze
gegen die Zerstörung durch die einzelnen Arten von Organismen. Ein Einblick in das Mengenverhältnis, in welchem
die Vertreter der verschiedenen Organismengruppen ursprünglich vorhanden waren, ist kaum zu gewinnen. Immerhin ergibt
sich, nach vergleichenden, unter Anwendung verschiedener
Verfahren ausgeführten Untersuchungen, daß im allgemeinen
diejenigen Organismen, welche in den Würzeproben in größerer
Zahl zur Entwicklung kamen, auch ursprünglich in größerer
Zahl vorhanden waren. Allerdings können eine oder mehrere

Arten, welche sich ursprünglich nur in sehr geringer Zahl vorfanden, infolge hoher Entwicklungsenergie und besonders günstiger Bedingungen zu so starker Vermehrung gelangen, daß sie in den Vordergrund treten, das mikroskopische Bild beherrschen. Andere dagegen, welche ursprünglich in größerer oder auch in gleicher Zahl der Würzeprobe beigemengt waren, werden überwuchert; sie müssen infolge der ungünstigen Einwirkung der zur Herrschaft gelangten Organismen oder Organismengruppen auf die Würze sowie durch Stoffwechselprodukte usw. fast vollständig oder nur zeitweise das Feld räumen, ja sie werden auch gänzlich vernichtet. Bierschädliche Organismen, wie wilde Hefen, welche der Würzeprobe nur in sehr geringer Zahl beigemengt waren, können unterdrückt werden, höchstens findet man noch Zelleichen von Sproßpilzen vor, deren Art sich nicht mehr feststellen läßt; es bleibt überhaupt zweifelhaft, ob sie lebensfähig waren. Bei der Vergärung der Würze im Gärkeller vermögen sie jedoch unter Umständen aufzukommen, haben also für die Beurteilung der Würzeprobe Wert.

Zuweilen wird also die Beantwortung der zweiten Frage, die nach den vorhandenen Arten, unmöglich gemacht, mindestens aber sehr erschwert.

Diese Tatsachen führten dazu, die gezogene Würzeprobe oder wenigstens einen Teil von ihr zum Zweck der Untersuchung in kleinere Mengen zu zerlegen. Man ging dabei von der Voraussetzung aus, daß die der Würze beigemengten Organismen nicht allzu zahlreich und infolgedessen auch räumlich mehr getrennt sind, bei stärkerer Verunreinigung aber durch Zumischen bestimmter Mengen von steriler Würze sich trennen lassen. Bei der Zerlegung der Würzeprobe in kleinere Teile ist also die Möglichkeit gegeben, daß nur eine Zelle zur Aussaat gelangt. Auf diese Weise können Arten sich frei entwickeln und zur Geltung kommen, welche in größeren Würzemengen in dem Konkurrenzkampf mit anderen Organismen unterliegen oder wenigstens zurückgedrängt werden Aber auch dann, wenn jene mit Zellen anderer Arten gleichzeitig ausgesät werden, besteht infolge besserer Durchlüftung der kleineren Würzemengen die Möglichkeit, daß ihre Vermehrung begünstigt wird und sie gleichen Schritt mit den Konkurrenten halten, ja sogar einen Vorsprung vor ihnen bekommen können.

Die Zerlegung der Würze zum Zweck der biologischen Untersuchung in kleinere Teile beruht also auf vollständig richtiger Voraussetzung. Der gleiche Gedanke hatte zuerst bei der biologischen Untersuchung von Brauwasser Eingang gefunden, er wurde jedoch erst auf anderem Wege für die biologische Untersuchung im Brauereilaboratorium überhaupt wieder gefunden. Nach dem gleichen Grundsatz sollte folgerichtig auch bei der Hefenanalyse durch die Tröpfchenkultur verfahren werden.

Ganz unverkennbar bietet jenes Untersuchungsverfahren Vorteile; schwerwiegender ist jedoch der Nachteil, daß die untersuchte Würzemenge gegenüber der auf Verunreinigung mit Organismen zu prüfenden Gesamtmenge verschwindend klein ist. Man muß sich doch die Frage vorlegen, ob beispielsweise die bei diesem Verfahren untersuchte geringe Anzahl von Kubikzentimetern, welche 20 hl und mehr Würze auf dem Kühlschiff entnommen wurden, ein zutreffendes Bild von der gesamten Verunreinigung geben kann. Parallelproben der gleichen Würze, welche an verschiedenen Stellen zu derselben Zeit entnommen wurden, können im Laufe der Beobachtung recht verschiedene Ergebnisse zeitigen. Sie stimmen entweder überhaupt nicht überein oder lassen wenigstens eine in verschiedenem Grade abgestufte Verunreinigung erkennen. Ein Gesamtbild von der Verunreinigung in einer einzigen und kleinen Probe gewinnt man nur dann, wenn deren Grad verhältnismäßig hoch ist und die Organismen gleichmäßig verteilt sind.

Die Würze liegt auf dem Kühlschiff ruhig; sie ist während dieser Zeit, je nach der Windrichtung und infolge anderer Umstände, einer auf enger begrenztem Raume beschränkten Verunreinigung ausgesetzt. Eine gleichmäßige Verteilung der Organismen findet auch dann nicht statt, wenn die Würze vom Kühlschiff auf die Kühlapparate läuft. Selbst eine Probe von mehreren hundert Kubikzentimetern erscheint gegenüber der Gesamtmenge unter diesen Verhältnissen noch sehr klein. Immerhin kann sie ein richtigeres Bild geben, wenn sie aus einer Mischung von Proben, welche an verschiedenen Stellen an der Oberfläche und in der Tiefe gezogen wurden, besteht.

Ein zutreffenderes Bild von der Art und dem Grad der Verunreinigung ergibt sich für die Leitungen und Kühlapparate voraussichtlich selbst dann, wenn derjenigen Würzemenge, welche die Leitung zuerst durchlaufen und den Kühlapparat zuerst bespült hat und dabei die weniger festhaftenden Organismen wegschwemmte, nur kleinere Proben entnommen werden. Immerhin können dabei bierschädliche Organismen noch entgehen. Solche anfangs nur in sehr geringer Zahl durch die Würze in die Brauerei eingeschleppte Arten vermögen aber, wenn sie sich einmal irgendwo im Betrieb festgesetzt haben und günstige Entwicklungsbedingungen finden, unheilvollen Schaden zu stiften. Jedenfalls muß der Zweck der Untersuchung im Auge behalten werden. Wenn es sich im allgemeinen nur darum handelt, eine Zu- oder Abnahme der Verunreinigung in den Leitungen usw. festzustellen, so können wohl auch verhältnismäßig kleine Proben genügen. Tritt jedoch die Aufgabe heran, festzustellen, ob Bierschädlinge überhaupt oder eine bestimmte Art durch die Würze in die Brauerei eingeführt werden, dann kann die Zerlegung kleiner Mengen, wie vergleichende Untersuchungen ergaben, kaum genügen.

Der Nachteil, welcher dem Verfahren der Zerlegung in kleine Mengen anhaftet, wäre durch eine sehr große Anzahl von Kulturen auszugleichen, die Untersuchung würde aber damit sehr umfangreich und schwerfällig.

Ein zweiter Weg, der zu einer gewissen räumlichen Trennung und damit zu einem Erkennen der in der Würze enthaltenen Organismen führt, kann durch Anlegen von Plattenkulturen beschritten werden. Er hat jedoch, abgesehen davon, daß auf diese Weise ebenfalls nur verhältnismäßig kleine Würzemengen geprüft werden können, den Nachteil, daß die Plattenkulturen, wie gleichfalls vergleichende Untersuchungen gezeigt haben, noch aus einem anderen Grunde nicht immer ein zutreffendes Bild von den in der Würze vorhandenen Organismen und dem Grad der Verunreinigung darbieten. Die Keime, welche in die Würze auf dem Kühlschiff durch Staub aus der Luft oder aus Ablagerungen auf jenem gelangen oder beim Durchlaufen der Leitungen aus diesen herausgeschwemmt werden, sind unzweifelhaft teilweise sehr geschwächt. Sie können sich, soweit die Würze für sie überhaupt ein günstiger Nährboden ist, erholen, wenn sie in jener bleiben, und gegebenenfalls später selbst Konkurrenten Widerstand leisten. Beim Einschluß in Würzegelatine werden sie jedoch durch die damit verbundene Wasserentziehung noch weiter geschwächt, ja selbst abgetötet. Ferner sind die Kolonien nicht immer auf eine einzige Zelle der gleichen Art zurückzuführen. Selbst aus Bakterien und Nichtbakterien gemischte Kolonien kommen, wenngleich sehr selten, vor. Dieser Nachteil fällt allerdings weniger ins Gewicht, da bei den Zählungen zur Bestimmung des Reinheitsgrades doch nur mit Annäherungswerten gerechnet werden darf. Außerdem haftet den Plattenkulturen noch der Nachteil an, daß die Entwicklung luftliebender Organismen überhaupt und insbesondere von Sproßpilzen gefördert wird, die sich dann dem Auge aufdrängen, während die Kolonien von Bakterien klein bleiben. In diesen können sich aber Arten von größerer praktischer Bedeutung befinden als in jenen. Für die Brauerei müssen sicher aber auch Organismen als Bierschädlinge in Betracht gezogen werden, welche unter Luftbeschränkung wachsen. Ferner finden sich in der Würze Schimmelpilze und Bakterien vor, welche die Gelatine schon zu einer Zeit verflüssigt haben, wo die Kolonien sehr langsam wachsender und für die Brauerei wichtiger Fremdorganismen kaum noch sichtbar sind. Auf Würzegelatine wird anderseits infolge reichlicherer Stickstoffnahrung die Entwicklung vieler Arten begünstigt, jedoch bietet sie anscheinend gerade einzelnen bierschädlichen Bakterien nicht den richtigen Nährboden. Im übrigen ist die Erkennung der einzelnen Arten in Plattenkulturen ebensowenig möglich wie in flüssigen Nährböden, weil nur sehr wenige von jenen eine besondere, charakteristische Wachstumsform besitzen, die sie aus der größeren

Zahl der anderen heraushebt. In der Regel charakterisiert die Wachstumsform nur Gruppen von bestimmten Organismen. Bei der Artbestimmung müssen dann neben den morphologischen Erscheinungen noch die chemisch-physiologischen Eigenschaften zu ihrem Rechte kommen.

Trotz dieser Mängel hat sich die Plattenkultur neben der direkten Zerlegung der Würze im biologischen Laboratorium der Brauereien eingebürgert, und zwar aus Gründen, welchen eine Berechtigung nicht abgesprochen werden kann. Man nimmt an, daß die Plattenkulturen mit genügender Genauigkeit auf einfachem Wege in verhältnismäßig kurzer Zeit für den nämlichen Betrieb einen Vergleich über Zu- und Abnahme der Verunreinigung mit Organismen zu ziehen erlauben, vorausgesetzt, daß die Probenahme immer in der gleichen Weise geschieht. Ferner kommt ihnen ein erzieherischer Wert insofern zu, als dem Personal, das mit der Reinigung der Kühlapparate, Leitungen usw. betraut ist, Nachlässigkeit in einer ihrem Verständnis zugänglichen Weise direkt vor Augen geführt werden kann.

Von ausschlaggebender Bedeutung für die Beurteilung der in den Würzeproben vorhandenen Organismen ist ihre Widerstandsfähigkeit gegen die durch die Bierhefe eingeleitete alkoholische Gärung. Ein Hauptinteresse bietet die Frage: Sind unter den in einer Würze enthaltenen Organismen auch bierschädliche? Ein sehr hoher Verunreinigungsgrad der Würze überhaupt ist zwar keinesfalls erwünscht, immerhin hängt die Beurteilung des Ergebnisses der biologischen Untersuchung wesentlich von der Art der vorhandenen Organismen ab. Gehopfte Bierwürze, wie sie für untergärige Biere bereitet wird, ist im allgemeinen kein günstiger Nährboden für Bakterien. Ihre saure Reaktion sowie ihr Gehalt an bestimmten Hopfenbestandteilen wirkt auf jene entwicklungshemmend. Einige Arten verschiedener Bakteriengruppen vermehren sich allerdings sehr stark in der Würze mit charakteristischen Erscheinungen. Diese sogenannten »Würzebakterien« welche hauptsächlich der Gruppe Termo, fluoreszierenden Fäulnisbakterien und schleimbildenden Arten angehören, haben aber, wenn die Würze rechtzeitig mit der Bierhefe gemischt wird, für die Brauerei geringe Bedeutung, sie gehen zugrunde, sobald die Gärung kräftig einsetzt. Sollten einzelne Zellen am Leben bleiben, so vermögen sie in der durch die Gärung veränderten Würze nicht weiter zu wachsen. Diese Bakterien sind im allgemeinen unschädlich. Wichtig sind dagegen wilde Hefen, Milchsäurebakterien, und zwar solche in Stäbchenform und Pediokokken sowie Buttersäurebakterien.

Die Gründe, warum gewisse Organismen der Gärung keinen Widerstand zu leisten vermögen, sind darin zu suchen, daß sie bei dem durch die Hefe erzeugten Alkohol- und Kohlensäuregehalt nicht leben können, dann weil ihnen die durch die Gärung veränderte Nährlösung nicht mehr zusagt. Außerdem wirken wahrscheinlich neben den genannten noch andere Umsetzungsprodukte der Hefe giftig auf die Organismen. Es muß auch damit gerechnet werden, daß manche Organismen sich deshalb nicht vermehren, weil ihnen während der Gärung der Sauerstoff entzogen wird. Wenn die Hefe zur Ruhe gekommen ist und das Bier beim Verteilen auf die Lagerfässer und beim Abziehen Gelegenheit gehabt hat, Sauerstoff aufzunehmen, arbeiten sie sich, insbesondere dann, wenn das Bier in den Transportgefäßen oder in den Flaschen höherer Temperatur beim Transport oder beim Lagern ausgesetzt ist, wieder empor und können Schaden anrichten.

Die aufgeführten Erwägungen geben die Richtpunkte für das Vorgehen bei der Untersuchung von Würzeproben und für die Beurteilung der Ergebnisse.

Folgende Verfahren kommen für die Untersuchung in Betracht:

1. Die Beobachtung größerer Mengen (100—200 ccm) Würze während eines Zeitraumes von 6—7 Tagen bei Zimmertemperatur oder bei 25⁰ C unter Watteverschluß. 2. Die Verteilung der Keime durch Zerlegung der Würze in kleinere Mengen, und zwar a) in der Schönfeldschen Platte, b) in Tropfenkulturen nach der Angabe von P. Lindner. 3. Die Verteilung der Keime in Würzegelatine durch Anlegen von Plattenkulturen. 4. Die Gärprobe.

1. Die Beobachtung größerer Würzemengen unter Watteverschluß.

Die am Ort der Entnahme gut verschlossenen Pulvergläser oder Vakuumkolben, in welchen die Proben je nach Umständen an einer einzigen oder an mehreren Stellen gezogen sind, werden zunächst äußerlich mit Wasser und dann mit 70 proz. Alkohol gereinigt. Den dichten Verschluß wechselt man sodann unter den bei der Untersuchung von Jungbier beschriebenen Vorsichtsmaßregeln gegen einen Verschluß aus steriler Watte aus. Eine während der ersten Zeit täglich vorgenommene Kontrolle gibt an den äußeren Erscheinungen zu erkennen, ob die Würze mit Organismen verunreinigt ist oder nicht. Die Würze kann vollständig klar werden. Ein untrügliches Zeichen für die Abwesenheit von Organismen ist dies jedoch nicht. Bei Betrachtung des Bodensatzes sehen wir vielleicht da und dort kleine oder größere, mehr oder weniger scharf umschriebene helle Flecken, die sich von der braunen Färbung des Bodensatzes sehr deutlich abheben. Die mikroskopische Untersuchung weist als Ursache dieser Erscheinung die Gegenwart von Torulaarten nach. Bei einer Verunreinigung hauptsächlich mit Bakterien klärt sich die Würze dagegen nicht; der Bodensatz wird zwar umfangreicher, jedoch bleibt die Würze durch die entwickelten Bakterien verschleiert und wird später trübe. Nach etwa 24 Stunden kommen bei vorsichtigem Neigen der Gläser an der von Würze frei werdenden Wandung häufig Beläge zum Vorschein, welche anfangs wie eine dünne Fetthaut aussehen, mit der Zeit aber stärker und dabei meist auch schleimig werden. Sie sind durch Bakterien verursacht. Längs des Flüssigkeitsrandes bildet sich dann später ein schleimiger Ring aus, gleichzeitig können auch auf der Würzeoberfläche einzelne Hautinselchen entstehen, die sich allmählich wie der Ring zu einer farblosen oder häufiger gelblich gefärbten schleimigen Haut von verschiedener Dicke ausbreiten. Sie besteht ebenfalls aus Bakterien. Nach der Ausbildung des Wandbelages und des Ringes, zuweilen auch vor dieser, treten häufig Gärungserscheinungen auf, aus deren Form und Dauer

Schlußfolgerungen auf die Natur der sie hervorrufenden
Organismen gezogen werden können. In der Regel werden
zuerst feinblasige Schauminselchen wie bei Hefengärung sichtbar. Bleibt der Schaum feinblasig, ist die Schaumbildung
überhaupt nicht umfangreich, so läßt er in der Regel auf
Bakteriengärung schließen. Wird er dagegen allmählich groß-
blasig, nimmt er insbesondere bedeutend an Höhe zu und
färbt sich der Bodensatz, während er gleichzeitig dichter wird,
heller, so liegt Hefengärung vor.

Die Schaumblasen können jedoch auch bei Bakteriengärung sehr groß werden, wenn die Würzeoberfläche von
einer schleimigen Haut überzogen ist, durch welche die gas-
förmigen Produkte der Gärung (hauptsächlich Wasserstoff und
Kohlensäure) nicht entweichen können und sich infolgedessen
unter der Haut ansammeln.

Der dunkelgefärbte Bodensatz ändert während dieser Vorgänge seine Farbe nicht, oder es erscheinen nur an einzelnen
Stellen hellere Flecken von verschiedener Ausdehnung, die
entweder wieder durch die Entwicklung besonderer Organismen, wie Torula und andere, bedingt sind, oder es können
nur Fetzen der heller gefärbten Haut zu Boden gesunken
sein. Bei Gegenwart von gewissen Bakterien wird der Bodensatz schleimig und gelbbraun. Die anfangs lockeren Bodensätze können auch ohne Entwicklung von Hefe dichter und
fester werden, häufiger bleiben sie jedoch locker.

Mit der fortschreitenden Entwicklung der Organismen
ändert sich die Farbe der Würze. Gewöhnlich macht sich
nur eine Entfärbung verschiedenen Grades geltend, seltener
schlägt die Farbe gleichzeitig nach stroh- und rotgelb um oder
sie wird rötlich; zuweilen nimmt die Würze ein »fuchsiges«
Aussehen an. Die Änderung der Farbe beruht entweder auf
einer wirklichen Entfärbung infolge von Reduktion, Säurebildung usw. oder sie ist in der Hauptsache nur eine schein-
bare und entsteht dadurch, daß Organismen in der Flüssigkeit schweben; beide Erscheinungen können auch gleichzeitig
an dem Zustandekommen der Färbung zusammenwirken.

Die äußeren Erscheinungen an den Würzeproben kommen
nach 6—7 Tagen zu einem gewissen Stillstand, nachdem sie

früher oder später ihren Höhepunkt erreicht hatten. Ein längeres Zuwarten ist in der Regel nutzlos. Die getrennt durchgeführte mikroskopische Untersuchung der Haut- und Ringbildung, der Würze und des Absatzes oder wenigstens der Haut und des Bodensatzes sowie eines vorhandenen Wandbelages gibt ein Bild von den entwickelten Organismen. Die Würze wird nach Untersuchung der Haut zum größten Teil abgegossen, wobei die Haut unter Mithilfe der Platinöse oder eines Glasstabes möglichst zu entfernen ist. Die Haut vollständig zu entfernen, gelingt schon aus dem Grund nicht, weil Teile von ihr bei Bewegung der Flüssigkeit leicht zu Boden fallen. Der Bodensatz muß gut aufgeschüttelt werden, da die Kolonien von Sproßpilzen, insbesondere von Torula, nicht selten sehr fest haften.

Die verschiedenen Bakterienformen, die Torulaarten und Mykoderma sind meist ohne Schwierigkeit festzustellen. Bemerken möchten wir jedoch, daß schon öfters große Glutinkörperchen mit kleinen Formen von Torula insbesondere dann verwechselt wurden, wenn deren Inhalt infolge Säuerung der Würze durch Bakterien verändert war. Die Zellen von Torula sind in den mit Säurebakterien durchsetzten Würzen anfangs sehr blaß und kaum sichtbar. Größere Vorsicht erheischt die Beurteilung von Hefenzellen. Hauptsächlich die Kulturhefenzellen verändern sich in der mit den Stoffwechselprodukten der Bakterien angereicherten Flüssigkeit meist derartig, und zwar hauptsächlich hinsichtlich der Form, daß sie zunächst nur schwer als solche zu bestimmen sind. Die Zellen werden größer und vor allem länger. Auch wilde Hefen bleiben von diesen Einflüssen nicht verschont. Es kommen auch Torulaarten vor, welche von diesen veränderten Hefenzellen kaum zu unterscheiden sind. Bis ein sicheres Urteil über die Erscheinungsformen der Hefe und Torulaarten gewonnen ist, empfiehlt es sich, mehrere Kubikzentimeter der meist schon sauren Würze zur Unterdrückung der Bakterien in, wie früher (S. 173) angegeben, mit Weinsäure angesäuerte Würze überzuführen und dann die entwickelten Sproßzellen auf Sporenbildung zu prüfen. Vakuumkolben werden zu diesem Zweck mit der sterilisierten Spitze in die

Gummikappe der Pasteur-Kölbchen eingeschoben. Auch eine einfache Tröpfchenkultur kann für diese nähere Prüfung genügen.

Die Beobachtung über die Widerstandsfähigkeit größerer Würzemengen führt hauptsächlich dann noch zu brauchbaren Ergebnissen über den Grad der Verunreinigung, wenn die Würzeproben bis zur Ankunft im biologischen Laboratorium längere Zeit unterwegs waren, wenn die auf bestimmte Zahlenangaben hinarbeitenden Verfahren nicht mehr in Anwendung gebracht werden können. Bei der Beurteilung der Widerstandsfähigkeit muß von dem Tage der Probeentnahme ausgegangen werden.

2. Die Beobachtung in kleinere Mengen zerteilter Würze.

a) Würzeplatte von Schönfeld. Sie besteht aus einer 225 qcm großen Platte aus Spiegelglas von etwa 1 cm Dicke, welche 25 Vertiefungen enthält. Diese sind so groß, daß sie 0,4—0,5 ccm fassen, ohne daß sie überlaufen. Vor dem Gebrauch wird die gut gereinigte Platte durch Waschen mit 70 proz. Alkohol und Flambieren sterilisiert; im Dampftopf oder im Heißluftsterilisator springt sie leicht.

Zur Füllung der Vertiefungen, welche unmittelbar nach der Probenahme zu geschehen hat, dienen sterile 1 ccm-Pipetten, welche in $1/2$ ccm geteilt sind. Die obere Mündung ist durch einen Wattepfropfen lose verschlossen, um sowohl beim Ansaugen wie beim Auslaufen der Pipette eine Verunreinigung der Flüssigkeit zu verhüten. Wir halten diese Pipetten, welche auch zur Anfertigung der Tropfenkulturen und zu der Wasseranalyse benützt werden, in größerer Zahl je in einer Glasröhre, welche an dem einen Ende zugeschmolzen und an dem anderen mit einem Wattepfropfen verschlossen ist, vorrätig. Sie werden während einer halben Stunde im strömenden Dampf sterilisiert. Beim Einsaugen der Würze in die Pipette darf der Wattepfropfen nicht benetzt werden.

Schönfeld zufolge genügt es, von einer Probe eine Platte anzusetzen. Unter gewissen Voraussetzungen mag das zutreffen. Wenn jedoch die Gegenwart möglichst aller vorhandenen Arten von Organismen festgestellt werden soll, so genügt nicht immer eine Platte. Die verteilte Würzemenge ist zu diesem Zwecke noch zu gering.

Jede Vertiefung erhält 0,5 ccm Würze.

Nach der Befüllung, welche im Impfkasten zu geschehen hat, werden die Platten in ein passendes steriles Drahtgestell geschoben, welches zur Aufnahme von etwa einem halben Dutzend eingerichtet ist. Das Gestell erhält seinen Platz unter einer sterilen, durch Auskleidung mit Filtrierpapier und Benetzung mit 1 %/₀₀ ig. Sublimatlösung feucht gehaltenen Glas-

Fig. 55.
Würzeplatte von Schönfeld.

glocke in einem Thermostaten bei 25⁰ C oder es wird bei Zimmertemperatur belassen.

Die Erscheinungen, welche die in der Würze enthaltenen Organismen in den Vertiefungen der Platte nach kürzerer oder längerer Zeit hervorrufen, sind nach ihrem Verlauf und nach ihrer äußeren Beschaffenheit denjenigen ähnlich, welche in größeren Würzemengen sichtbar werden. Die Kolonien der einzelnen Organismengruppen treten jedoch infolge der Verteilung der Würze in verschiedenem Grade ausgebildet und mit verschiedenem Aussehen auf dem Boden oder am Rand der Vertiefungen sowie in der Würze selbst deutlich hervor. Insbesondere ist dies der Fall bei vielen Arten der Torulaceen und bei den Hefen, weniger bei den Bakterien.

Auf einer dunklen Unterlage wird der Verlauf der Vorgänge in den Vertiefungen der Platte noch besser sichtbar.

Die Erscheinungen können in allen Vertiefungen gleich, höchstens dem Grad nach verschieden sein, oder einzelne, manchmal auch eine größere Anzahl der Vertiefungen zeigen verschiedene Erscheinungen, ein Beweis, daß auch mit der Schönfeldschen Platte eine genügende Trennung der Keime erreicht werden kann. Je nach dem Reinheitsgrad der Würze- probe bleibt die Flüssigkeit in der einen oder der anderen Vertiefung auch unverändert.

Die Schönfeldsche Würzeplatte ist ganz vorzüglich da- zu geeignet, die Erscheinungen, welche bei der Entwicklung von Organismen auftreten, und bis zu einem gewissen Grad ihre gegenseitige Beeinflussung kennen zu lernen. Ein Nach- teil besteht darin, daß die Würze während der Beobachtung leicht durch Luftkeime verunreinigt werden kann.

Je nach dem Grad der ursprünglichen Verunreinigung ist die Würze nach 24 Stunden mehr oder weniger aufgeklart oder schleierig und trübe. Über den Grad der Trübung läßt sich nicht unschwer ein Urteil bei der Durchsicht durch die Würze von oben her gewinnen, bei welcher bestimmte Gegenstände ins Auge gefaßt werden. Die Würze hat am Boden der Ver- tiefungen gleichmäßig, fester oder lockerer, Trub abgesetzt. Nach 48 Stunden ist der graubraun gefärbte Absatz an der tiefsten Stelle entweder sichtlich stärker geworden oder er zeigt keine wesentliche Zunahme. Meist behält der Absatz, abge- sehen von einem Hellerwerden, im Laufe der Zeit seine ur- sprüngliche Färbung bei oder sie geht zuweilen nach gelb über. Der Absatz entsendet bald in größerer, bald in geringerer Zahl strahlenförmig am Boden sich hinziehende Ausläufer (Kolonien von Organismen) bis zum Rand der Flüssigkeit. Zu diesen kommen später andere hinzu, welche sich in manchen Fällen von den zuerst entstandenen, gleichmäßigen und dichteren scharf unterscheiden; sie sind nicht flach, dicht, sondern sehr locker und stärker. Die strahlenförmigen Ablägerungen ver- danken ihre Entstehung Bakterien, Torulaarten oder auch Hefen. In einzelnen Vertiefungen ist die Würze wolkenförmig durch Bakterien getrübt. In anderen mit klarer, aber auch mit trüber Würze sind teils am Boden an verschiedenen Stellen, außerdem aber auch an der Oberfläche kleine, scharf umschriebene, rundliche, zuweilen gefärbte Kolonien erkennbar, die bis zum Schluß mit gleicher Beschaffenheit erhalten bleiben; sie bestehen aus Bakterien. Bei anderen, schleierartig sich ausbreitenden Kolonien ist der Rand nicht scharf begrenzt, sondern er verläuft allmählich; meist liegen hier Bakterien vor, aber auch Torulaarten treten in dieser Entwicklungsform auf. In anderen Fällen sind solche schleierartig ausgebreitete Kolonien scharf begrenzt. Massigere, ziemlich scharf umschriebene Kolonien bestehen aus Hefe, und zwar aus Kultur- und wilder Hefe. Die gleichzeitige Gegenwart von anderen Organismen scheint auf die Entwicklungsform der Kolonien einen Einfluß auszuüben. In manchen Fällen sind neben der Hefe noch Bakterien und Torulaarten zur Entfaltung gekommen, in anderen sind sichtlich Bakterien nach einer anfänglichen Vermehrung später unterdrückt worden. Rotgefärbte Sproßpilze drängen sich in verschiedener Entwicklungsform durch eine oft sehr lebhafte Färbung dem Auge auf. Mykoderma und mykodermaähnliche Organismen überziehen in kurzer Zeit die Flüssigkeitsoberfläche mit einer Haut.

Im weiteren Verlauf der Beobachtung sehen wir manchmal vom Flüssigkeitsrand ausgehend strahlenförmige Ablagerungen (Kolonien) von hellerer Färbung entstehen; sie sind im Gegensatz zu den von der tiefsten Stelle ausstrahlenden nahe dem Rand der Flüssigkeit stärker und verlieren sich allmählich nach der tiefsten Stelle hin. Ihr Ursprung ist auf eine Verunreinigung der Würze mit luftliebenden Torulaarten und ähnlichen Organismen zurückzuführen, welche sich zunächst am Flüssigkeitsrand entwickelten und dann in die Vertiefung längs der Wandung hinabsanken. In anderen Fällen entstehen Kolonien von Torula nur in der Tiefe; sie strahlen später nach allen Seiten hin aus. Die ursprünglich dichteren und schärfer umschriebenen Kolonien von Bakterien umgeben sich zuweilen mit einem breiten, lichten Hof. Früher oder später entsteht entweder am Rand der Flüssigkeit oder an der Oberfläche eine aus einzelnen Kolonien hervorgehende schleimige Haut. In manchen Vertiefungen wird die gleichmäßig trübe

Würze durch Bakterien schleimig, fadenziehend, in anderen
entstehen rasch sich vergrößernde, von einem dichteren Kern
ausstrahlende Schimmelrasen.

Zu den innerhalb der ersten 3—4 Tage vorhandenen Erscheinungsformen einer Verunreinigung mit Organismen treten
in der Regel im weiteren Verlauf der Beobachtungen neue

Fig. 56.
Anlage einer Tropfenkultur nach
P. Lindner.
Der Gummiring links dient da-
zu, die Petri - Schale luftdicht
abzuschließen und damit die
Tropfen vor dem Eintrocknen
zu schützen.
(P. Lindner, Mikroskopische
Betriebskontrolle.)

nicht hinzu; die einmal vorhandenen werden nur verstärkt
und treten deutlicher hervor.

Kurz, dem aufmerksamen Beobachter tritt eine Fülle von
Erscheinungen entgegen. Wenn er erst einmal durch eine
sorgfältige mikroskopische Untersuchung, bei welcher die verschiedenen Erscheinungen für sich einer genaueren Prüfung
unterzogen wurden, tiefer in sie eingedrungen ist, erlauben
sie ihm schon nach dem äußeren Bild, welches die Würze in
den einzelnen Vertiefungen der Würzeplatte zeigt, bis zu einem
gewissen Grad einen Schluß auf die vorhandenen Organismen

zu ziehen; eine eingehende mikroskopische Untersuchung wird jedoch in keinem Falle erspart bleiben, da Täuschungen nicht ausgeschlossen sind.

b) die Tropfenkultur. Das Kennzeichen der Tropfenkultur ist die Zerlegung der Flüssigkeit in kleine Tropfen. Die Zerteilung geht also noch einen bedeutenden Schritt weiter als bei der Würzeplatte von Schönfeld. Die Trennung der in der Würze vorhandenen Keime ist eine noch bessere als bei jener.

Bei Armut der Flüssigkeit an Keimen oder bei entsprechend starker Verdünnung kommt mit den Tropfen nur ein einziger Keim zur Aussat; einzelne bleiben überhaupt keimfrei.

Die Tropfenkulturen werden nach der Angabe von P. Lindner, an die wir uns in der Hauptsache halten, in folgender Weise angelegt.

Als Unterlage werden sterile Petri-Schalen wie zur Anlage von Plattenkulturen (S. 217) verwendet. Damit die Tropfen nicht zerlaufen, empfiehlt es sich, die gereinigten Schalen mit einem Tuch abzutrocknen, das durch Reiben an der inneren Handfläche etwas Fett aufgenommen hat.

Fig. 57.
Sterilisieren der Pipette für die Tropfenkultur nach P. Lindner.
(P. Lindner, Mikroskopische Betriebskontrolle.)

Wenn Pipetten, die in der früher angegebenen Weise in größerer Zahl gleichzeitig sterilisiert wurden, nicht vorrätig sind, so können sie kurz vor der Verteilung der Würze nach folgendem Verfahren vorbereitet werden. Ein gewöhnliches Reagenzglas wird mit einigen Kubikzentimeter Wasser gefüllt und mit einem durchbohrten Gummistopfen verschlossen, in welchen eine geteilte Pipette von 1 ccm Fassungsvermögen mit feiner Ausflußöffnung eingeführt wird. Das Wasser erhitzt man über einer kleinen Flamme. Der entwickelte Dampf entweicht durch die Pipette und sterilisiert sie. In deren obere

Öffnung wird ein lockerer Pfropfen steriler Watte hinein-
geschoben. Man läßt dann die Pipette abkühlen. Kommen
1 ccm-Pipetten zur Verwendung, welche nur in halbe Kubikzentimeter geteilt sind, so saugt man sie etwas über den obersten Teilstrich voll, verschließt die obere Öffnung mit dem
Zeigefinger und stellt ·dann die Flüssigkeit durch langsames
Heben des Fingers auf den obersten Teilstrich ein. Bei Benutzung einer in noch kleinere Bruchteile geteilten Pipette wird
diese bis zu einem beliebigen Teilstrich gefüllt bezw. eingestellt.

Die beiden Schalenhälften werden dann mit der Würze
auf der Innenseite betupft, indem man durch vorsichtiges Heben
des Fingers sehr kleine Tropfen ausfließen läßt. Bei einiger
Übung fallen die Tropfen gleichmäßig aus. Die Tropfen dürfen

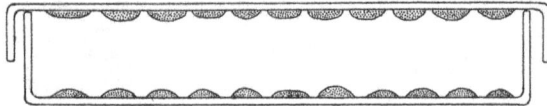

Fig. 58.
Petri-Schale mit Tropfenkultur.   Querschnitt.
(H. Roß, Leitfaden.)

nicht zu nahe beieinander liegen, da sie sonst, zumal wenn
die Glasfläche nicht genügend fettig ist, zusammenfließen.
Ein Kubikzentimeter Würze kann in nahezu hundert Tropfen zerlegt werden, von welchen jede Schale etwa die Hälfte aufnimmt.
Im anderen Falle muß an der Pipette abgelesen werden,
welche Würzemenge zu den aufgetragenen Tropfen verbraucht
wurde. In die übergreifende Deckelschale dürfen die Tropfen
nicht zu nahe am Rand aufgetragen werden.

Ist die Annahme begründet, daß die Würze stärker mit
Organismen verunreinigt ist, daß also auf sehr wenige oder
auf keinen Tropfen nur eine Zelle kommt, so muß ein Teil
von ihr mit einer entsprechenden Menge steriler Würze gemischt und mit der Mischung eine zweite Tropfenkultur angelegt werden. Eine Entscheidung über die Notwendigkeit
einer Verdünnung ist meist sehr schwer; die Unterlassung
bereitet oft große Schwierigkeiten.

Die Petri-Schalen werden mit einem Gummiring luftdicht verschlossen, um das Eintrocknen der Tropfen zu verhüten, oder sie werden in eine feuchte Kammer gelegt. Sie bleiben bei Zimmertemperatur stehen.

Die Erscheinungen in den Würzetropfen sind im allgemeinen die gleichen, welche in den größeren Mengen der Würzeplatte auftreten. Sie erfahren nur insofern eine gewisse Änderung, als bei den hängenden Tropfen die verschiedenen Erscheinungen, unter welchen sich die Organismen dem Auge darbieten, teilweise an die Oberfläche der Würzetropfen verlegt sind. Ein Unterschied kommt jedoch infolge der weitergehenden Zerlegung dadurch zur Geltung, daß einzelne Tropfen überhaupt oder wenigstens in den ersten Tagen der Beobachtung vollständig klar bleiben können, und damit die größere Widerstandsfähigkeit der Würze einzelnen Organismen gegenüber sichtbar wird.

Die Tropfenkulturen gewähren den Vorteil, daß wenigstens in der Deckelschale eine fortwährende mikroskopische Kontrolle ermöglicht ist. Schon bei etwa hundertfacher Vergrößerung läßt sich feststellen, ob eine Entwicklung von Organismen neben der Trubansammlung, welche an den hängenden Tropfen der Deckelschale an der Oberfläche der Würze sich vorfindet, stattgefunden hat.

Soweit die Verunreinigung nicht zu stark war und Organismen mit dichteren Kolonien, die längere Zeit im Zusammenhang bleiben, vorliegen, läßt sich aus der Anzahl der Kolonien ein annähernder Schluß auf die Zahl der in der Würzeprobe ursprünglich vorhandenen Zellen ziehen. Da ferner die zur Anlegung der Tropfenkulturen verbrauchte Würzemenge bekannt ist, so gewinnt man durch Berechnung der Keimzahl auf 1 ccm eine gewisse Anschauung über den Grad der Verunreinigung, der sich dann mit dem bei anderen Proben gefundenen vergleichen läßt. Die mikroskopische Untersuchung sichert auch hier wieder das Urteil über die Art der vorhandenen Organismen. Eine oberflächliche Kenntnis läßt sich in der Weise gewinnen, daß die sämtlichen Tropfen nach der Zählung der Kolonien miteinander gemischt und Durchschnittspräparate untersucht werden.

16*

Bei einem wiederholten Vergleich der verschiedenen bei der Untersuchung von Würze angewendeten und bis jetzt besprochenen Verfahren haben wir gefunden, daß zwischen diesen selbst dann nicht immer gerade hinsichtlich derjenigen Organismen, welche, wie Hefe, von praktischer Bedeutung sind, Übereinstimmung besteht, wenn jene offenbar in verhältnismäßig größerer Zahl vorhanden sind.

Bei der Untersuchung größerer Würzemengen findet man nicht selten wilde Hefe, welche bei den kleineren Proben nicht hervortritt. Es fragt sich dann nur, welcher Wert ihr beizumessen ist.

Soweit uns bekannt ist, wird in einzelnen Laboratorien eine Zerlegung der Würze auch in der Weise vorgenommen, daß bestimmte Würzemengen mit bestimmten Mengen sterilen Wassers gemischt werden. Von der Mischung überträgt man kleine Mengen mit einer Pipette auf sterile Würze in Erlenmeyer- oder Freudenreich-Kölbchen. Die Beobachtung gestaltet sich dann wie bei 1.

3. Die Plattenkulturen

werden durch Vermischen von je 1 ccm und $^1/_2$ ccm Würze mit 10 ccm bei 37—40 ^{0} C verflüssigter 10proz. Würzegelatine hergestellt (S. 219); sie bleiben wie die übrigen Versuche (mit Ausnahme der Gärprobe) bei Zimmertemperatur in einer feuchten Kammer liegen. Wenn die Würzeprobe voraussichtlich sehr stark verunreinigt ist, kann eine Verdünnung in der früher angegebenen Weise hergestellt werden oder man verdünnt eine bestimmte Menge Würze vor der Vermischung mit der Gelatine in bestimmtem Verhältnis mit sterilem Wasser oder mit steriler Würze.

Das Wachstum der Kolonien wird zunächst unter der Lupe verfolgt, wobei schon ein gewisser Einblick in die Natur der sie aufbauenden Arten von Organismen gewonnen wird. Nach durchschnittlich 8 Tagen ist der Höhepunkt der Entwicklung erreicht, und es wird dann die Zahl der Kolonien bestimmt. Diesem Zweck dient unter anderen die von F. Lafar ersonnene Zählplatte.[1]

---

[1] Zu beziehen von F. Mollenkopf, Stuttgart, Thorstr. 10.

Die Gelatine liegt infolge von Unebenheiten der Boden-fläche der Petri-Schale um den gleichen Mittelpunkt in Ringen von abwechselnd größerer und geringerer Dicke auf. Eine gleichmäßige Verteilung der Keime in der verflüssigten Ge-latine vorausgesetzt, enthalten deshalb die dickeren Schichten auf den Quadratzentimeter mehr Kolonien als die dünneren. Zu einer annähernd richtigen Durchschnittszahl gelangt man aus diesem Grunde nur dann, wenn man nicht an beliebig ausgewählten Stellen, sondern innerhalb Kreisausschnitten nach Quadratzentimeter zählt. Jene geben ein Bild von der Verteilung der Kolonien über die ganze Platte.

Die Lafarsche runde Zählplatte ist deshalb in sechs durch stärkere Linien begrenzte Kreisausschnitte geteilt, welche selbst wie-der durch ein System konzentrischer Kreise und radial verlaufender Linien in Felder von genau 1 qcm Fläche zerlegt werden. Drei radiäre Reihen von je-nen sind außerdem durch

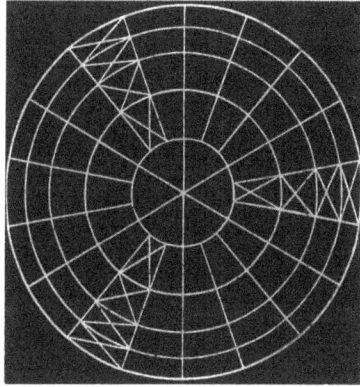

Fig. 59.
Zählplatte von Lafar.

schwächere Diagonallinien in kleinere Felder geteilt. Diese drei kleineren Kreisausschnitte sind für das Auszählen sehr dicht besäter Platten bestimmt. In diesem Falle muß man, um auch die Spitze des Kreisausschnittes zählen zu können, die ihn begrenzenden Radien mit Feder und Tinte bis zum Mittelpunkt verlängern.

Der Durchmesser der Platte entpricht der gebräuchlichen Größe der Petri-Schalen; sie ist in einem etwa 8 mm hohen Reif von Messingguß gefaßt. Es können zum Auszählen mit der Platte nur solche Schalen benützt werden, die etwas kleiner als der innere Umfang des Ringes sind. Schalen, deren äußerer Durchmesser erheblich geringer ist, überzieht man, bevor die

Zählvorrichtung über sie gestülpt wird, am Rand mit einem hinreichend dicken Gummiband.

Beim Abzählen wird der Deckel der Schale abgenommen, diese umgedreht, sofern das nicht verflüssigende Kolonien verbieten, und auf eine dunkle Unterlage, z. B. eine dunkelgrün oder -blaugefärbte Glasplatte, ein Stück schwarzen Papiers oder die mit einem schwarzen Lack überzogene Pappscheibe (S. 76) gelegt, damit die Kolonien deutlicher sichtbar werden. Dann setzt man die Zählplatte auf den nach oben gerichteten Boden der Schale so auf, daß die geätzte Seite dieser unmittelbar anliegt. Kulturen mit verflüssigenden Kolonien werden in die Zählplatte, deren geätzte Seite nach oben gerichtet ist, hineingestellt.

Bei weniger dicht besäten Plattenkulturen pflegt man mindestens einen der großen Kreisausschnitte auszuzählen. Der beim Umrechnen begangene Fehler wird dann versechsfacht. Bei Kulturen, welche dicht mit Kolonien besetzt sind und das Zählen sehr erschweren, ist es ratsam, sich auf einen kleineren Ausschnitt zu beschränken, der Rechnungsfehler wird aber entsprechend größer.

Nach dem Abzählen sucht man sich durch eine mikroskopische Untersuchung über die Art der Organismen, welche die verschiedenen durch gemeinsame Merkmale zu Gruppen vereinigten Kolonien zusammensetzen, genauer zu unterrichten. Zu diesem Zweck müssen einzelne Kolonien ausgestochen werden. Vereinfacht wird die Untersuchung durch Anfertigung von Klatschpräparaten, indem man Deckgläschen auf die Platte legt, wobei Teile der oberflächlich gelegenen Kolonien hängen bleiben. Das Deckgläschen wird auf einen Objektträger gebracht und unter dem Mikroskop durchmustert.

4. Die Gärprobe.

Die Gärprobe wurde zuerst von E. Prior und später unabhängig von diesem von Luff zur Untersuchung von Würze eingeführt.

Je 50 ccm der zu prüfenden Würze werden mit steriler Pipette auf sterile Erlenmeyer-Kölbchen wie bei der Untersuchung von Betriebshefen durch die Gärprobe abgefüllt und

dann mit einer Reinhefe zur Gärung angestellt. Im Betriebslaboratorium einer Brauerei wird zu diesem Zweck eine Reinzuchthefe aus dem eigenen Betrieb, sonst aber eine kräftig
gärende und gut sich absetzende Hefe ausgewählt. Es empfiehlt
sich immer die gleiche Hefe zur Gärprobe zu nehmen. Wenn
Reinzuchthefe aus dem Vermehrungsapparat zur Verfügung
steht, dann erhalten die Erlenmeyer-Kölbchen wie bei der
Untersuchung von Hefe je 0,5 ccm dickbreiiger Hefe. Muß dagegen die Reinhefe erst im Laboratorium zu größeren Mengen
vermehrt werden, dann ist es schwierig, sie in dem gleichen
dickbreiigen Zustand wie die Apparathefe zu erhalten. Meist
ist sie nach nahezu vollständigem Abgießen der vergorenen
Würze nur dünnbreiig. In diesem Falle muß man das kleine
Nickellöffelchen zum Abmessen der Hefe dreimal füllen, um
eine der dickbreiigen Hefe entsprechende Menge zur Aussaat zu bringen. Das eine Kölbchen wird mit einem Wattepfropfen, das andere mit dem Kleinschmittschen Gäraufsatz geschlossen. Sie erhalten ihren Platz im Thermostaten
bei 25 ⁰ C und bleiben hier mindestens 5—6 Tage stehen.

Durch die Gärprobe wird für die Beurteilung der Gefahr,
welche eine mit Organismen verunreinigte Würze in sich birgt,
sehr viel gewonnen. Wenn es auch bis jetzt ebensowenig wie
durch andere Untersuchungsmethoden gelungen ist, durch sie
mit Sicherheit die Gegenwart von Pediokokken in der Würze
nachzuweisen, so war es doch mehrfach möglich, die Würze
als die Hauptquelle einer Verunreinigung mit »Milchsäurestäbchen«, welche die Haltbarkeit des Bieres der Brauerei sehr
beeinträchtigten, nachzuweisen. Essigbakterien, die sich in
gehopfter Würze ganz gut vermehren, kommen häufig zur
Entwicklung.

Der Grad der Vermehrung der Bakterien in den Proben
unter Gärverschluß läßt Schlußfolgerungen auf ihre Bedeutung
für den Betrieb zu.

Jedenfalls bildet die Gärprobe eine wertvolle Ergänzung
und Erweiterung der Verfahren zur Untersuchung der Würze,
insbesondere zum Nachweis von Bierschädlingen aus der Gruppe
der Bakterien, wenn sie auch nicht in vollem Umfang die
Hoffnungen erfüllte, welche auf sie gesetzt wurden.

Luff hat die Gärprobe immer bei Gärkellertemperatur während 9—10 Tage durchgeführt, um eine Überwucherung der Bierschädlinge durch die zugesetzte Hefe zu verhüten. Die Bodensatzhefe zeigte nur selten Bakterien. Sie kamen erst dann zum Vorschein, wenn er das abgegossene Bier einige Zeit in verschlossenen Gefäßen bei 25⁰ C »forcierte«. Näheres über die Forcierung siehe S. 191.

Wir haben die Anschauung gewonnen, daß unter den Bedingungen, unter welchen wir die Gärprobe durchführen, eine Überwucherung vielleicht mit Ausnahme von Pediokokken nicht stattfindet und daß eine Forcierung der vergorenen Würze nicht notwendig ist. In einzelnen Fällen konnten nach der Forcierung Pediokokken nachgewiesen werden, welche bei der einfachen Gärprobe nicht aufzufinden waren. Ob bei Einhaltung von niederen Temperaturen während der Gärung und darauffolgendem Forcieren der Nachweis von Pediokokken in Würze immer gelingt, erscheint noch unsicher. Dahingehende Versuche liegen noch in viel zu geringem Umfang vor, als daß sich schon jetzt ein abschließendes Urteil gewinnen ließe.

Bemerkt mag sein, daß wir bis jetzt nur in einem einzigen Falle direkt eine Verunreinigung von Kühlschiffwürze mit Pediokokken, und noch dazu eine starke, nachweisen konnten in einem Betrieb, dessen Bier reichlich mit Pediokokken durchsetzt war.

Welche Arten von Organismen an der Verunreinigung einer Würze hauptsächlich beteiligt sind, läßt sich also, die Pediokokken vielleicht ausgenommen, bei Einhaltung der angegebenen Untersuchungsverfahren erforschen, vollständiger jedoch bei der Beobachtung von größeren Mengen von Würze als bei deren Zerlegung in kleinere Teile.

Die dritte Frage bei der Untersuchung von Würzeproben lautet: Wie stark ist die Verunreinigung? Die Frage wird folgerichtig gestellt, wenn einmal die Untersuchung überhaupt ergeben hat, daß die Würze nicht keimfrei ist und bierschädliche Organismen enthält. Sie hat sicher ihre volle Berechtigung bei dem Bestreben, alle Erscheinungen in Maß und Zahl zum Ausdruck zu bringen. Zu erörtern bleibt jedoch noch, welcher Wert dem festgestellten Grad der Verunreinigung für die Beurteilung der Würzeprobe in Hinsicht auf die Praxis zukommt.

Bei der Beobachtung größerer Würzemengen unter Watteverschluß schließen wir aus der Zeit, nach deren Verlauf die verschiedenen Erscheinungsformen einer Verunreinigung der Würze mit Organismen zur Geltung kommen, und nach dem Maß, in welchem sie auftreten, auf den Grad der Verunreinigung. Wir bezeichnen im allgemeinen eine Probe als sehr stark verunreinigt, wenn bei Zimmertemperatur schon nach 24 Stunden auf eine Entwicklung von Organismen zu schließen ist; als stark verunreinigt, wenn die Erscheinungsformen einer Verunreinigung am zweiten Tag sichtbar werden. Bei einer mäßigen Verunreinigung kommen die Organismen erst am dritten, bei einer geringen am vierten Tag zur Geltung. Würzen, in welchen erst nach dem vierten Tag Organismen in größerer Zahl oder in größerem Umfang (Schimmel) auftreten, werden als sehr gering verunreinigt bezeichnet.

Die Folgerung aus der Zeit, nach welcher die Erscheinungsform einer Verunreinigung auftritt, auf die Zahl der Organismen hat im allgemeinen ihre Berechtigung. Sie wird durch den Vergleich von Proben, welche nach der ganzen Lage der Verhältnisse in verschiedenem Grade mit Organismen verunreinigt sein müssen, gestützt. Bewiesen wird sie durch eine vergleichende Untersuchung der nämlichen Würzeprobe nach verschiedenen Verfahren, beispielsweise durch die gleichzeitige Untersuchung mittels Plattenkulturen. Naturgemäß ergeben sich dabei schon aus den früher erörterten Gründen erhebliche Schwankungen in der Zahl der entwickelten Kolonien bei den einzelnen Fällen.

Gleichwohl nimmt im allgemeinen, soweit wir darüber eigene Erfahrungen besitzen, die Zahl der in den Plattenkulturen entwickelten Kolonien mit der geringeren oder größeren Widerstandsfähigkeit der Würze zu oder ab. Allerdings finden sich auch Angaben, aus welchen sich diese Übereinstimmung nicht ergibt. Der Beweis scheint uns jedoch dadurch besser zu gelingen, daß die Proben gut gemischt werden.

Schwieriger ist, soweit wir uns ein eigenes Urteil bilden konnten, die Bemessung des Grades der Verunreinigung der Würze bei Anwendung der Schönfeldschen Platte. Wenn einerseits im günstigsten Falle die Würze in allen Vertiefungen oder wenigstens in der Mehrzahl sich als keimfrei erweist, anderseits in allen Organismen zur Entfaltung kommen, so kann allerdings kaum ein Zweifel über den Reinheitsgrad bestehen. In sehr sauberen Betrieben wird die Platte gute Dienste leisten. Sie gestattet jedenfalls viel sicherer als die Tropfenkultur, die nur in geringer Zahl vorhandenen Organismen aufzufinden. Schönfeld legt selbst keinen sehr großen Wert auf die zahlenmäßige Festlegung des Verunreinigungsgrades.

Die Schönfeldsche Platte hat sich als recht zweckdienlich zur Kontrolle von Leitungen erwiesen.

Die Anzahl der Keime in 1 ccm Würze bei dem Verfahren von P. Lindner ergibt sich aus der Zählung der Kolonien, welche in der bekannten Anzahl von Tropfen und in der zu diesen verbrauchten Würzemenge deutlich sichtbar sind. Durch die Tropfenkultur können nicht nur ziemlich sichere Angaben über die Zahl der in den Tropfen gewachsenen Keime erreicht werden, sondern es läßt sich auch in großen Umrissen ein Bild von der Art der Verunreinigung gewinnen. Allerdings ist manchmal die Zählung nur sehr schwer, ja selbst überhaupt nicht durchzuführen, da die Anzahl der Kolonien in einem Tropfen zu groß ist und außerdem Organismen vorhanden sind (hauptsächlich Torulaarten), deren Kolonien in kurzer Zeit sehr umfangreich werden und kleinere verdecken. Auch hier haben wieder vergleichende Untersuchungen ergeben, daß die Zahlenangaben, wenn es sich auch nur um Annäherungswerte handeln kann, einen recht unsicheren Grund für den Aufbau weitergehender Schlüsse darbieten. Abgesehen wieder von einer sehr starken und einer sehr geringen Verunreinigung, besteht nicht immer eine Übereinstimmung zwischen der auf verschiedenem Weg erschlossenen Anschauung über den Grad der Verunreinigung. Die Frage ist dann, welchen Werten mehr Gewicht beizulegen ist.

Die Bedenken, welche gegen die Tropfenkultur und die Plattenkultur vorweg erhoben werden können, haben wir schon erörtert. Trotzdem sind wir weit davon entfernt, beiden Verfahren jeden Wert für die Beurteilung des Reinheits-grades einer Würzeprobe abzusprechen. Wenn die Proben im gleichen Betrieb immer in derselben Weise gezogen werden, ermöglichen sie ganz gut Vergleiche über Zu- und Abnahme der Verunreinigung.

Abgesehen von diesem besonderen Fall, muß die Frage aufgeworfen werden, ob für die Beurteilung einer Würze in biologischer Hinsicht bestimmte Zahlenangaben in der All-gemeinheit, wie sie gewöhnlich gewonnen werden, unbedingt notwendig sind. Es dürfte kein Zweifel bestehen, daß über der Frage nach dem Grad der Verunreinigung überhaupt diejenige nach der Gegenwart von solchen Organismen steht, welche Störungen im Betrieb hervorzurufen geeignet sind, also Krankheitserscheinungen, Trübungen, Veränderungen des Geschmacks und andere veranlassen, die Haltbarkeit zu be-beeinträchtigen vermögen. Über das Mengenverhältnis dieser Organismen sich ein klares Bild zu schaffen, ist jedenfalls von Wert, aber durchaus nicht leicht; es beruht wesentlich auf Schätzungen nach dem mikroskopischen Bild. Die Ge-fahr einer Verunreinigung mit bierschädlichen Organismen liegt übrigens nicht allein in ihrer Gegenwart überhaupt und in ihrer Zahl, sondern sie hängt auch noch von anderen Umständen ab. Eine geringfügige Verunreinigung mit bierschäd-lichen wilden Hefen und Bakterien kann so lange nicht zur Geltung kommen, bis abnorm zu-sammengesetzte Würzen[1]) und andere Verhält-nisse ihre Vermehrung begünstigen und sie in-folgedessen plötzlich in großer Zahl auftreten. Aus diesem Grunde muß eben auch den nur in geringer Menge in der Würze vorhandenen bierschädlichen Organismen bei der Betriebskontrolle Aufmerksamkeit geschenkt werden.

---

[1]) Zur Ergänzung der biologischen Untersuchung wird die Würze mit Vorteil auf Verzuckerung geprüft.

Dabei ist Rücksicht darauf zu nehmen, welche Organismen dem einzelnen Betrieb besonders gefährlich werden können.

Welche Organismen kommen nun als bierschädliche in Betracht?

Die Torula- und Mykodermaarten scheiden, wenigstens soweit unsere Erfahrungen reichen, bei Beantwortung der Frage nach der Art der Verunreinigung der Würze in der Regel aus, wenn auch sehr vereinzelte Fälle beobachtet wurden, in welchen sie sich an einer Krankheitserscheinung des Bieres beteiligten. Ferner kommen Schimmelpilze nicht in Frage. Die meisten der in Würze sich rasch und stark vermehrenden Bakterien haben keine praktische Bedeutung, da sie durch die Bierhefe sofort unterdrückt werden oder, wie die Essigbakterien, nur unter besonderen Bedingungen, die aber gewöhnlich nicht gegeben sind, zu stärkerer Vermehrung gelangen und Schaden in der Brauerei anrichten können. Im übrigen gibt die Gärprobe genügenden Aufschluß über die Bakterienarten, welche beachtet werden müssen. Von den Hefen kommen in erster Linie die wilden Hefen einschließlich der Apiculatusarten, welche in Würzeproben vom Kühlschiff sehr häufig auftreten können, in Betracht.

Eine mit Zahlen belegte Angabe über den Grad der Verunreinigung sagt also für den Betrieb noch sehr wenig aus, sie bietet allein noch keine genügende Handhabe für die Beurteilung. Die Hauptsache ist die Art der Verunreinigung.

Bei der Beurteilung einer Würzeprobe in biologischer Hinsicht müssen wir uns von dem Grundsatz leiten lassen, nicht sowohl auf die in der einen oder der anderen Weise gewonnenen Zahlen über den Grad der Verunreinigung. an und für sich Wert zu legen. Vielmehr steht für die Beurteilung im Vordergrund die Art der Verunreinigung und das Mengenverhältnis solcher Organismen, welche gegebenenfalls Störungen im Betrieb hervorrufen können. Mit größerer Wahrscheinlichkeit kommen aber alle diese Organismen in umfangreicheren (100—200 ccm) Würzemengen zum Vorschein als in kleineren. Wir halten uns deshalb trotz aller Einwände, welche gegen das Verfahren erhoben werden können, bei der Beurteilung von Würze in biologischer Hinsicht selbst dann wesentlich an die Beobachtung größerer Würzemengen, wenn wir die Proben unmittelbar aus der Brauerei erhalten. Eine sehr wertvolle Ergänzung erfahren diese Beobachtungen durch die Gärprobe, welche erkennen läßt, ob Bakterien vorhanden sind, welche der Gärung zu widerstehen und fernerhin in Bier weiterzuwachsen sowie es dabei zu schädigen vermögen.

Die in einer Würze festgestellte Verunreinigung kann nicht mehr beseitigt werden. Sie mahnt, wenn sie stärker ist oder wenn sich Organismen vorfanden, welche dem einzelnen Betriebe besonders gefährlich sind, zur Vorsicht und Aufmerksamkeit bei der Gärung und später bei Lagerung des Bieres, um sie möglichst zu unterdrücken und Schaden zu verhüten. Vor allem soll sie Veranlassung geben, alle Geräte, Gefäße, Leitungen usw., welche mit der Würze in Berührung kommen, gründlich zu reinigen und nach den Quellen der Verunreinigung zu forschen.

Untersuchung von Wasser.

Für die Beurteilung eines Wassers, welches in der Brauerei Verwendung finden soll, ist nicht nur die Kenntnis seiner chemischen Zusammensetzung notwendig, sondern auch diejenige seines Gehaltes an Organismen. Aus der chemischen Untersuchung läßt sich noch kein Schluß auf die Reinheit eines Wassers in Beziehung auf Organismen ziehen. Selbst dann, wenn ein Wasser nach der chemischen Zusammensetzung als vorzüglich, gut oder noch verwendbar für Brauereizwecke erscheint, ist zu seiner endgültigen Beurteilung die »biologische« Untersuchung unentbehrlich. Den Untersuchungen von Schwackhöfer zufolge kann ein Wasser nach seiner chemischen Zusammensetzung als sehr gut, hinsichtlich seiner biologischen Beschaffenheit jedoch ungeeignet sein. Viel seltener kommt der entgegengesetzte Fall vor. Häufiger laufen jedoch die Ergebnisse der chemischen und biologischen Untersuchung parallel, d. h. sie sind gleich günstig oder ungünstig.

Die biologische Untersuchung des Wassers ist also der chemischen mindestens gleichwertig. Wenn die Frage ge-

stellt wird, ob ein Wasser für alle Zwecke der Brauerei verwendbar ist, so hat der Chemiker und der Biologe sein Urteil
abzugeben. Wenn es sich dagegen nur um eine bestimmte
Verwendungsart handelt, dann hat entweder der Chemiker
oder der Biologe das Wort.

Die biologische Untersuchung von Brauwasser ist ebenso
wie die Würzeuntersuchung nur dem praktischen Bedürfnis
des Brauers angepaßt, welcher in möglichst kurzer Zeit eine
Auskunft über die Gegenwart solcher Organismen wünscht,
welche gegebenenfalls seinen Betrieb schädigen. Streng wissenschaftlichen Anforderungen genügen diese Untersuchungen
nicht, da sie über die Art der vorhandenen Organismen und
über die Zahl der bierschädlichen Arten meist nur eine ganz
allgemeine Auskunft erteilen kann. Diese genügt aber in der
Mehrzahl der Fälle dem praktischen Bedürfnis vollkommen.

Die biologische Untersuchung des Wassers trägt wesentlich zur Sicherheit des Betriebes bei. Allerdings wird noch
häufig dem Wasser eine Schuld an Betriebsstörungen und an
mangelhaftem Bier beigemessen in Fällen, in welchen die
Ursache in mangelhafter Reinlichkeitspflege überhaupt oder
in einer Verunreinigung der Würze auf dem Kühlschiff und
in den Leitungen oder in stark verunreinigter Hefe liegt.
Unter den ungemein zahlreichen Untersuchungen von Wassern
aus Brauereien finden sich jedoch manche schlagende Be-
weise dafür, daß durch die biologische Untersuchung die Ursache schwerer Betriebsstörungen erkannt und beseitigt werden
konnte. Aber auch dann, wenn eine neue Bezugsquelle für
Wasser erschlossen oder wenn eine Auswahl unter schon vorhandenen für eine bestimmte Verwendung getroffen werden
soll, leistet die biologische Untersuchung vorzügliche Dienste.

Die Wasseruntersuchung steht unter gewöhnlichen Verhältnissen ebenso wie die Würzeuntersuchung im Zusammenhang mit der Betriebskontrolle.

Meist handelt es sich um Tiefbrunnen (Röhrenbrunnen),
Schachtbrunnen, gefaßte Quellen, Leitungswasser und Wasser
aus Behältern in der Brauerei; seltener kommt See-, Teich-
oder Flußwasser in Frage. Bei der Betriebskontrolle kommen
auch Waschwässer von Gummischläuchen, Transportfässern

usw. in Betracht, welche, um den Reinheitsgrad dieser Geräte zu prüfen, in der Weise gewonnen wurden, daß man sie mit sterilem Wasser ausspülte. Wir fassen hier nur die natürlichen Wasser und diejenigen aus Behältern ins Auge. Die Waschwasser aus Leitungen usw. werden übrigens nach den gleichen Grundsätzen untersucht.

Vollständig frei von Organismen ist nur Wasser, welches aus Tiefbrunnen gehoben wird; sehr rein ist auch Quellwasser. Auf dem Weg bis zu ihrer Verwendung unterliegen sie aber mannigfachen Verunreinigungen. Die Oberflächenwasser, Flüsse, Bäche oder stehende Gewässer, aus welchen das Gebrauchswasser entnommen wird, erhalten mindestens durch die natürlichen Zuflüsse Verunreinigungen, welche insbesondere dann sehr stark sein können, wenn jene über kultiviertes und gedüngtes Land hinweglaufen.

Die Schachtbrunnen erhalten durch die natürlichen Zuflüsse, wenn das Grundwasser in genügender Tiefe ansteht, in der Regel vollständig reines, von Lebewesen freies Wasser, sie sind jedoch zuweilen infolge ungünstiger Lage, unrichtiger Bauart sowie mangelhafter Abdichtung auf der Seite und undichter Abdeckung nicht einmal gegen den direkten Zufluß von Schmutzwässern, welche in ihrer Nähe entleert werden, geschützt. Wenn die natürlichen Zuflüsse durch Erdschichten hindurchgehen, welche infolge verschiedener Ursachen, beispielsweise zwischenliegender Senk- und Düngergruben, sehr stark mit Organismen durchsetzt sind, so können jene sehr unreines Wasser zuführen und Veranlassung zu Beanstandung geben. Infolge undichter Abdeckung dringt auch der aufgewirbelte Staub des Brauereihofes in den Brunnenschacht ein. Die reichlich mit Keimen aller Art beladenen Abwässer der Brauerei, welche nicht direkt in geschlossenen Kanälen abgeleitet werden, versickern in dem zuweilen schon sehr stark mit Keimen angereicherten Boden und können ihren Weg in den Brunnenkessel finden, wie eine genaue Besichtigung der Fugen des Mauerwerkes innerhalb des Brunnens über dem Wasserspiegel ergibt. Bald da bald dort sind schleimige Anhäufungen, welche zwischen den Fugen hervorquellen, sichtbar. Sie bestehen aus den mannigfachsten Organismen, deren

Ursprung teilweise bestimmt auf das Brauereiabwasser zurückzuführen ist. Schon sehr geringe Beimengungen dieser Art
vermögen ein ursprünglich vollkommen reines Wasser in eine
höchst bedenkliche, den Betrieb unter Umständen schwer
schädigende Quelle der Verunreinigung verwandeln. Selbst
Würze hat, wie berichtet wird, bei baulichen Veränderungen
ihren Weg in den Brunnen gefunden, dessen Wasser sich
dann infolge starker Bakterienentwicklung milchig trübte und
die Ursache von Biertrübungen wurde.

Nicht nur die natürlichen Wasserquellen und die Brunnen
sind Verunreinigungen ausgesetzt, sondern in noch viel höherem
Grade die künstlichen, die Wasserbehälter. Diese sind sehr
häufig an der unpassendsten Stelle, neben Gersten- und Malz-
böden oder sogar neben Schrotmühlen, aufgestellt und schlecht
eingedeckt, so daß sie durch den beim Putzen und Umschaufeln
sowie beim Schroten entstehenden Staub sehr stark verunreinigt werden. Dicke Schlammschichten, welche die Wände
der Wasserbehälter bedecken, beherbergen Bakterien aller Art
und selbst Hefen, welche Betriebsstörungen veranlassen können.
Malzstaub, in welchem in einzelnen Fällen Pediokokken direkt
mikroskopisch nachzuweisen waren, überzieht die Oberfläche
des Wassers.

Sehr wesentlich für die Reinerhaltung des Wassers ist
eine öftere und gründliche Reinigung der Brunnen nach vollständigem Auspumpen und der Wasserbehälter nach der Entleerung.

Der Beweis ist also erbracht, daß durch Organismen ver-
unreinigtes Wasser Schädigungen im Brauereibetrieb zu veranlassen vermag. Es bleibt noch zu erörtern, wo jene zur
Geltung kommen können. Hiernach richtet sich aber die
Fragestellung für die Untersuchung und für das Verfahren,
welches dabei anzuwenden ist.

Für die Zwecke des Sudhauses kommt die chemische Zusammensetzung des Wassers allein in Betracht. Die Verunreinigung mit Organismen hat bei der hohen Temperatur, auf
welche das Wasser im Sudhaus gebracht wird, keine Bedeutung. Höchstens vermögen einige in der widerstandsfähigeren
Sporenform selbst bei Siedehitze am Leben zu bleiben. Schaden

bringen sie aber, soweit bekannt, trotzdem nicht. Alle übrigen Lebewesen gehen beim Sudprozeß zu grunde.

Für die Mälzerei ist in erster Linie die chemische Zusammensetzung des Wassers wichtig. Die Art der in einem zum Weichen der Gerste verwendeten Wasser vorhandenen Keime kann zwar bei seiner Beurteilung mit ins Gewicht fallen, im allgemeinen treten sie jedoch in den Hintergrund. Die Gerstenkörner sind schon vom Felde her auf ihrer Oberfläche reich mit Bakterien, Schimmel- und Sproßpilzen beladen, so daß den Keimen, welche noch durch das Weichwasser zugeführt werden, kaum mehr eine Bedeutung beizumessen ist. Im übrigen haben wir in der Kalkweiche ein Mittel, die Gerste von Keimen zu befreien. Am meisten sind in der Mälzerei Schimmelpilze gefürchtet. Diese werden aber häufiger durch den Luftstaub als durch das Wasser zugeführt. Steht ja einmal ein an Schimmelsporen reiches Wasser in Frage, ein Fall der sehr selten vorkommt, so sind diese bei der Beurteilung zu berücksichtigen, wobei jedoch noch immer im Auge zu behalten ist, daß dabei Zufälligkeiten mitspielen können, und daß unbeschädigte, gesunde und infolgedessen kräftig keimende Gerste Schimmelpilze nicht so leicht aufkommen läßt.

Für den Gärkeller sind Schimmelpilze kaum von Bedeutung, dagegen können schadhafte Fässer des Lagerkellers mit Pichblasen und »Blattern«, in welchen sich Schimmelpilze entwickeln, sehr unangenehme Erscheinungen hervorrufen. Allerdings dürfte auch hier das zur Reinigung der Fässer verwendete Wasser weniger in Frage kommen als eine Verunreinigung durch die Luft.

Im Gegensatz hierzu ist hinsichtlich der Verwendbarkeit eines Wassers zu Reinigungszwecken nur in einem einzigen Falle, beim Waschen und Schlämmen der Hefe, neben der biologischen auch die chemische Zusammensetzung bei der Beurteilung zu berücksichtigen. Übermäßig weiches Wasser laugt die Hefe aus und schwächt sie. Ein Gehalt des Wassers an kohlensaurem Natron wirkt ebenfalls beim Waschen auf die Hefe ungünstig ein. Im übrigen haben nur die vorhandenen Organismen eine Bedeutung. Bei der Verwendung zur Reinigung kommt das Wasser, ohne daß es in der Regel vorher auf höhere Temperatur gebracht worden ist, mit dem Kühlschiff, dem Kühlapparat, den Leitungen, den Gärbottichen, den Lager- und Transportfässern sowie mit den Schläuchen und den Flaschen in Berührung. Vollständig von Würze und Bier befreit werden dabei diese Geräte und Gefäße nicht, sondern es bleibt eine mehr oder minder starke Verdünnung von ihnen mit den Resten des Wassers zurück. Bei gut gereinigten, in heißer Sodalösung geweichten und gründlich ausgespülten Flaschen kommen allerdings die kleinen Reste des Wassers allein, welche nach dem Nachspülen und Ausspritzen in jenen zurückbleiben, in Betracht. Zunächst ist es daher wünschenswert zu wissen, ob sich die im Wasser vorhandenen Keime in stark verdünnter Würze und in stark verdünntem Bier überhaupt noch und wie rasch sie sich zu vermehren vermögen. Wichtiger ist jedoch genaue Kenntnis davon zu erhalten, ob in dem Wasser Keime vorhanden sind, welche sich in Würze von gewöhnlicher Konzentration und in Bier von natürlicher Beschaffenheit, mit welchen sie in Berührung kommen, wenn die Geräte wieder in Gebrauch genommen, die Fässer und Flaschen gefüllt werden, entwickeln und infolgedessen Schaden bringen.

Die Hefe wird beim Waschen und Schlämmen sowie später bei der Aufbewahrung in der Wanne mit den Organismen des Wassers zusammengebracht. Die geringen, stark verdünnten Bierreste, hauptsächlich aber die von den Hefenzellen selbst an das Wasser abgegebenen Substanzen, welche einen guten Nährboden insbesonere für Bakterien abgeben, leisten der Vermehrung der in dem Wasser vorhandenen Organismen während der Ruhezeit in der Wanne Vorschub. Anderseits wird jene aber durch die gegebenen niederen Temperaturen gehemmt. Fremdorganismen finden also im allgemeinen durchaus keine sehr günstigen Bedingungen vor. Wenn wir auch die Möglichkeit einer Vermehrung der Wasserorganismen unter diesen Umständen nicht in Abrede stellen, so möchten wir doch in Übereinstimmung mit Hansen auf Grund vielfacher Erfahrung unsere Anschauung dahin aussprechen, daß beim Aufbewahren der Hefe unter Wasser in der Wanne nicht so sehr eine Vermehrung der Wasserorganismen als vielmehr eine solche der Bakterien, welche die Hefe selbst von dem Gärbottich mit sich bringt, stattfindet. Wenn für genügende Kühlung der Hefe während der Aufbewahrung gesorgt ist, so findet überhaupt eine wesentliche Vermehrung von Bakterien nicht statt. Im übrigen werden Wasserbakterien, wenn sich solche in der Hefe vermehrt haben, wohl in der Regel vollständig unterdrückt, sobald die Hefe im Gärbottich mit Würze zusammengebracht ist und diese in Gärung kommt.

Für das Waschen von Klärspänen und Filtermasse haben die Wasserorganismen keine Bedeutung, da es bei höherer Temperatur geschieht.

Außer der Frage der Verwendbarkeit des Wassers zur Reinigung können aber auch Betriebsunfälle, wie beispielsweise das Leckwerden eines Schwimmers zum Herabkühlen der Gärung im Bottich, durch welches eine Betriebsstörung hervorgerufen wurde, Veranlassung zu einer biologischen Untersuchung geben.

Aus allem geht hervor, daß der Zweck der biologischen Untersuchung von Brauwasser nicht der ist, festzustellen, welche und wie viele Organismen sich überhaupt in dem Wasser vorfinden und sich auf irgendwelchen Nährböden zu entwickeln vermögen. So wertvoll die biologische Untersuchung zur Ergänzung der chemischen Analyse sein kann, indem sie bestimmten Aufschluß über die Art der vorhandenen organischen Stoffe gibt, das schärfste Erkennungsmittel selbst der geringsten Menge organischer Substanz ist, so kommt sie doch in diesem weiten Umfange für den vorliegenden Zweck nicht in Betracht. Die Frage ist vielmehr in ähnlicher Weise wie bei der Würzeuntersuchung einzuschränken. Sie lautet: Wie verhalten sich die im Wasser vorhandenen Organismen gegen Würze, Bier und Hefe? Ferner: Befinden sich unter ihnen bierschädliche Arten? Wie reich ist das Wasser an solchen Arten? Der Standpunkt, welcher bei der biologischen Untersuchung eines zur Reinigung in der Brauerei bestimmten Wassers eingenommen werden muß, ist also von vornherein genau begrenzt. Das

Bestreben muß dahin gehen, die etwa vorhandenen bierschädlichen Organismen nach Art und Zahl festzustellen.
Allerdings können bei der Beurteilung einer Filtrationsan-
lage oder einer Anlage zum Zwecke der Sterilisation von
Wasser außer den genannten besonderen auch noch allge-
meinere Aufgaben an den Biologen herantreten. Ferner kann
die Aufgabe gestellt sein, der Herkunft von Fäulniserregern
oder von Darmbakterien, welche auf eine bestimmte Quelle
der Verunreinigung des Wassers hinweisen, nachzuspüren.
Auf diese wie auf andere Fragen, wie beispielsweise auf
den Nachweis von pathogenen Keimen in einem zur Reinigung verwendeten Wasser, eine Frage, die in einzelnen Fällen
gestellt werden kann, werden wir nicht eingehen. Die Untersuchung auf pathogene Bakterien und die Beurteilung eines
Brauwassers als Trinkwasser fällt in das Gebiet des Hygienikers.

Bei der biologischen Untersuchung von Wasser zu Brauerei-
zwecken muß also in erster Linie das Verhalten der vorhandenen Organismen gegen Würze, Bier und Hefe geprüft
werden. Ob damit aber das vorgesteckte Ziel unter allen
Umständen erreicht wird, erscheint, wenigstens nach unseren
Erfahrungen, noch zweifelhaft. Möglicherweise müssen neben
Würze und Bier noch besondere Nährböden, durch welche
aus den vorhandenen Bakterien die bierschädlichen gleichsam
ausgewählt (»elektive« Nährböden) oder unter Einhaltung besonderer Züchtungsbedingungen angehäuft werden, in Anwendung kommen (Vorkultur). Außerdem muß die Analyse,
soweit als möglich, den in der Brauerei obwaltenden Verhältnissen entsprechend ausgeführt werden.

So einfach es scheinen mag, das Verhalten der Wasserorganismen gegen Bierwürze zu prüfen, so sind doch dabei
verschiedene Einflüsse in Erwägung zu ziehen. Insoweit die
Untersuchung im eigenen Laboratorium der Brauerei ausgeführt wird, bietet die Würzefrage keine allzugroße Schwierigkeit, da ja im allgemeinen im Sudhause immer in der gleichen
Weise, mit derselben Hopfengabe, mit dem gleichen Zusatz
von Farbmalz usw. gearbeitet wird, wenn schon verschiedene
Malze Änderungen in der Zusammensetzung der Würze herbeiführen können, welche zwar nicht durch die chemische

Analyse nachzuweisen sind, auf welche aber die Hefe und
andere Organismen reagieren können. Vor allem wird nur gut
verzuckerte Würze von gleicher Konzentration und gleichem
Charakter (dunkel oder hell) anzuwenden sein, wenn das Verhalten der Wasserorganismen gegenüber unverdünnter Würze
geprüft werden soll. Gewöhnlich kommt nur Braunbierwürze
zur Verwendung. Schwieriger ist eine sichere Grundlage für
die Beurteilung zu gewinnen, wenn die Untersuchung für
andere, verschiedene Brauereien ausgeführt werden soll. Die
Wasserorganismen können sich der Würze dieser Brauereien
gegenüber ganz anders verhalten, als gegenüber der im Laboratorium gewöhnlich verwendeten. Um ein einwandfreies Ergebnis zu erhalten, müßte also auch in diesem Falle, da wir
eine Normalwürze für unsere Untersuchungen nicht herstellen
können, Würze aus derjenigen Brauerei, für welche die Untersuchung auszuführen ist, benutzt werden. Noch schwieriger,
und zwar teilweise aus den gleichen Gründen wie bei der
Würze, gestaltet sich die Anwendung von Bier, wenn die Untersuchung nicht für den eigenen Betrieb vorgenommen werden
soll. Selbst dann aber, wenn das Verhalten der Organismen
nur gegenüber dem Bier der eigenen Brauerei in Frage steht,
muß dieses steril sein, es darf nicht etwa bloß pasteuri-
siert, also Temperaturen zwischen 60 und 70° C während
einer halben Stunde ausgesetzt werden. Beim Pasteurisieren
behält das Bier allerdings seinen ursprünglichen Alkohol- und
Kohlensäuregehalt und die in ihm enthaltenen Hefezellen
werden abgetötet, z. T. auch die Bakterien. Diese können
aber auch nur so geschwächt sein, daß sie sich unter den
gegebenen Verhältnissen nicht weiter entwickeln, das Bier also
haltbar bleibt. Wenn jedoch durch Zumischung verschiedener
Mengen von Wasser, wie dies bei der Prüfung des Verhaltens
der Wasserorganismen geschieht und bei eingehenderen Untersuchungen geschehen soll, der Alkohol- und Kohlensäuregehalt
vermindert wird, dann können sich die geschwächten Organismen wieder vermehren und Veranlassung zu Täuschungen geben.
    Wenn das Bier bei der Sterilisation seinen ursprünglichen
Alkohol- und Kohlensäuregehalt behalten soll, so kann jene
nur in gut geschlossenen Flaschen vorgenommen werden.

Dabei sind die gleichen Vorschriften einzuhalten, welche für
die Herstellung der Bettges-Heller-Nährlösung gegeben
werden (siehe Anhang). Beim Erhitzen unter Watteverschluß,
bei einem Druck von 1—1,5 Atm. kann, wie Bettges festgestellt hat, infolge der großen Schwankungen, welche über
1 Atm. vorkommen, ein Bier von bestimmtem Alkoholgehalt mit
Sicherheit nicht erzielt werden. Die chemische Zusammensetzung bleibt aber beim Sterilisieren in geschlossenen Flaschen
trotzdem nicht unverändert, indem sichtlich Ausscheidungen
von Eiweiß entstehen. Auf die angegebene Weise könnte
jedoch für die biologische Wasseruntersuchung wenigstens
ein Bier von stets gleichbleibendem Alkoholgehalt und wenig
vermindertem Kohlensäuregehalt benutzt werden.

Wir haben nach dem Vorschlag von Hansen die Filtration des Bieres durch ein Chamberland-Filter versucht,
konnten jedoch dabei Kohlensäureverluste auch nicht ganz
vermeiden, abgesehen davon, daß die Poren der Filterkerze
durch schleimige Bestandteile des Bieres bald verstopft wurden
und die Filtration nur sehr langsam vor sich ging; es ist
also eine sehr mühsame und wenig ausgiebige Arbeit.

Bei Anwendung eines sterilen Bieres, welches in der angegebenen Weise hergestellt wurde, ergaben sich im Vergleich
mit steriler Würze ganz bedeutende Unterschiede in der
Widerstandsfähigkeit. Die Schlußfolgerungen für die Begutachtung aus der Entwicklungsfähigkeit bezw. aus der Nicht-
entwicklung von Bakterien in dem als Untersuchungsflüssig-
keit verwendeten Bier sind jedoch insofern nicht stichhaltig
als die Flüssigkeit eben kein Bier mehr ist.

Ferner ist vorgeschlagen worden, in der Weise hergestelltes
Reinhefenbier anstatt des sterilisierten Bieres in Freudenreich-
Kölbchen zu verwenden, daß man in Pasteur-Kölbchen sterile
Würze mit einer bekannten Reinhefe vergären läßt und das
Bier nach der Klärung mit dem Wasser versetzt. Dabei kann
allerdings der größere Alkohol- und Kohlensäuregehalt besser
zur Geltung kommen, die Untersuchung gestaltet sich aber
sehr langwierig. Dem Einwand, daß bei Verwendung von
Reinhefenbier, welches zwar frei von Fremdorganismen ist,
aber noch Hefe enthält, im Wasser selbst vorkommende Kultur-

hefe der Beobachtung entgeht, kann mit dem Hinweis darauf begegnet werden, daß jene in der mit dem Wasser vermischten Würze in die Erscheinung tritt.

Im Verlauf der mannigfachsten Versuche, welche wir bezüglich der Verwendung von Bier als Nährboden bei der Prüfung der Wasserorganismen durchgeführt haben, sind wir zu der Anschauung gelangt, daß durch die Gärprobe, welche in jedem Falle durch gleichzeitigen Zusatz des Wassers mit der Hefe zur Würze auszuführen ist, in einfachster Weise teilweise auch die Frage gelöst wird, ob in einem Wasser Organismen, insbesondere Bakterien vorhanden sind, welche sich in Bier zu entwickeln vermögen. Allerdings hat auch hier das Bier nicht den Kohlensäuregehalt, welchen es unter den Verhältnissen der Praxis besitzt.

· Wenn man die Gärprobe längere Zeit stehen läßt, so werden Bakterien, welche sich in Bier zu vermehren vermögen, dies auch tun. Vollständig klargelegt sind allerdings alle hierbei in Betracht kommenden Fragen nicht; es bestehen noch manche Widersprüche.

Kurz, so selbstverständlich die Forderung erscheint, Bier als Probeflüssigkeit bei der biologischen Untersuchung von Wasser zum Nachweis bierschädlicher Organismen zu benutzen, so stellen sich doch der praktischen Durchführbarkeit Schwierigkeiten entgegen. Wir haben deshalb schon vor langer Zeit in Übereinstimmung mit den auch von anderer Seite gewonnenen Anschauungen die Anwendung von Bier aufgegeben. Die bei der Benutzung von Bier zur Analyse erhaltenen Ergebnisse sind unserer Meinung nach für die Beurteilung eines Wassers in biologischer Hinsicht nur von untergeordnetem Wert. Wenn gleichwohl Bier angewendet werden soll, dann ist jedenfalls genau anzugeben, wie dieses für die Zwecke der Untersuchung gewonnen und vorbereitet wurde; jedenfalls ist sein Alkoholgehalt festzustellen.

H. Zikes[1]) hat 107 verschiedene Bakterienarten in 165 Stämmen auf ihr Verhalten gegenüber Süßwürze, gehopfte

---

[1]) Mitteilungen der österr. Versuchsstation für Brauerei und Mälzerei in Wien. XI. Heft 1903, S. 20; vergl. auch L. Adametz, ebenda, 1. Heft, 1888, S. 19.

Würze und »Bier« geprüft. Von diesen vermochten sich in Bier bei 10⁰ C nur 1,8%, bei 25⁰ C 3,7%, also eine ungemein geringe Zahl zu vermehren. Dies entspricht den Erfahrungen, welche bei der biologischen Wasseruntersuchung gemacht wurden. Das Bier wurde durch Vergärung einer Bierwürze von 12⁰ Ball. mit einer Reinhefe hergestellt. Süßwürze zerstörten bei 10⁰ C 50%, bei 25⁰ C 73%; gehopfte Würze bei 10⁰ C 36%, bei 25⁰ C 44%; gehopfte Würze bei gleichzeitiger Einsaat von Hefe bei 10⁰ C 15%, bei 25⁰ C 28%.

Am häufigsten kommen bei der Wasseruntersuchung Stäbchenbakterien, und zwar nur verhältnismäßig wenige Arten, zur Vermehrung; hierdurch gestaltet sich aber die Untersuchung der Kulturen zu einer sehr eintönigen Arbeit. Die Zerstörung von Würze wird hauptsächlich durch Termobakterien *Bacillus viscosus* und *Bacterium fluorescens* verursacht. Am häufigsten sind von diesen, wenigstens nach unseren Erfahrungen, fluoreszierende Bakterien. Die Fluoreszenzerscheinungen kommen jedoch in der Regel nicht zum Ausdruck, da sie infolge der dunklen Färbung der Würze und infolge deren saueren Charakters nicht hervortreten können. Die Zerstörung der Würze geht bei den meisten Arten unter Haut- und Ringbildung sowie unter starker Trübung der Flüssigkeit vor sich. Die beiden Fäulniserreger *Bacterium proteus vulgare* und *Bacterium vernicosum* vermehren sich sowohl in Süß- wie in gehopfter Würze und auch bei Anwesenheit von Hefe. Die Würze nimmt dabei einen üblen Geruch an. *Bacterium gliscrogenum, Bacterium lactis viscosum* und *Bacterium viscosum* verleihen der Würze eine schleimige oder fadenziehende Beschaffenheit. Die Milchsäurebakterien *Bacterium Grotenfeldti* und *Bacterium lactis* zerstören Würze und gedeihen in gehopfter Würze neben Hefe kräftig. Beide bilden in den Würzen reichlich Säure und wirken gärungshemmend.

Von den Wasserbakterien entwickelt sich in Bier *Bacterium helicosum* und eine Stäbchenart, welche mit Lindners *Termobacterium album* nahezu identisch ist, ferner *Bacterium fluorescens liquefaciens* und *Bacterium ranicida. Bacterium helicosum* zersetzt Bier unter Trübung und Ringbildung. Das dem Termobacterium ähnliche Stäbchen macht den Absatz fadenziehend. *Bacterium fluorescens liquefaciens* ruft im Bier eine Trübung hervor, *Bacterium ranicida* endlich entwickelt eine geringe Haut und wächst zu langen Fäden aus.

Essigbakterien kommen sehr selten vor.

Pediokokken sind im allgemeinen nicht häufig und direkt nur äußerst selten nachweisbar. Bei ihrer sehr langsamen Vermehrung werden sie offenbar von anderen gleichzeitig anwesenden Bakterien unterdrückt. Nach den bis jetzt vorliegenden Erfahrungen erfordert ihr Nachweis entweder ein besonderes Verfahren bei Anwendung von Würze und Bier als Nährflüssigkeit oder es ist überhaupt eine besondere Nährflüssigkeit zu diesem Zweck notwendig.

In Brunnen, welche durch mangelhafte Ableitung der Abwässer oder infolge defekter Rohrleitungen und Senkgruben einen Zufluß von Betriebsabwasser erhalten hatten, konnten wir wiederholt Pediokokken nachweisen. Mangelhaft eingedeckte Wasserbehälter, welche dem Malzstaub direkt ausgesetzt waren, konnten ebenfalls wiederholt als Hauptquelle einer Verunreinigung mit Pediokokken bezeichnet werden.

Nach der Häufigkeit ihres Auftretens stehen Torulaarten, farblose und gefärbte, in zweiter Reihe. Hefen, und zwar Kultur- und wilde Hefen, sind nur sehr selten zu finden. Ihr Vorkommen, welches bei der Beurteilung der Wasserprobe schwer ins Gewicht fällt, mahnt zur Vorsicht. Öfters konnten wir nachweisen, daß ihre Gegenwart nur auf Fehler bei der Probenahme zurückzuführen war; eine zweite, unter Beachtung aller Vorsichtsmaßregeln entnommene Probe enthielt keine Hefe mehr. Auch eine Apiculatusart stellte sich einmal sehr reichlich ein.

Sehr selten kommen Mykodermaarten und mykoderma-ähnliche Organismen vor.

Schimmelpilze fehlen nicht, doch stellen sie sich im allgemeinen ebenfalls recht selten ein; am häufigsten ist der Pinselschimmel (Penicillium) und der Milchschimmel (Oidium). Zuweilen findet sich auch ein dem Dematium ähnlicher Fadenpilz vor.

Das Untersuchungsergebnis einer einzigen Probe hat für die Beurteilung eines Wassers nur einen sehr bedingten Wert;

es wird durch jenes nur Aufklärung über den biologischen Bestand des Wassers zur Zeit der Probenahme erhalten. Der Gehalt gewisser natürlicher Wasserquellen an Organismen kann aber erfahrungsgemäß nach der Jahreszeit, nach meteorologischen Ereignissen, nach der Schneeschmelze, nach starken Regengüssen und Überschwemmungen, wobei Tagwasser auch in die Stollen gefaßter Quellen eindringen konnte, großen Schwankungen unterworfen sein. Das gleiche trifft teilweise auch für die künstlichen Wasserquellen und für Leitungen zu. Hier ist sogar die Tagesstunde, zu welcher die Probe entnommen wurde, insofern von Bedeutung, als beispielsweise das im Pumpwerk nach längerer Ruhepause stehende Wasser einen anderen Bestand an Organismen aufweisen kann als nach längerer Benutzung des Brunnens. Ähnliche Verhältnisse sind auch in Wasserleitungen gegeben. Wo Wasser aus in der Brauerei aufgestellten Behältern gebraucht wird, kommt es für das Ergebnis der Untersuchung darauf an, ob die Probe kurz vor oder nach der Reinigung der Behälter entnommen wurde.

Zur sicheren Beurteilung eines Wassers ist also jedenfalls eine größerere Anzahl von Untersuchungen, und zwar auf einen größeren Zeitraum verteilt und nach etwa eingetretenen besonderen Ereignissen, auszuführen. Nur auf diese Weise ist ein Überblick über den Reinheitsgrad eines Wassers überhaupt und die Schwankungen, welchen er unterliegt, zu gewinnen. Dringend anzuraten ist nach unseren Erfahrungen eine wiederholte Untersuchung, wenn unter verschiedenen Wasserquellen eine Auswahl getroffen werden soll.

Durch mehrere Jahre hindurch fortgesetzte Untersuchungen, welche nach einvierteljähriger Pause oder nach noch kürzeren Zwischenräumen an einigen Brunnen verschiedener Brauereien vorgenommen wurden, konnten wir feststellen, daß bei richtiger Anlage und sachgemäßer Abdichtung der Organismenbestand des sehr reinen Wassers nur sehr geringen Schwankungen unterworfen war. Jedenfalls konnte das Wasser bei der in einer der Brauereien aufgetretenen Betriebsstörung durch Überhandnehmen von Fremdorganismen nicht in Betracht kommen.

Von grundlegender Bedeutung für die Begutachtung eines Wassers ist eine einwandfreie Probenahme. Fehler bei der

Probenahme können zu folgenschwerer Verschiedenheit bei der Beurteilung führen.

Eine von nicht sachkundiger Hand, wenn auch auf Grund einer genauen Anweisung entnommene Probe birgt immer eine gewisse Unsicherheit in sich. Die Proben sollen möglichst mit sterilisierten Gefäßen gezogen werden. Stehen solche nicht zur Verfügung, so dürfen gebrauchte Bier- und Weinflaschen, wenn sie nicht kurz zuvor gründlich mit Sodalösung behandelt und dann sorgfältig nachgespült wurden, nicht verwendet werden. Die am Boden der Flaschen angetrockneten Bier- und Weinreste sind durch einfaches Ausspülen mit Wasser nicht zu beseitigen. Mit der Zeit weichen sie auf und geben zu Täuschungen Veranlassung Die gut gereinigten Gefäße werden unmittelbar vor der Füllung wiederholt mit dem zu prüfenden Wasser geschwenkt. Mit gebrauchten Korken verschlossene Gefäße sind von der Untersuchung zurückzuweisen.

Um eine sichere Grundlage zu gewinnen, sollte der Biologe die Proben in sterilen, dem besonderen Zweck entsprechenden Glasgefäßen mit Glasstöpselverschluß selbst entnehmen und sich dabei über die obwaltenden Verhältnisse unterrichten, damit ihm nicht wesentliche Gesichtspunkte, welche für die richtige Beurteilung und für die zu treffenden Maßnahmen notwendig sind, vorenthalten bleiben.

Die Probenahme geschieht in folgender Weise. Die im Heißluftsterilisator keimfrei gemachten Flaschen bleiben so lange in der Papierumhüllung, bis sämtliche Vorbereitungen getroffen sind. Zunächst ist bei Pumpbrunnen die Mündung des Ausflußrohres innen und außen gründlich zu reinigen. Bei Wasserleitungen ist dem Abschlußwechsel, an welchem die Probe gezogen wird, besondere Aufmerksamkeit zuzuwenden. In diesem setzen sich häufig nur schwer zu beseitigende Verunreinigungen an Die Lederscheiben in den Ventilwechseln sind sehr oft schmierig. Wechsel der Wasserleitung im Gärkeller haben wir öfters sehr stark mit Hefe verunreinigt gefunden, wodurch die Untersuchung zu falschen Schußfolgerungen führen kann. Die Hände sind mit Seife zu waschen. Nach mindestens 10 Minuten langem Laufenlassen des Wassers (bei Pumpbrunnen durch ununterbrochenes Auspumpen) wird

die Flasche nach Entnahme des Stöpsels sofort in den Wasser-
strahl gehalten. Beim Öffnen und Schließen der Flasche ist
eine Berührung der Mündung mit den Händen zu vermeiden.
Während der Probenahme ist Zugluft abzuhalten und der
Stöpsel vor Verunreinigung zu schützen.

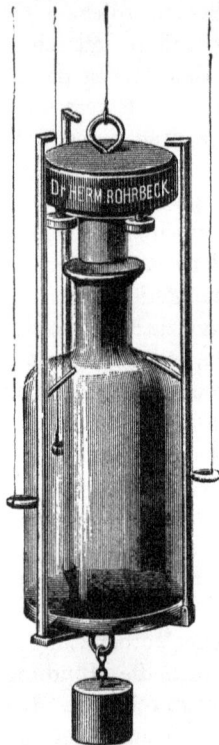

Fig. 60.
Heyroths Apparat in der
Ausführung von Rohr-
beck zur Entnahme von
Wasserproben.

Unter Umständen kann es von Vor-
teil sein, einzelne Abschnitte einer Wasserleitung getrennt zu untersuchen, um eine
Infektionsquelle für diese aufzufinden.
Sofern die Wasserprobe nicht an Ort
und Stelle untersucht werden kann und
erst auf längerem Wege in das biologische Laboratorium gelangt, müssen
die gefüllten Flaschen unbedingt in Eis
verpackt werden, da mit Sicherheit eine
Vermehrung der Keime stattfindet, sobald die Temperatur 5° C übersteigt,
einzelne auch unterdrückt werden. Die
Stöpsel müssen vor dem Verpacken durch
Umhüllung mit Pergamentpapier, welches
unterhalb der Flaschenmündung fest
verschnürt wird oder durch direktes
Verschnüren gesichert werden.

Zuweilen tritt die Notwendigkeit heran,
aus Schachtbrunnen oder aus gefaßten
Quellen direkt, also mit Umgehung des
Pump- und Hebewerkes oder der Leitung,
Proben zu entnehmen. Wir bedienen
uns zu diesem Zweck mit Vorteil des
Apparates von Heyroth in der von
Rohrbeck ausgeführten Form (Fig. 60).
Der Apparat besteht aus einer stark-
wandigen Glasflasche von mehr als
einem halben Liter Inhalt, welche auf einer Metallplatte
steht und durch drei an dieser beweglich angebrachte Messing-
stäbe in ihrer Lage festgehalten wird. Die Platte ist mit einem
Bleigewicht beschwert. An den Stäben mittels einer Öse be-
festigte Drähte tragen den Apparat. Sie sind mit ihrem oberen

Ende an einem Ring vereinigt. An diesem ist eine Leine befestigt. Auf dem Stöpsel der Flasche wird durch drei Schrauben ein Bleigewicht befestigt, an welchem sich eine zweite Leine befindet. Wenn der Apparat im Wasser versenkt ist, wird durch Anziehen der zweiten Leine die Flasche geöffnet. Die Führung des Stöpsels geschieht durch die drei Metallstäbe, welche an ihrem oberen Ende rechtwinklig umgebogen sind. Beim Nachlassen des Zuges schließt sich die Flasche wieder fest.

Eine einwandfreie Probe aus dem Brunnen selbst wird nur dann erhalten, wenn der Zugang zu dem Schacht nicht unmittelbar über diesem liegt. Bei der Entfernung der Bedeckung ist, wenn auch diese selbst und ihre nächste Umgebung zuvor gereinigt wird, ein Hineinfallen von Schmutz nicht zu vermeiden. Besser ist es jedenfalls, den Zugang seitlich anzubringen. Der dicht schließende Deckel und seine Umgebung wird vor dem Öffnen mit Wasser abgespritzt, um ein Aufwirbeln von Staub zu vermeiden.

Nach welchen Grundsätzen wird nun bei der biologischen Wasseranalyse verfahren, um das gesteckte Ziel, die würze- und bierschädlichen Organismen nach Art und Zahl festzustellen? In erster Linie kommen nur flüssige Nährböden zur Verwendung. Schon in früheren Zeiten wurde in Übereinstimmung mit unseren Erfahrungen von verschiedener Seite betont, daß feste Nährböden unzuverlässig sind. In jüngster Zeit hat dies Stockhausen wieder bestätigt. Bei Versuchen mit der gleichen Menge desselben Wassers erhält man beispielsweise auf Würzegelatine, und zwar teilweise aus den gleichen Gründen, welche wir schon bei der Würze angeführt haben, recht verschiedene Keimzahlen, die sich auf das Doppelte steigern können. Dagegen stimmten bei zahlreichen Untersuchungen, welche wir im Laufe der Jahre mit Würze unternommen haben, die Ergebnisse von Parallelkulturen meist in befriedigender Weise überein.

Bei der großen Mannigfaltigkeit von Organismen, welche im Wasser vorkommen und bei den verschiedenartigsten Verunreinigungen, welchen es ausgesetzt ist, bereitet schon der Nachweis derjenigen Arten, welche als Bierschädlinge auftreten können, große Schwierigkeiten. Die Feststellung

der Anzahl der Keime von jeder bierschädlichen Art sowie
die Zahl der überhaupt in einer bestimmten Wassermenge
vorhandenen Keime muß daher vorläufig in den Hintergrund
treten, solange nicht eine bestimmte Fragestellung, wie beispielsweise die Wirkung einer Filtration, diese Bestimmung
notwendig macht. Die Plattenkultur wird also bei der Begut·
achtung von Wasser nicht ganz zu umgehen sein, sich aber
nur auf die angedeuteten Zwecke beschränken.

Der Nachweis der bierschädlichen Organismen dürfte in
der Weise erleichtert werden, daß wir zunächst auf die Trennung der einzelnen Arten verzichten und durch Anwendung
für die Entwicklung besonders geeigneter Nährflüssigkeiten
oder durch Einhaltung besonderer Züchtungsbedingungen nur
die Trennung in Gruppen ins Auge fassen. Es handelt sich
also, wie schon ausgeführt, darum, bestimmte Gruppen von
Organismen in besonderen Nährlösungen auszuwählen oder sie
anzuhäufen und sie dann auf ihre Bierschädlichkeit zu prüfen.

Die Trennung der Hefen von Bakterien gelingt im allgemeinen leicht durch Ansäuern der Würze mit Weinsäure.
Die Anhäufung von wilden Hefen wurde auf S. 167 und 172
besprochen. Vielleicht wird jetzt auch der Nachweis von Pediokokken mit der Nährlösung von Bettges-Heller sicherer
als früher. Die Trennung der übrigen in Frage stehenden
Bakterien in Gruppen bereitet jedoch große Schwierigkeiten.

Bei Ausführung der Untersuchung wird der gleiche Grundsatz wie bei der Würze befolgt. Die Organismen werden
also durch Zerlegung des Wassers in sehr kleine Teile möglichst voneinander getrennt. Die Trennung auf diesem Wege
in Anwendung auf die biologischen Untersuchungen für die
Brauerei ist zuerst von Hansen bei dem von ihm aus-
gearbeiteten Verfahren zur biologischen Untersuchung von
Brauwasser durchgeführt worden. Es werden also kleine
Tropfen des Wassers mit bestimmten Würze- und Biermengen
gemischt. Eine vollständige Trennung ist allerdings auf diese
Weise nicht immer zu erreichen, und das Wasser bedarf in
manchen Fällen vor der Verteilung einer weitgehenden Verdünnung. Ein Tropfen erzeugt in Plattenkulturen unter
Umständen noch eine größere Anzahl von Kolonien.

Für die Beurteilung eines Wassers ist die Schnelligkeit, mit welcher sich die in Würze und Bier aus jenem einge-geimpften Organismen zu entwickeln vermögen, ihre »Ent-wicklungsenergie« von Bedeutung. Die Entwicklungsenergie kommt in der Zahl der mit je einem Tropfen des Wassers gemischten Kulturen zum Ausdruck, welche innerhalb eines Zeitraums von drei Tagen durch äußere Erscheinungen, wie Trübung, Gärung usw., die Entwicklung erkennen lassen.

Hansen hatte anfangs die Entwicklung in der Zeit nicht berücksichtigt. Viele Wasser mußten, wenn die Zahl der überhaupt nach 14 Tagen zerstörten Kulturen berück-sichtigt wurde, gleich ungünstig beurteilt werden, während eine genaue Beobachtung, wie Wichmann hervorhebt, kleine Unterschiede erkennen ließ, welche sich auf die Zeit und die Zahl der gleichzeitig getrübten Kulturen bezogen.

Die Entwicklungsenergie ist durch mehrere Umstände bedingt. Teils ist sie der Ausdruck einer Arteigentümlichkeit, teils ist sie dadurch bedingt, daß die betreffenden Organismen in Würze und Bier trotz der in diesen enthaltenen entwicklungs-hemmenden Substanzen überhaupt noch einen günstigen Nährboden finden, daß ihnen auch nach anderer Richtung hin, wie durch Luftzutritt oder Luftbeschränkung, günstige Lebens-bedingungen dargeboten werden. Ferner ist sie durch den »physiologischen Zustand« (geschwächt oder nicht geschwächt) der Organismen bedingt. Die Entwicklungsenergie an und für sich in Würze und Bier hat für die Praxis ein gewisses Interesse; noch wichtiger erscheint jedoch die Frage: Welche Entwicklungsenergie gibt sich zu erkennen, wenn die in einem Wasser enthaltenen Organismen in Konkurrenz mit der Bierhefe treten? Vermögen sie dieser Widerstand zu leisten oder nicht?

Wie bei der Würzeuntersuchung ist also zum Nachweis von bierschädlichen Organismen die Gärprobe wichtig. Sie gibt uns darüber Aufschluß, welche von den in der Würze entwicklungsfähigen Keimen der durch die Bierhefe in jener hervorgerufenen alkoholischen Gärung Widerstand zu leisten und gegebenenfalls das Bier zu schädigen vermögen.

Wir haben die Gärprobe unabhängig von Luff, der sie schon früher zur Wasseruntersuchung benutzte, eingeführt,

da uns zahlreiche Vorversuche deren großen Wert für die'
Beurteilung eines Brauwassers vor Augen geführt hatten.
Wenn wir die Gärprobe bei der Untersuchung mit heranziehen, so folgen wir einer alten Erfahrung, welche lehrt,
daß, je früher eine Würze mit einer entsprechenden Hefenmenge angestellt wird, desto weniger andere Organismen, mit
welchen jene verunreinigt ist, aufkommen können. Insbesondere gehen die meisten Bakterien zugrunde oder sie werden
wenigstens sehr weit zurückgedrängt. Die Untersuchungen
von Zikes, welcher Reinzuchten von Wasserbakterien gleichzeitig mit Hefe aussäte, bestätigen diese praktische.Erfahrung.
Durch die Gärprobe scheidet, soweit wir bis jetzt in die
Frage eingedrungen sind, 'sicher eine große Anzahl der
gewöhnlichen Wasserbakterien, welche sich in Würze entwickeln können, bei der Begutachtung eines Wassers für
Brauereizwecke aus.

Nach unseren Beobachtungen besteht offenbar bis zu
einem gewissen Grad eine Wechselbeziehung zwischen der
Entwicklungsenergie der Bakterien in Würze und deren Verhalten bei Gegenwart von Hefe derart, daß in den meisten
Fällen, in welchen sich Bakterien in Würze sehr rasch (bei
25^0 C bis zum zweiten Tag) entwickelten, jene auch bei
Gegenwart von Hefe in der Würze in die Erscheinung traten.
Allerdings ergaben sich dabei große Verschiedenheiten, insofern als die Bakterien bald reichlicher, bald spärlicher, bald
nur in geringen Spuren zur Entwicklung gelangten. Bei
entsprechenden Hefenmengen werden sie unter Umständen
auch völlig unterdrückt.

Wenn der Prozentsatz der Kulturen, welche bis zum
zweiten Tag Entwicklung zeigen, ein verhältnismäßig geringer
ist, so sind in der Regel auch in den' gleichzeitig mit Hefe
und Wasser versetzten Würzeproben Bakterien nicht nachzuweisen. Aber auch dann, wenn in 100% der Würzekulturen
bis zum zweiten Tag Bakterien sich sehr rasch entwickeln,
können diese gleichwohl neben der Hefe nicht aufkommen.
Bei einer Entwicklung von Bakterien nach dem zweiten Tag
(selbst bis zu 100% der Kulturen) sind in der Regel in der
mit Hefe versetzten Würze Bakterien nicht nachzuweisen. Ein

starker Bakteriengehalt eines Brauwassers muß also nicht von vornherein zu einer ungünstigen Beurteilung führen.

Kurz, unter den eingehaltenen Bedingungen treten die mannigfachsten Erscheinungen auf, die geeignet sind, in die Art der vorhandenen Wasserbakterien sowie in ihre Beschaffenheit und Widerstandsfähigkeit einen Einblick zu erhalten, und es ist wohlberechtigt, aus diesen Erscheinungen Schlüsse für die Begutachtung eines Wassers zu ziehen. Allerdings wird nicht in allen Fällen die Widerstandsfähigkeit einen Grund abgeben, um ein Gebrauchswasser als unverwendbar zu bezeichnen; es müssen dabei noch die besonderen Betriebsverhältnisse der Brauerei erwogen werden.

Die Gärprobe, wie sie bei der Wasseruntersuchung zur Ausführung kommt, genügt jedoch nach den Erfahrungen, welche wir bei der Hefenanalyse und der Würzeuntersuchung in der letzten Zeit gemacht haben, noch nicht allen Anforderungen, welche an sie gestellt werden müssen. Es wird notwendig sein, sie in dem gleichen Sinne wie bei jenen auszubauen, indem wir uns hinsichtlich der Größe der Hefengabe mehr der Praxis nähern und außerdem die Gärproben sowohl unter Watteverschluß als auch unter Gärverschluß halten müssen.

Zu der Zeit, als bei dem Verfahren der Wasseruntersuchung von Hansen die Entwicklungsenergie noch nicht zum Ausdruck gebracht und überdies die Versuchsdauer sehr lange Zeit ausgedehnt worden war, hat Wichmann[1]) dieses Verfahren unter Berücksichtigung der Zeit weiter ausgebaut. Da ferner das Verfahren von Hansen der Frage nicht gerecht wird, in welchem Grade die Veränderung der Würze oder des Bieres von der Menge des beigemischten Wassers abhängig ist, durch welche jene gegen die Wasserbakterien weniger widerstandsfähig werden, so setzte Wichmann bei Ausarbeitung seines Verfahrens, durch welches er das »Zerstörungsvermögen« eines Wassers zahlenmäßig zum Ausdruck bringen wollte, gleichen Würzemengen verschiedene Mengen von Wasser zu. »Das Zerstörungsvermögen eines Wassers, bezogen auf Würze

---

[1]) Mitteilungen der österreichischen Versuchsstation für Brauerei und Mälzerei in Wien. V. Heft, 1907.

und Bier, ist die Folge aus dessen Keimgehalt an Würze-(Bier-)
Schädlingen und bringt nicht nur die durch die Zahl bedingte
Einwirkung, sondern gleichzeitig auch den Einfluß der Verschiedenheit der Art zum Ausdruck. Bei Bestimmung des
Zerstörungsvermögens wird besonders die Zeit, nach welcher
die Zersetzung der Würze oder des Bieres eintritt, berücksichtigt und die Einwirkung verschieden großer Wassermengen
auf Würze und Bier in Rechnung gezogen. Das Zerstörungsvermögen ist daher der Ausdruck für die Energie, mit welcher
die in einem Wasser vorhandenen Mikroorganismen Würze
oder Bier anzugreifen imstande sind.«

Wichmann steigert den Zusatz nur bis auf 1 ccm Wasser
zu 10 ccm Würze und Bier. Bei ungenügender Reinigung
von Gerätschaften, bei der Reinigung überhaupt kommen jedoch noch viel größere Verdünnungen in Frage, die für viele
Organismen, namentlich gewisse Bakterien ein besserer Nährboden als die konzentrierte Würze und unvermischtes Bier
sind. In verdünnter Würze wird oft schon eine starke Trübung
und Hautbildung beobachtet, während die konzentrierte noch
klar oder nur schwach getrübt ist.

Das Verhalten der Wasserorganismen ist also den im
Brauereibetrieb gegebenen Verhältnissen entsprechend nicht
nur gegen die gewöhnliche konzentrierte, sondern gegebenenfalls auch gegen sehr verdünnte Bierwürze festzustellen; die
Prüfung gegenüber verdünntem Bier kann ebenfalls in Frage
kommen. Dies trifft insbesondere für Betriebe zu, in welchen
Biere mit schwacher Stammwürze (5—6 %) hergestellt werden.

Für die Beurteilung eines Wassers in biologischer Hinsicht für die Brauerei kommen zurzeit hauptsächlich folgende
Verfahren in Betracht: 1. Das Verfahren von Hansen, 2. die
Gärprobe, 3. die Feststellung des Zerstörungsvermögens nach
Wichmann. Damit ist jedoch noch nicht gesagt, daß die
angeführten Verfahren unter allen Umständen genügen, vielmehr muß der Fragestellung entsprechend auch weiter aus-
geholt und auf die allgemein bei biologischen Untersuchungen
in Anwendung kommenden zurückgegriffen werden. Je um-
fassender die Untersuchungsverfahren sind, je mehr sie den
verschiedenen Organismen, welche sich in einem Brauwasser

vorfinden und unter Umständen 'dem Betrieb Gefahr bringen
können, sowie deren günstigsten Lebensbedingungen und den
Bedingungen, unter welchen sie sich im Betrieb befinden,
Rechnung tragen, desto eher besteht die Möglichkeit, deren
Bedeutung für den Betrieb abzuschätzen und dem Gutachten
eine sichere Grundlage zu geben. Anderseits fordert aber
die Praxis rasch ein Gutachten. Dies setzt aber bei mög-
lichster Sicherung der Ergebnisse eine nicht zu langwierige
Untersuchung voraus. Ein einziges Verfahren genügt keinesfalls; selbst der Biologe im Betriebslaboratorium, der seinen
Betrieb genau kennt, kann damit nicht auskommen. Mindestens muß das Verfahren nach Hansen und die Gärprobe
oder diese und die Feststellung des Zerstörungsvermögens
vereint zur Anwendung kommen.

Aus den gleichen Gründen, welche bei der Würze dargelegt wurden, gewinnt das Gutachten an Sicherheit, eine je
größere Menge des Wassers in Untersuchung genommen wird;
unter 1 ccm sollte man jedenfalls nicht heruntergehen.

Ausführung der Untersuchung.

Bei Beginn der Untersuchung ist die Wasserprobe genau
daraufhin zu besichtigen, ob sie völlig klar ist, opalesziert oder
trübe ist. Absätze, insbesondere flockige, welche auf die
Gegenwart von Organismen, wie Algen, Eisenbakterien oder
des Brunnenfadens (Crenothrix), schließen oder die Gegenwart
von Überresten höherer Pflanzen vermuten lassen, unter welchen
zuweilen Holzfasern und Blattreste noch deutlich zu erkennen
sind, werden direkt mikroskopisch untersucht. Sie geben
öfters Fingerzeige über die Herkunft des zu untersuchenden
Wassers und die Art der Verunreinigung, welchen es ausgesetzt war. Zur Gewinnung der im Wasser schwebenden
Flocken und der leicht sich hebenden Absätze wird eine
größere Menge des Wassers entweder ausgeschleudert oder in
einem Spitzglas zum Absetzen gebracht.

Vor der Verteilung auf die Nährflüssigkeiten wird die
Wasserprobe tüchtig durchgeschüttelt, um die Organismen
möglichst gleichmäßig mit dieser zu mischen. Die Mischung

18 *

bleibt aber trotzdem zuweilen eine unzulängliche, wie vergleichende Untersuchungen von Doppelproben desselben Wassers ergaben.

1. Verfahren von Hansen.

Die Nährflüssigkeiten, Würze und Bier, werden auf Freudenreich-Kölbchen (Fig. 61) von etwa 20 ccm Fassungsvermögen,
in Mengen von je 10 ccm abgefüllt und die Würze im strömenden Dampf eine halbe Stunde sterilisiert.
Die Kappe der Kölbchen wird zuvor zur Hälfte
und das jener aufgesetzte gerade Filterrohr vollständig mit Watte lose gefüllt. Das Abfüllen des
Bieres geschieht in der von Bettges angegebenen Weise. (Siehe Anhang.) Der Extraktgehalt
der Würze ist für das biologische Laboratorium
einer Brauerei von selbst gegeben. Wir benutzen
für alle Untersuchungen eine Würze von 11,5 % B.
Die Nährflüssigkeiten sollen möglichst klar sein,
da es darauf ankommt, festzustellen, nach welcher Zeit Trübung auftritt. Beim Bier ergibt
sich die Klarheit dadurch, daß ihm im Abfüll-

Fig. 61.
Freudenreich-
kölbchen.

gefäß Zeit zum Absetzen gegeben wird. Um
möglichst klare und absatzfreie Würze zu gewinnen, füllt man schon einmal sterilisierte und klar abgesetzte Würze auf die Freudenreich-Kölbchen ab.

Sehr wichtig ist das Alter der sterilen Würze. Frisch
sterilisierte Kölbchen dürfen niemals zur Wasseruntersuchung
verwendet werden; mindestens sollen sie 24 Stunden zwecks
Lüftung stehen bleiben. Wir haben uns wiederholt überzeugt, daß in frisch sterilisierten Kölbchen von der gleichen
Wasserprobe weniger Keime ankamen als in längere Zeit hindurch gelüfteten.

Hansen impft von jeder Wasserprobe je 100 Kölbchen.
Eine Grenze ist bei einer einzigen Untersuchung nach oben
hin nicht gezogen. Jedenfalls bietet die Beimpfung einer sehr
großen Anzahl von Kölbchen den Vorteil, daß dabei größere
Mengen des Wassers geprüft werden. Wir haben selbst wiederholt die Erfahrung gemacht, daß bei Verteilung einer größeren

Menge von Wasser einzelne Organismen nachgewiesen werden konnten, welche bei Aussaat einer geringeren Menge entgangen waren.

Wenn gleichzeitig mehrere Wasserproben zu untersuchen sind, so tritt gebieterisch die Notwendigkeit einer Beschränkung der Anzahl der zu beimpfenden Kölbchen ein. Wir benutzen nur je 20 Kölbchen.

Die Beimpfung der Kölbchen.

Sie geschieht im Impfkasten. Die Freudenreich-Kölbchen werden zunächst mit 70proz. Alkohol gewaschen, wobei die Verschlußkappe leicht gehoben wird, um das Beimpfen in rascher Folge vornehmen zu können, dann werden sie flambiert. Vorteilhaft ordnet man sie in Reihen zu je fünf.

Zur Verteilung des Wassers benutzen wir, wie früher ausgeführt, 1 ccm-Pipetten, deren Ausflußöffnung so beschaffen ist, daß 1 ccm = 20 Tropfen gibt. Bei 20 Kölbchen kommt demnach 1 ccm Wasser zur Prüfung. Wir haben längere Zeit hindurch noch kleinere Tropfen ʹ(1 ccm = 50) verteilt, sind jedoch aus praktischen Rücksichten wieder davon abgekommen.

Vor der Verteilung schüttelt man die Wasserprobe tüchtig, füllt die Pipette und läßt aus dieser in fünf der Kölbchen je einen Tropfen fallen. Die linke Hand erfaßt dabei das Kölbchen in der Weise, daß der Daumen und der Zeigefinger die Kappe leicht heben können. Den Rest des Wassers läßt man aus der Pipette auslaufen, schüttelt die Wasserprobe wiederholt, füllt dann wieder die Pipette und beimpft die zweite Reihe von fünf Kölbchen usf.

Die geimpften Kölbchen erhalten ihren Platz in einem von unserem Mitarbeiter, Dr. M a r k e r t, erdachtem Gestell[1]). Dieses besteht, wie die Figur 62a zeigt, aus drei ungefähr 4 cm breiten Streifen von Zink- oder Messingblech, von welchen der obere und mittlere (dieser ist nahe dem unteren angebracht), dem Durchmesser der Freudenreich-Kölbchen entsprechend, in Abständen von je 0,5 cm durchlocht ist. Das Gestell gewährt,

---

[1]) Verfertiger O. R e i n i g, München, Schillerstr 21 a.

wenn die Kölbchen gegen das Licht gehalten werden, bei der
täglich vorzunehmenden Durchsicht einen raschen Überblick
über die in der Nährflüssigkeit aufgetretenen Veränderungen.
Mehrere dieser Gestelle werden auf einer Unterlage, an welcher
Handhaben angebracht sind, vereinigt (Fig. 62 b).

Die Kölbchen werden in den Thermostaten zu 25 ⁰ C
gebracht.

Die Durchsicht der Kölbchen ist während der
ersten 3 Tage nach Verlauf einer bestimmten Zeit, etwa nach je
24 Stunden, zur Feststellung der Entwicklungsenergie vorzunehmen. Eine Beobachtung innerhalb kürzerer Zeitabschnitte
ist meist zwecklos. Bei der Durchsicht werden Beobachtungen
darüber angestellt, ob in den Nährflüssigkeiten Trübung, Gärungs-

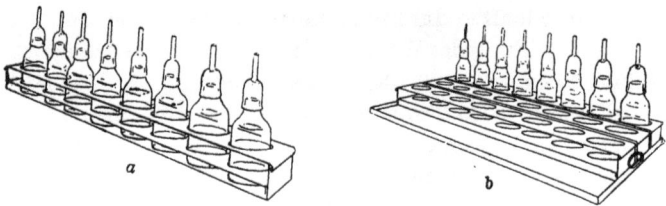

Fig. 62.
Gestell für Freudenreich-Kölbchen nach Markert.

erscheinungen, Verfärbung, Bodensatzbildung oder andere Erscheinungen eingetreten sind. Die gemachten Wahrnehmungen
bemerkt man auf jedem einzelnen Kölbchen mit Angabe des
Datums.

Die äußeren Erscheinungen, welche in den mit dem Wasser
gemischten Nährflüssigkeiten auftreten, sind in der Hauptsache die gleichen, wie sie bei der Würzeuntersuchung beschrieben wurden, es erübrigt daher, auf sie einzugehen.

Die Kölbchen, in welchen irgendeine Veränderung wahrgenommen wurde, werden wie die übrigen in dem Thermostaten belassen, um den weiteren Verlauf der Zerstörung zu
beobachten. Es kommt vor, daß eine durch Bakterien hervorgerufene Trübung zwar sehr bald einsetzt, aber später nicht
mehr beträchtlich zunimmt; für die Begutachtung ist diese
Erscheinung wichtig. Würze, in welcher sich aus dem zu-

gesetzten Wassertropfen Hefe entwickelt hat, klart, wenn sich nicht gleichzeitig widerstandsfähige Bakterien vermehrten, nach anfänglicher Trübung wieder auf.

Abschluß der Untersuchung.

Die Beobachtungen werden, nach 7 Tagen abgeschlossen, da erfahrungsgemäß nach dieser Zeit keine Erscheinungen mehr auftreten, welche bei der Beurteilung zu berücksichtigen sind oder in den Nährflüssigkeiten, in welchen bis dahin keine Veränderungen auftraten, überhaupt noch Organismen zur Entwicklung kommen. Je langsamer die Organismen erscheinen, desto weniger haben sie praktische Bedeutung; die Möglich-keit, in der Brauerei bei den niederen Temperaturen und bei der Konkurrenz mit der Bierhefe aufzukommen, ist kaum gegeben.

Die Beobachtungen werden zahlenmäßig zum Ausdruck gebracht, indem man in Prozenten die Zahl derjenigen Freuden-reich-Kölbchen angibt, in welchen eine Entwicklung von Orga-nismen stattgefunden hat, oder man bezieht das Ergebnis auf die in der Würze und das Bier verteilte Wassermenge. In beiden Fällen erhält man die gleiche Prozentzahl: z. B. in 5 von 20 Kölbchen wurde eine Trübung durch Bakterien beobachtet $= 25\%$; zur Verteilung gelangten 20 Tropfen (je $1/20$ ccm), 5 Kölbchen enthielten entwicklungsfähige Keime $= 25\%$.

Wenn die »Entwicklungsenergie« die Prozentzahl der-jenigen Kölbchen, in welchen bis zum 3. Tag Organismen in die Erscheinung traten, ausdrückt, so kann man die Prozent-zahl der Kölbchen, deren Nährflüssigkeit bis zum 7. Tag von Organismen zerstört wurde, als »Entwicklungskraft« bezeichnen. Diese ist der Ausdruck des Verunreinigungsgrades des Wassers mit solchen Organismen, welche sich bei $25\,^0$ C bis zum 7. Tag in Bier und Würze zu entwickeln vermögen.

Sämtliche Kölbchen, welche sich bei der täglich vor-genommenen Durchsicht zu gleicher Zeit verändert zeigten, werden zu einer Reihe vereinigt und innerhalb dieser nach den gleichen äußeren Erscheinungen geordnet. Also beispiels-weise Reihe I: Entwicklung von Organismen beobachtet am

2. Tag. An die Spitze werden diejenigen Kölbchen gestellt, welche die stärkste Entwicklung von Organismen durch Trübung, Hautbildung, starke Absätze usw. zeigen. Die ans Ende der Reihe gestellten Kulturen tragen zwar im allgemeinen den gleichen Charakter wie die voranstehenden, jedoch sind die Erscheinungsformen nicht so scharf ausgeprägt; sie sind in verschiedenem Grade abgestuft. Reihe II: desgleichen am 3. Tag usw.

Zunächst werden sämtliche in der Würze und im Bier äußerlich wahrnehmbaren Erscheinungen verzeichnet und dann einer mikroskopischen Prüfung unterzogen. Die Proben entnimmt man getrennt aus der Haut, der Flüssigkeit und dem Bodensatz. Auf Organismen, welche Würze und Bier »fadenziehend« machen, sie verfärben (rot, gelbrot, zitronengelb) oder stark entfärben, ist bei der Untersuchung besonders zu achten. Auch dem Geruch der Würze ist Aufmerksamkeit zu schenken. Scheinbar von Organismen frei gebliebene Würze, also solche, welche weder getrübt noch in anderer Weise verändert erscheint, ist ebenfalls, und zwar insbesondere in den untersten Schichten, nach vorsichtigem Abgießen des größten Teiles der Flüssigkeit mikroskopisch zu untersuchen. Nicht selten finden sich in anscheinend keimfrei gebliebener Würze Torulaarten nur in ganz geringer, äußerlich nicht wahrnehmbarer Entwicklung vor. Bei sorgfältiger Beobachtung der Kulturen erkennt man allerdings zuweilen bei Gegenwart von Torulaceen kleine, meist ziemlich scharf umschriebene, helle Flecken am Boden der Kulturkölbchen, Kolonien von Torula. Wenn durch die mikroskopische Untersuchung festgestellt ist, daß aus einem Tropfen Wasser Vertreter von mehreren Gruppen von Organismen zur Entwicklung kamen, so wird für die Begutachtung die Prozentzahl der Kölbchen berechnet, welche auf jede einzelne Gruppe entfällt. Zum Beispiel: in 50% der Kulturen traten Stäbchenbakterien, in 25% gleichzeitig wilde Hefen in die Erscheinung.

2. Die Gärprobe.

Wir führen sie bis jetzt noch in folgender Weise aus: vier Freudenreich-Kölbchen, wie sie bei dem Verfahren der

Wasseruntersuchung nach H a n s e n benutzt werden, erhalten
zunächst je zwei Platinösen einer in der vergorenen Würze verteilten Reinhefe. Zu diesem Zwecke steht uns jederzeit die
gleiche hochvergärende untergärige Bierhefe (Stamm 2) in
möglichst kräftigem Zustande zur Verfügung. Der kräftige
Zustand der Zellen ist von wesentlicher Bedeutung für die
Ergebnisse der Untersuchungen überhaupt und deren Ver-
gleichbarkeit unter einander. Wir impfen die Hefenkultur
welche sich in einem $1/8$ l-Pasteur-Kölbchen mit 60—70 ccm
Würze befindet, alle acht Tage in frische Würze über und
lassen sie bei Zimmertemparatur stehen. Zwei der Freudenreich-Kölbchen wird je 1 ccm und den beiden andern je
ein Tropfen des Wassers zugemischt. Sie erhalten ihren
Platz neben den nach H a n s e n geimpften Kölbchen auf dem
M a r k e r t schen Gestell und werden in den Thermostaten zu
$25\,^0$C gebracht.

Bei der täglichen Durchsicht wird darauf geachtet, ob
nach dem Rückgang der Gärung vollständige Klärung eintritt oder nicht, ob Hautbildung stattfindet usw.

Bei Abschluß des Versuches am 7. Tag müssen auch die
völlig klaren Kulturen mikroskopisch daraufhin untersucht
werden, ob eine Entwicklung von Bakterien (diese treten
nach unseren Beobachtungen nahezu ausschließlich während
jener Zeit in die Erscheinung) stattgefunden hat. Es können
im Absatz Bakterien mehr oder minder zahlreich vorhanden
sein, ohne daß die vergorene Würze trübe ist. Zuweilen kommt
es trotz der kurzen Beobachtungszeit zu einer starken Hautbildung durch Bakterien. Am häufigsten beobachteten wir
mehr oder minder starke Trübung bei Zumischung von 1 ccm
Wasser. Seltener findet in diesem Falle Hautbildung statt,
jedoch haben wir sie auch schon bei Einimpfung von nur
einem Tropfen beobachtet.

Bei der Mehrzahl der bis jetzt untersuchten Wasserproben
blieb die Gärung rein. Unter 100 untersuchten Wasserproben,
wie sie der Reihe nach in unserm Journal verzeichnet sind,
blieben 45% bei der Gärprobe frei [von Bakterien, während
solche gleichzeitig bei dem Verfahren nach H a n s e n zur
Entwicklung gekommen waren. In 28% der Fälle traten

Bakterien nur in der mit 1 ccm, in 27 % gleichzeitig in der
mit einem Tropfen und 1 ccm gemischten Würze auf. Daraus
ergibt sich also unzweifelhaft, daß durch die Gärprobe für
die Begutachtung viel gewonnen ist. Wir sind überzeugt,
daß, wenn jene in der angedeuteten Richtung noch weiter ausgebaut ist und damit noch feinere Unterschiede hervortreten,
der Wert der Gärprobe noch gesteigert wird.

3. Die Feststellung des Zerstörungsvermögens nach Wichmann.

Zur Ausführung verwendet man (wir folgen den Angaben
von Wichmann selbst) vier Freudenreich-Kölbchen, welche
mit je 10 ccm Würze bezw. Bier gefüllt sind und den gleichen
Anforderungen wie bei dem Verfahren von Hansen entsprechen müssen. Mittels des zu untersuchenden Wassers
werden die verschiedenen Verdünnungen hergestellt, indem
man das Kölbchen Nr. 1 mit 1 ccm, Nr. 2 mit 0,75 ccm, Nr. 3
mit 0,50 ccm und Nr. 4 mit 0,25 ccm versetzt. Die Kölbchen
werden gut aufgeschüttelt und in den Thermostaten zu 25° C
gebracht. Die Beobachtung, welche in der gleichen Weise
wie bei dem Verfahren von Hansen durchzuführen ist,
wird am 5. Tage abgeschlossen.

Die Zahlen, welche man durch die Beobachtung der vier
Kölbchen erhält, bestehen aus der Angabe der Verdünnung
(Nr 1, 2, 3, 4) und den Zahlen für denjenigen Tag, an welchem
eine Trübung oder eine Veränderung in einem bestimmten
Kölbchen eingetreten ist, z. B.

Verdünnung der Würze: 1. 2. 3. 4.
Tag der Trübung: 2. 3. 3. 5.

Für die Berechnung des Zerstörungsvermögens ist maßgebend, daß ein Wasser um so besser sein wird, je später
die Zersetzung der Würze oder des Bieres eintritt; die Fähigkeit, Zersetzung hervorzurufen, würde daher mit dem Steigen
der Tageszahl fallen. Um direkt auf das Wasser beziehen
zu können (und nicht auf die Würze und das Bier), muß
die Berechnung eine Zahl ergeben, welche mit dem Wachstum der Schädlichkeit eines Wassers ebenfalls wächst. Dies

erreicht man durch die Einführung eines ständigen Faktors für jeden Tag, mit welchem die Verdünnungszahlen zu multiplizieren sind; indem man die Produkte für die vier Verdünnungsstufen summiert, erhält man eine Zahl als den Ausdruck des Zerstörungsvermögens eines bestimmten Wassers auf Würze und Bier.

Um zu diesen Faktoren zu gelangen, wurde jenes Wasser, welches imstande ist, die Würze schon am ersten Tag (d. h. nach 24 Stunden) zu zersetzen als das schlechteste angenommen und sein Zerstörungsvermögen mit 100 bezeichnet. Bei Würze ist demgemäß der Faktor für den 1. Tag 10. $1 \times 10 + 2 \times 10 + 3 \times 10 + 4 \times 10 = 100$. Für den 2. Tag ist der Faktor 8, für den 3. 6, für den 4. 4 und für den 5. Tag 2.

Für Bier müssen andere Faktoren gewählt werden als für Würze, weil das Wachstum sämtlicher Organismen in Bier bedeutend langsamer vor sich geht als in der Würze; überdies widersteht Bier fast fünfmal so energisch dem Angriff der Schädlinge. Erfahrungsgemäß kann man dasjenige Wasser als das schlechteste annehmen, welches am 3. Tag in allen vier Kölbchen Zerstörung hervorgebracht hat; das Zerstörungsvermögen dieses Wassers wird mit 100 bezeichnet. Daraus läßt sich als Faktor für den 3. Tag die Zahl 10 ableiten. Für den 1. Tag erhält man dann den Faktor 16,7, für den 2. 13,3, für den 3. 10,0, für den 4. 6,7 und für den 5. 3,3 (die Zehntel abgerundet). Die Faktoren für die einzelnen Tage sind beim Bier also 1,67 mal größer als die Würzefaktoren. Man kann daher das Zerstörungsvermögen für Bier auch unter Benutzung der Würzefaktoren berechnen, wenn man das Zerstörungsvermögen mit 1,67 multipliziert.

Berechnungsbeispiel.

Faktoren bei Würze und Bier für den 1. Tag 10

»   » 2. Tag 8

»   » 3. Tag 6

»   » 4. Tag 4

»   » 5. Tag 2

Umrechnungsfaktor für Bier . . . . 1,67.

Würze.

Kölb- chen Nr.	Tag der Trübung	Ver- dünnungs- stufe × Fakt. für den Tag	
1 (1,00 ccm Wasser) .	2	1×8	$= 8$
2 (0,75 » »)	3	2×6	$= 12$
3 (0,50 » ») . . .	3	3×6	$= 18$
4 (0,25 » »)	4	4×4	$= 16$

Zerstörungsvermögen für Würze $= 54$

Bier.

Kölb- chen Nr.	Tag der Trübung	Ver- dünnungs- stufe × Fakt. für den Tag	
1 (1,00 ccm Wasser) .	3	1×6	$= 6$
2 (0,75 » ») .	4	2×4	$= 8$
3 (0,50 » ») . .	5	3×2	$= 6$
4 (0,25 » »)	5	4×2	$= 8$
			28

Zerstörungsvermögen für Bier $= 28 \times 1{,}67 = 47$

oder bei direkter Verwendung der Bierfaktoren

Kölb- chen Nr.	Tag der Trübung	Ver- dünnungs- stufe × Fakt. für den Tag	
1 (1,00 ccm Wasser) . .	3	1×10	$= 10{,}0$
2 (0,75 » »)	4	$2 \times 6{,}7$	$= 13{,}4$
3 (0,50 » ») . . .	5	$3 \times 3{,}3$	$= 9{,}9$
4 (0,25 » ») . . .	5	$4 \times 3{,}3$	$= 13{,}2$
			46,5

Zerstörungsvermögen für Bier $= 47$

Die Berechnung mit Hilfe von einerlei Faktoren hat den Vorteil größerer Einfachheit für sich. Überdies sind die Würze-faktoren leichter zu merken, da sie in gewisser Beziehung zu dem Tag, für welchen sie gelten, stehen; sie entsprechen den verdoppelten Ordnungszahlen in umgekehrter Reihenfolge.

Wir haben versucht, einen Überblick darüber zu gewinnen, inwieweit die durch Feststellung des Zerstörungsvermögens nach Wichmanns Verfahren gewonnenen Zahlenangaben mit den durch das Verfahren von H a n s e n erzielten bei Anwendung von Würze als Nährflüssigkeit übereinstimmen. Untersucht wurden 31 Wasser gleichzeitig nach dem Verfahren von H a n s e n (je $1/20$ ccm Wasser, 20 Kölbchen) unter Bestimmung der Entwicklungsenergie (3. Tag) sowie der Entwicklungskraft (7. Tag) und nach dem Verfahren von W i c h m a n n. Bei sämtlichen Wassern wurde die Gärprobe wie angegeben ausgeführt. Zum Vergleich kamen zunächst die Zahlen für das Zerstörungsvermögen und für die Entwicklungskraft, jedoch wurde auch die Entwicklungsenergie nebenbei berücksichtigt.

Die beste Übereinstimmung zwischen dem Verfahren von H a n s e n und demjenigen von W i c h m a n n besteht, wenn auch hier ein etwas größerer Spielraum zugestanden werden muß, bei geringer und bei starker Verunreinigung eines Wassers mit Organismen, so daß nach dieser Richtung hin, wenigstens soweit die vorliegenden Untersuchungen einen sicheren Schluß zulassen, beide Verfahren für die Beurteilung als gleichwertig und als einander ersetzbar betrachtet werden dürfen. Größere Unterschiede ergeben sich, wenn auch hier teilweise eine sehr gute Übereinstimmung besteht, zwischen dem Zerstörungsvermögen und der Entwicklungskraft für die mittleren, um 50 liegenden Zahlen des Zerstörungsvermögens, bei den zwischen den beiden Enden der Reihe liegenden Abstufungen, also gerade bei einem Verunreinigungsgrad, der Zweifel darüber aufkommen lassen kann, ob ein Wasser noch als verwendbar zu beurteilen ist oder nicht. Die Unterschiede (23—56) zwischen dem Zerstörungsvermögen und der Entwicklungskraft gehen in diesem Falle meist weit über die zulässige Grenze hinaus. Wir haben den Eindruck gewonnen, daß unter Berücksichtigung aller Umstände hier die Zahlen für das Zerstörungsvermögen vielfach zu hoch sind und eine Wasserprobe zu ungünstig beurteilt werden kann, während das Verfahren von H a n s e n feinere Unterschiede des Verunreinigungsgrades zum Ausdruck bringt. Zu einem endgültigen Urteil dürften jedoch die bis jetzt vorliegenden Untersuchungsergebnisse noch nicht genügen. Jedenfalls müßte der Versuch noch mit einer größeren Anzahl von Würzekölbchen bei dem Verfahren von H a n s e n durchgeführt werden.

Ähnliche Verhältnisse bestehen auch bei den Versuchsergebnissen von 15 Wassern, welche W i c h m a n n mitgeteilt hat (a. a. O.)

Die Feststellung des Zerstörungsvermögens nach W i c h m a n n hat jedenfalls gegenüber dem Verfahren von H a n s e n, wenn dieses nicht mit 100 Kölbchen, auf welche 5 ccm Wasser zur Verteilung gelangen, sondern nur mit 20 durchgeführt wird, den Vorteil, daß eine größere Wassermenge (2,5 ccm gegenüber 1 ccm) zur Prüfung gelangt. Allerdings erfährt die Würze dabei eine Verdünnung, jedoch scheint diese bei dem gegebenen Grade auf das Versuchsergebnis keinen weitgehenden Einfluß auszuüben.

Bei der Untersuchung der 31 Wasserproben kam allerdings der Vorteil der größeren Wassermenge nicht immer zum Ausdruck. Bei dem Verfahren von H a n s e n unter Benutzung von nur 20 Kölbchen trat wiederholt Kulturhefe in die Erscheinung, während sie bei der Bestimmung des Zerstörungsvermögens ausblieb. Ebensooft wurde jedoch auch der umgekehrte Fall beobachtet. Offenbar lag meist nur eine sehr geringe Verunreinigung mit Kulturhefe vor und dürfte dabei ein Zufall mitgespielt haben, anderseits ergab einmal das Verfahren von H a n s e n in 55 % der Kölbchen Hefe, während diese bei Feststellung des Zerstörungsvermögens nach W i c h m a n n nicht aufzufinden war.

Ein Vorteil des Verfahrens von W i c h m a n n liegt darin, daß die Untersuchung in kürzerer Zeit (5 Tage gegenüber 7) durchgeführt werden kann. Die längere Zeitdauer darf jedoch keinesfalls ins Gewicht fallen, wenn nicht gleichzeitig mit der Abkürzung der Zeit möglichste Sicherheit des Untersuchungsergebnisses verbunden ist.

Die Gärprobe führte bei 16 % der Wasser zum Nachweis von Stäbchenbakterien, welche der alkoholischen Gärung Widerstand zu leisten vermochten. Sie waren in den Wasserproben mit den höchsten Prozentzahlen (75—100) für die Entwicklungskraft und dem stärksten Zerstörungsvermögen (80) vorhanden. Sie entwickelten sich meist nur in der Gärprobe mit Zusatz von 1 ccm Wasser, in einem Falle jedoch auch gleichzeitig in den Gärproben mit Zusatz von nur einem Tropfen.

Zum N a c h w e i s v o n P e d i o k o k k e n sind verschiedene
Vorschläge gemacht worden. Wir selbst haben längere Zeit
hindurch ein Hefenwasser benützt, welches auf 10 ccm einen
Zusatz von einem Tropfen Ammoniak mit dem spez. Gewicht
0,96 erhielt, und damit sehr gute Erfolge erzielt. Das Verfahren war das gleiche wie bei der Bestimmung der Entwicklungskraft nach H a n s e n. Wir machten jedoch später
die Erfahrung, daß wahrscheinlich die Zusammensetzung des
Hefenwassers nicht immer die gleiche ist und daß infolgedessen
verschiedene Organismen bald mehr, bald weniger begünstigt
werden. In manchem alkalisch reagierenden Hefenwasser
entwickeln sich Stäbchenbakterien, wenn überhaupt, nicht
in dem Maße wie in einem neutralen, machen also den
Pediokokken den Platz nicht streitig. Andere Hefenwasser
begünstigen aber jene bei Ammoniakzusatz in hohem Grade
und überwuchern die Pediokokken. Meist entwickeln sich
fluoreszierende Stäbchenbakterien. Die Anwendung des alkalisch
reagierenden Hefenwassers zum Nachweis von Pediokokken ist
also unsicher. Bei Anwendung von ammoniakalischer Hefen-
wassergelatine dauert es sehr lange, bis man ein sicheres
Ergebnis erhält.

Nach dem Bekanntwerden des Verfahrens von B e t t g e s
und H e l l e r zum Nachweis von Pediokokken in Hefe usw.
hat man versucht, die hierzu verwendete Nährlosung auch
zum Nachweis von Pediokokken in Brauwasser zu benutzen.
Die Nährlösung ist in Mengen von je 5 ccm auf Freudenreich-
Kölbchen abgefüllt und erhält jedes Kölbchen je einen Tropfen
des zu prüfenden Wassers. Außerdem hat man auch von
dem Gemisch Vaselineinschlußpräparate angelegt. Wir selbst
haben im Gegensatz zu S t o c k h a u s e n[1]) damit bis jetzt keinen
Erfolg erzielt. Wir befinden uns jedoch noch im Versuchs-
stadium, und es soll damit keineswegs gesagt sein, daß die
Nährlösung zum Nachweis von Pediokokken in Wasser überhaupt nicht geeignet sei.

Ein Verfahren zum schnellen und sicheren Nachweis von
Pediokokken in Wasser fehlt also bis jetzt noch. Im übrigen

---

[1]) Jahrbuch der Versuchs- und Lehranstalt für Brauerei in
Berlin 1907, Bd. 10, S. 725

sind wir in Übereinstimmung mit anderen auf dem Gebiete der Brauerei tätigen Biologen der Anschauung, daß eine Verunreinigung des Bieres mit Pediokokken auf das Gebrauchswasser nur in sehr seltenen Fällen zurückzuführen ist.

Die Brauchbarkeit des Wassers zum Hefenwaschen sucht Stockhausen (a. a. O.) in der Weise festzustellen, daß er Reinzuchthefe mit dem zu untersuchenden Wasser zu einem dicken Brei anrührt und sie bei Gärkellertemperatur einige Tage stehen läßt. Man findet dann, nach seiner Mitteilung, meist, daß die Hefe stark mit Bakterien verunreinigt ist. Wenn diese auch harmloser Natur sind, so kommen sie doch oft zu so starker Vermehrung, daß die Hefe direkt unbrauchbar wird. Durch Fäulnisbakterien wird z. B. die Hefe lebhaft angegriffen, und so kann, wenn eine Brauerei, die sonst gutes Wasser hat, einige Tage mit Brauen aussetzt oder der Satz nicht weiter geführt werden kann und die Hefe infolgedessen sechs oder sieben Tage unter Wasser steht, wenn auch nach der vorherigen Beurteilung das Wasser gut gewesen ist, trotzdem nach einigen Tagen die Hefe verunreinigt sein. Bei zweckentsprechender Kühlung der Hefe mit Eis in der Wanne dürfte nach unserer Anschauung die Verunreinigung kaum von Bedeutung sein. Nach dem Bericht von Stockhausen ist es allerdings vorgekommen, daß das mit einer solchen Hefe angestellte Bier sogar sauer geworden ist.

Nach der mikroskopischen Untersuchung gießt man das Wasser ab und sterile Würze auf, um zu sehen, welche Keime mit dieser geschwächten Kulturhefe erfolgreich in Konkurrenz treten können.

Unsere Anschauung über die Bedeutung der Wasserbakterien für das Waschen und Schlämmen sowie bei Aufbewahrung der Hefe unter Wasser haben wir schon früher dargelegt. Wir verkennen keineswegs, daß ein zu Reinigungszwecken in der Brauerei bestimmtes Wasser unter Umständen auch auf seine Verwendbarkeit zum Waschen der Hefe geprüft werden muß, und wir berücksichtigen sie auch in unserem Gutachten. Bei der Beurteilung eines Wassers durch das Betriebslaboratorium der Brauerei ist jedenfalls eine Versuchsanstellung zu diesem Zweck vollständig überflüssig. Eine

sichere Grundlage wird hier durch die nach den früher fest-
gelegten Grundsätzen durchgeführte Untersuchung der Hefe
vor und nach dem Waschen sowie nach der Aufbewahrung
unter Wasser bezw. im trockenen, abgepreßten Zustande erhalten.

Wenn ein schon längere Zeit in der Brauerei benutztes
Wasser, welches im Verdacht steht, eine Betriebsstörung veranlaßt zu haben, an ein biologisches Laboratorium zur Untersuchung eingesandt und die Begutachtung auch nach der
Richtung hin verlangt wird, ob es sich zum Waschen der
Hefe eignet, dann erscheint es uns ebenfalls zweckentsprechender zu sein, Proben der Hefe, welche mit dem Wasser gewaschen und aufbewahrt wurde, einzufordern, als im Laboratorium einen Versuch mit Reinhefe anzustellen. Nicht
in allen Laboratorien steht überhaupt oder wenigstens nicht
jederzeit Reinhefe in solchen Mengen zur Verfügung, wie sie
für den Versuch notwendig sind. Außerdem sind bei dem
einfachen Vermischen von nicht geschlämmter Reinhefe mit
all ihren Beimengungen an verschiedenen Eiweißkörpern, die
an und für sich für Bakterien einen guten Nährboden bilden,
ganz andere Bedingungen als in der Praxis gegeben. Hier
werden diese Beimengungen durch das vorausgehende Waschen
und Schlämmen möglichst entfernt.

Wir sind der Anschauung, daß bei einem schon im Gebrauch befindlichen Wasser die Verwendbarkeit zum Waschen
der Hefe durch die Untersuchung der gewaschenen Hefe und
durch die mit dem Wasser angestellte Gärprobe vollständig
gewährleistet ist.

Wenn jedoch neu erschlossene Wasserquellen in biologischer Hinsicht auch daraufhin geprüft werden sollen, ob
sie sich zum Waschen der Hefe eignen, dann wird wohl neben
der Gärprobe ein im Laboratorium ausgeführter Versuch einigen
Aufschluß darüber geben. Aber auch in diesem Falle wird
eine in der Brauerei selbst angestellte Prüfung besseren Be-
scheid als eine im kleinen ausgeführte geben.

Die **Plattenkulturen** werden in der früher angegebenen
Weise mit 10 proz. gehopfter Würzegelatine angelegt. Zweckmäßig fertigt man gleichzeitig mehrere Platten mit 1 Tropfen
(= $^1/_{20}$ ccm), $^1/_2$ ccm und 1 ccm von dem Wasser an für den

www.ingramcontent.com/pod-product-compliance
Lightning Source LLC
Chambersburg PA
CBHW031434180326
41458CB00002B/544